좀 더 많은 아이들에게 학교가 건강한 성장의 기회를 제공할 수 있는 공간이 되기를, 그 속에서 울며 웃으며 자라는 아이들의 모습을 걱정 없이 편안한 마음으로 지켜볼 수 있는 분들이 좀 더 많아지기를 바라는 마음을 담아봅니다.

1부

친구 관계

1

친구를 때리는 아이, 어떻게 가르쳐야 할까요?

평소 착실하고 순한 성격이어서 한 번도 교우 관계에서 문제를 보였던 적이 없는 아이입니다. 친구들과 놀 때도 자기주장을 하기보다는 양보를 하는 편이고, 집에서도 친구와 사이좋게 지내라, 웬만한 일은 네가 먼저 양보하라고 가르쳐왔습니다. 그런 아이가 학교에서 친구를 때렸다니 도무지 믿어지지 않습니다. 아이가 갑자기 변한 걸까요? 나쁜 친구를 사귀어서 그런 건 아닌지 혼란스럽고 어떻게 해야 할지 고민이 됩니다.

학교 친구들과 사이좋게 잘 지내주었으면 하는 것은 부모라면 누구나 갖는 마음일 겁니다. 하지만 아이들에게 학교는 또 다른 사회생활의 장소입니다. 기질과 성격, 처한 상황이 달라서 어쩔 수 없이 발생하는 갈등들이 친구 관계에서 나타나는 것이지요. 그러니 아이가 지금까지 친구 관계에서 아무 문제도 없었다는 것이 오히려 질문에 대한 해답을 찾는 중요한 열쇠가 될 수 있습니다. 평소 아이의 기질과 연령대별 대처 방안을 제시해드리겠습니다.

아이가 1, 2학년인 경우

이 시기 아이들의 친구 관계는 인지 발달의 차이가 가장 중요한 열쇠로 작용합니다. 유아기까지는 자기중심적 사고를 하는 시기로 타인의 감정이나 상황을 이해하는 능력이 미처 발달하지 못합니다. 그러다 첫 사회생활을 시작하는 만 5세의 학령기에 접어들면서 아이들은 점차 이 능력을 기르게 되지요. 문제는 아이마다 걸음마를 하는 시기나 이가 나는 시기가 다르듯이, 언어와 타인에 대해 이해하는 시기도 다르다는 점입니다. 신체 발달은 눈에 보이기 때문에 이해하기 쉽지만, 인지 발달은 눈에 보이지 않기에 놓치기 쉬운 맹점이 있습니다. 그리고 우리 아이들의 친구 관계는 바로 이 인지 발달에 가장 많은 영향을 받습니다. 소꿉놀이를 하는 1학년 아이들의 모습을 잠시 살펴볼까요?

"우리 소꿉놀이 하자. 누가 엄마 할래?"

서너 명의 아이들 속에서 다현이가 말합니다.

이렇게 먼저 놀이를 제안하는 아이들은 인지 발달이 빠른 경우가 많습니다. 인지 발달이 빠르다는 것은 언어능력이 다른 아이들보다 앞서고 함께 놀이를 하는 친구들의 감정까지도 이해한다는 뜻입니다. 반면 인지 발달이 다소 느린 아이들은 주로 친구의 놀이 제안을 받아들이는 입장일 때가 많습니다. '누가 엄마 할래?'라는 질문에도 답을 쉽게 내놓지 못하지요.

눈치 빠른 영수가 얼른 답을 합니다.

"내가 엄마 할래."

소꿉놀이에서 가장 주도적인 배역은 엄마입니다. 집 안의 자잘한 모든 일에 모두 관여할 수 있기 때문이지요. 이런 점을 잘 이해하고 있으면서 주도적인 역할을 하고 싶어 하는 기질의 아이들이 주로 엄마 역할을 자청합니다.

"야~ 남자가 무슨 엄마를 하냐? 넌 아빠 해. 내가 엄마 할 테니까."

다현이가 재빠르게 영수를 제지합니다.

다른 친구들도 다현이의 말에 고개를 끄덕입니다. 영수는 할 수 없이 아빠 역할을 받아들입니다. 중요한 배역이 정해졌으니 다른 배역은 이제 남은 친구들의 몫입니다. 다들 우물쭈물 별말이 없자 다현이가 재빠르게 다른 친구들의 배역도 정해줍니다.

"그럼 미나가 언니 하고, 경훈이가 동생 해. 알았지? 아, 동생은 아직 말 못 하는 아기야."

그렇게 시작한 소꿉놀이에서 다현이는 모든 일을 도맡아 지시합니다. 마치 집 안에서 엄마가 그러하듯이요.

"엄마가 설거지하는 동안 언니는 동생 좀 보고 있어, 알았지?"

보다 못한 영수가 한마디 거듭니다.

"야, 동생은 아기니까 여기 누워서 젖병을 빨고 있어야지."

"어머, 여보~ 아직 출근 안 했어요? 아빠는 얼른 회사 가셔야죠."

영수는 다현이에게 등 떠밀려 출근을 하고 자연스럽게 소꿉놀이에서 아웃사이더가 되고 맙니다. 영수의 마음속에 은근히 부아가 치밀어 오릅니다.

"오늘은 쉬는 날이야. 나도 집에 있을 거야."

영수의 말에 다현이도 짜증이 납니다.

"그런 게 어디 있어? 아빠는 회사 가는 거야."

"아빠만 회사 가라는 법이 어디 있어? 우리 집은 엄마가 회사 가고, 아빠가 집에 있거든?"

소꿉놀이의 주도권을 잡기 위한 영수와 다현이의 기 싸움이 팽팽히 펼쳐지고 급기야 갈등이 폭발하고 맙니다.

학교에서 매일 만나는 아이들은 이런 사소한 일들을 여러 번 반복하여 경험하게 되고 어느 순간 쌓인 감정이 폭발하여 갈등을 빚기 쉽습니다. 아직 인지 발달이 들쑥날쑥한 1, 2학년은 인지 발달이 빠른 아이들 사이에서 대부분의 갈등이 촉발됩니다. 위에서 미나나 경훈이는 아직 상황에 맞는 말을 또박또박 하지도 못하고 상황이 어떻게 돌아가는지도 잘 파악이 안 되어 친구 관계에서 다소 수동적인 역할을 하기 때문입니다. 그러니 1, 2학년 때 친구를 때렸다는 전화는 다현이나 영수처럼 인지 발달이 빠른 아이들 사이의 주도권 다툼에서 일어날 확률이 높습니다.

부모의 눈에는 친구 관계를 주도하고 말도 잘하는 아이가 남들보다 앞서게 느껴지지만, 이렇게 남들을 주도하기만 하는 습관은 자칫 또 다른 문제를 야기하기도 합니다. 그 문제는 고학년에 올라갔을 때 두드러지게 나타납니다(뒤 이은 고학년 이야기를 참조하시기 바랍니다). 따라서 저학년 때부터 다른 사람의 입장을 이해하고 배려하는 훈육이 중요합니다. 아이 말만 들어보면 상황이 문제지 아이의 잘못은 없어 보입니다. 하지만 이 시기 아이들의 발달 특성을 고려할 때, 의사 표현을 하지 못하는 친구의 상황까지 배려하도록 교육하는 것이 중요합니다.

또 아무리 화가 나는 상황이라도 친구를 때리거나 나쁜 말을 하는 것은 모두 폭력이라는 것을 가르쳐줘야 합니다. 아이의 화나는 감정에 대해서는 잘 받아주시되, 친구를 때린 행동은 결코 용납되지 않는다는 것을 꼭 말해주어야 합니다. 더불어 잘못한 행동에 대해서는 상응하는 벌을 주어야 아이의 행동이 재발하는 문제를 예방할 수 있습니다.

아이가 3, 4학년인 경우

1, 2학년의 친구 관계 문제가 인지 발달의 차이에서 주로 발생한다면 3, 4학년에서는 그 양상이 좀 달라집니다. 이제는 모두 인지 발달이 비슷한 시기가 되는 것이지요. 걸음마가 늦거나 빠르거나 상관없이 일정 시기가 되면 모두 걸을 수 있게 되듯이요. 따라서 이 시기에야 비로소 대등한 수준에서 친구 관계의 진검 승부가 펼쳐진다고 볼 수 있지요. 친구 사이에서 빚어지는 갈등도 이런 관점에서 살펴볼 필요가 있습니다. 앞서 소꿉놀이를 하던 아이들이 3, 4학년이 되면 어떻게 변화하는지 살펴볼까요?

평소처럼 다현이가 먼저 놀이와 역할을 제안하네요.

"얘들아, 우리 소꿉놀이 할까? 내가 엄마 할게."

"왜 맨날 너만 엄마 하니? 이번엔 내가 엄마 할 거야."

늘 다현이가 정해주던 역할을 군소리 없이 하던 미나가 뜬금없이 날을 세우며 끼어듭니다. 1, 2학년 때는 인지 발달이 다소 느려 따라가기만 했지만 어느 순간 미나의 눈에도 소꿉놀이의 불합리함이 인지된 것입니다. 그런데 다현이 입장에서는 다소 황당합니다. 다현이도 지금까지 자기가 하고 싶은 대로만 했다고 생각하지는 않으니까요. 늘 친구들에게 먼저 물어보고 역할을 정했고, 그때마다 친구들도 좋다고 고개를 끄덕여놓고 이제 와서 혼자 마음대로 했다고 말하니 황당하고 기분이 나쁩니다.

"내가 언제 맨날 엄마 역할만 했다고 그러니? 다 서로 의논해서 정한 거잖아."

"아니거든. 너 맨날 엄마 역할만 한 거 맞잖아?"

늘 아무 말 없던 순하디순한 경훈이까지 말을 거듭니다.

"야, 경훈이 너까지. 너희들 진짜 너무하다."

급기야는 당당했던 다현이가 울먹이고야 맙니다. 그런 다현이를 보고도 미나의 마음은 냉정합니다. 불리할 때면 울먹이는 것도 언제나 다현이가 보였던 태도니까요.

"거봐 그렇게 울어서 결국 네가 엄마 역할 하려는 거잖아."

미나의 쌓였던 감정은 다현이의 눈물 앞에서 빈정거림으로 바뀌고 맙니다. 결국 두 친구의 갈등의 골은 해결점을 찾지 못한 채 점점 깊어가고 어느 순간에는 폭력적인 행동이 나올 수도 있습니다.

3, 4학년인데 담임선생님에게 친구를 때렸다는 전화를 받았다면

먼저 우리 아이가 다현이와 미나 중 어디에 해당하는지를 살펴봐야 합니다.

다현이처럼 인지 발달이 빨라서 친구 관계를 주도하는 아이였다면 1, 2학년의 해결책처럼 타인의 감정과 입장에 대해 배려할 수 있도록 더 강하게 훈육해야 합니다. 이제는 친구들이 서로의 장점과 단점을 알아보는 시기이므로 어쩌면 이번 기회가 마지막일 수도 있습니다. 아니면 자칫 친구들 사이에서 이기적인 아이로 여겨지게 될지도 모릅니다. 조금 억울하더라도 친구에게 먼저 사과하고 배려하는 행동이 더 지혜롭다는 것을 가르쳐줘야 합니다. 주도적인 기질의 아이들은 배려하고 참는 것을 알맞게 배우면 좋은 리더십을 발휘하는 아이로 성장해나갈 수 있습니다. 아이가 가진 좋은 역량을 지혜롭게 발전시킬 수 있는 좋은 교육의 기회라 생각하시고 친구 사이의 갈등을 해결해보시기 바랍니다.

하지만 미나처럼 인지 발달이 다소 느려서 수동적인 위치에 있던 아이라면 훈육 방법도 달라야 합니다. 이런 기질의 아이에게 배려와 이해를 강조하는 것은 위험합니다. 자칫 아이를 더욱 소극적으로 만들 수 있습니다. 미나 같은 아이라면 친구와의 갈등을 오히려 좋은 사인으로 받아들여야 합니다. 소극적이던 아이가 처음으로 진검 승부의 칼날을 빼어 든 것이니까요. 만약 친구를 때리기까지 했다면 따끔하게 훈육해야 하지만, 아이가 나쁜 물이 든 것은 아닐까 걱정할 필요까지는 없습니다. 물론 비슷한 일이 세 번 이상 반복된다면 다현이 같은 훈육 모드로 돌아서야 합니다. 하지만 처음 한두 번의 갈등에 대해서는 아이의 건강한 성장 과정 중에 자연스럽게 벌어진 일로 받아들일 줄 아는 여유로운 자세도 필요합니다.

아이가 5, 6학년인 경우

5, 6학년에서의 친구 관계 문제는 지금까지와는 전혀 다른 양상으로 받아들일 필요가 있습니다. 5, 6학년은 어른과 비슷한 양상을 보이는 시기입니다. 갈등이 빚어졌다는 것은 무언가 문제가 쌓이고 쌓이다가 폭발했다고 볼 수 있습니다. 아이의 훈육도 문제가 무엇인지 파악하는 것이 먼저입니다. 그런데 5, 6학년 아이들의 친구 관계는 저학년들과는 달리 매우 양상이 복잡합니다. 더불어 이 시기 아이들은 사회적 기술까지 발달해 친구들 앞에서 보이는 모습과 선생님이나 부모님 앞에서 보이는 모습이 전혀 달라지지요. 마음먹고 부모나 선생님을 속이려 든다면 얼마든지 그럴 수 있는 시기라는 말입니다. 교사인 저도 처음부터 이들을 분별하기는 어렵습니다. 다만 아이들과 함께하며 갈등 상황을 반복하면서 그 해답의 열쇠를 쥐게 될 뿐이지요. 그러니 5, 6학년의 친구 문제는 되도록 담임선생님의 조언을 받아보시길 권해드립니다. 아무래도 아이들 사이에서의 일을 보다 폭넓은 시각에서 볼 수 있는 분이시니까요. 담임선생님에게 내 아이가 나쁘게 비칠까 봐 이런저런 두둔을 하게 되는 것이 부모의 자연스러운 마음이지만, 그러다 보면 정작 중요한 아이의 정보를 놓칠 수도 있습니다. 담임선생님 입장에서는 그런 부모의 태도가 다른 사인으로 받아

들여질 수 있기 때문이지요. 요즘은 초등 교사들도 학부모들의 민원에 민감하게 반응하는 분위기입니다. 괜히 긁어 부스럼을 만들고 싶어 하지 않는다는 뜻이지요. 따라서 처음부터 내 입장을 먼저 말하기보다는 담임선생님의 의견을 충분히 들은 후에 상황을 판단하고, 그에 따라 훈육의 방향을 정하는 것이 중요합니다.

일단 아이가 친구에게 폭력을 가한 경우라면 되도록 강하게 훈육하는 것이 중요합니다. 고학년이면 이미 자기 행동에 대해 도덕적 판단을 할 수 있는 나이입니다. 이 시기엔 더 이상 폭력은 안 된다는 말 따위는 잔소리에 불과합니다. 그걸 몰라서 그런 행동을 하는 아이는 없으니까요. 따라서 말로 하는 훈육보다는 자신의 행동에 따른 결과를 본인이 충분히 감내하도록 하는 것이 중요합니다. 상황이 좋지 않아 학교 폭력위원회를 열게 되더라도 어쩌면 그런 과정을 한 번쯤 겪게 하는 것이 아이의 훈육에 무엇보다 도움이 될 수도 있습니다. 중요한 것은 재발 방지이고 앞으로의 행동 변화입니다. 참고로 학교 폭력위원회에서 내린 결정이 생기부에 남더라도 초등학교 졸업과 동시에 삭제하도록 되어 있습니다(학교 생활기록 작성 및 관리지침 제18조 제5항). 이처럼 교육기관에서도 생기부 기록이 아이의 인생에 부정적 영향을 미치지 않도록 조처하고 있으니 폭력 행위에 대해서 크게 걱정하다가 보다 더 큰 것을 잃는 일이 없도록 현명한 부모로서의 훈육법을 택하길 바랍니다.

한 줄 상담소

아이가 친구를 때렸다는 담임선생님의 전화에 감정과 생각으로만 대처한다면 정작 중요한 아이 교육의 기회를 날려버릴 수 있습니다. 다른 사람의 시선에서 아이를 잘 들여다보고, 더불어 아이의 연령과 기질을 충분히 고려해야 합니다. 그런 후, 같은 행동이 반복되지 않도록 하는 목표하에 대처하시는 것이 중요합니다.

2

아이가 친구에게 맞고 왔습니다. 어떻게 대처해야 할까요?

학교에서 돌아온 아이의 표정이 심상치 않아 물어봤더니, 같은 반 친구가 때렸다고 합니다. 다투기라도 했나 싶었는데 그건 아니고 일방적으로 맞은 것 같더라고요. 그런 일이 한두 번이 아니었다는 것도 알게 되었습니다. 아이에게 앞으로 그 친구와 놀지 말라고 저도 모르게 다그치듯 말을 했고, 지금은 그게 너무 후회됩니다. 조용하고 소극적인 성격의 아이가 앞으로 어떻게 교우 관계를 맺을지 걱정이 돼요. 또래 친구들은 점점 거칠어질 텐데 태권도라도 가르쳐야 할까요?

감정의 파도가 밀려올 때

친구를 때렸다는 말보다 맞았다는 말이 부모 입장에서는 더 가슴이 무너집니다. 차마 입 밖으로 내지는 못해도 '왜 가만히 맞고만 있었냐? 너도 때리지 그랬냐?' 싶은 마음이 드는 것도 당연하지요. 더구나 한두 번이 아니고 지속적으로 그런 일이 있었다는 것을 알게 되었을 때는 분노도 치밀고 여러 복잡한 감정들이 파도처럼 밀려옵니다. 아이는 왜 진작 말하지 않은 걸까? 우리 아이가 학교 폭력을 당하는 건 아닐까? 담임선생님은 알고 계실까? 전학이라도 가야 하는 건 아닐까? 내가 너무 아이를 착하게만 키운 걸까? 등등 온갖 생각들이 밀려오게 됩니다.

하지만 그 감정의 파도에 휩쓸리게 되면 정작 문제가 무엇인지를 놓치게 될 수 있습니다. 감정의 파도에 휩쓸린다는 것은 아이의 말만 듣고 바로 담임선생님이나 때린 친구의 부모에게 전화를 해서 감정의 파도를 펼쳐놓는 것을 말합니다. 아이들이 맞았다고 하는 것에는 여러 가지 상황들이 있을 수 있습니다. 예를 들어보겠습니다.

저학년의 경우

저학년 교실에서 흔하게 펼쳐지는 상황입니다. 쉬는 시간, 갑자기 한 아이가 팔을 펼치고 혼자 빙글빙글 도는 놀이를 합니다. 하다 보니 재미있어 더 빨리 돕니다. 그러다 그만 팔로 옆 짝의 머리를 치고 맙니다. "아야!" 난데없이 머리를 맞은 아이는 기분이 나쁩니다.

"야, 왜 때려?"

분노에 휩쓸려 따지듯 말하는 아이의 말투에 상대방 아이도 기분이 상합니다(저학년은 심지어 자신이 팔로 친구를 쳤다는 사실을 인지하지 못하는 경우도 있습니다. 왜냐하면 친구의 머리를 치기 전 빙글빙글 돌면서 책상에도 부딪쳤고 친구 가방도 쳤었는데 그래도 상관없이 돌았기 때문이지요. 이번에 걸린 것이 친구의 머리인지 아까 쳤던 사물함이었는지 구분이 안 되는 겁니다). 그래서 괜히 더 어깃장을 놓습니다.

"내가 언제? 너 지금 나한테 따지냐?"

이렇게 싸움이 시작되기도 하지요. '눈에는 눈, 이에는 이'라고 했습니다. 맞은 아이도 똑같이 돌기 놀이를 하며 의도적으로 그 친구의 머리를 치며 복수를 합니다. 그런데 이번엔 힘 조절에 실패했습니다. 가뜩이나 저학년은 힘 조절이 어려운데 분노의 마음까지 담겨 있었으니 의도치 않게 힘이 잔뜩 들어갔었나 봅니다. 머리를 맞은 아이는 눈물이 핑 돌 정도로 아픕니다. 너무 아파 그 자리에서 그만 "아앙~" 울음을 터뜨려버립니다. 아이의 울음소리에 결국 선생님이 개입하는 상황이 펼쳐집니다. 당연히 우는 아이의 편을 드는 것이 인지상정이지요.

"아무리 장난이고 이 친구가 먼저 시작했더라도 친구가 울 정도로 아프게 머리를 치는 것은 놀이가 아니에요. 친구에게 사과합시다!"

선생님의 중재에도 여전히 분이 풀리지 않습니다. 나를 먼저 때린 것은 그 친구인데 억울하게 나만 사과를 하게 되었으니까요.

그 기분으로 집에 돌아와서 부모가 왜 그러냐고 물었을 때, 아이는 뭐라고 대답할까요?

네, 당연히 친구한테 맞았다고 말합니다. 자신이 나중에 한 행동은 때린 것이 아니라 복수를 한 거니까요. 더구나 사과까지 했으니 전혀 잘못한 것이 없지요. 생각해보니 그 친구가 돌기 놀이를 하다가 자신을 친 것이 이번 한 번만이 아닙니다. 그래서 지난번에 잊고 있었던 일까지 부모에게 다 말합니다. 억울한 감정을 풀어놓을 곳이 당연히 부모밖에 없기 때문이지요.

고학년의 경우

고학년의 경우도 비슷한 상황이 가능합니다.

특히 남자아이들은 앞에 가는 친구의 머리를 툭 치는 것이 아주 흔한 장난입니다.

"아이~ 이게 정말!"

맞은 아이도 장난 반으로 받아주며 친구의 머리를 한 대 칩니다. 그러다 헤드록을 걸기도 하고 깔깔거리고 웃으며 다른 장난으로 넘어가기도 합니다. 문제는 그러다 누구 한 명의 기분이 나쁠 때까지 장난이 이어질 때입니다. 장난이 도를 넘어 폭력이 되기도 하지요. 나는 살살 장난으로 쳤는데, 친구가 엄청 세게 내 머리를 때립니다. 이대로 봐주면 안 되겠다는 생각에 나도 있는 힘껏 되받아칩니다. 순간 친구의 눈빛도 사악 변합니다. 급기야 주먹질이 오고 가는 상황까지 번지기도 합니다. 이럴 때도 아이들은 자신이 맞은 것만 기억합니다. 내가 상대에게 한 것은 장난이거나 똑같이 되갚아준 것뿐이니까요. 절대 때린 것은 아니라고 생각합니다.

물론 친구에게 맞는 상황이 반드시 위의 사례들만 있는 것은 아닙니다. 당연히 정반대의 경우도 존재합니다. 중요한 것은 두 가지 상황을 모두 염두에 두고 담임선생님이든 상대방 부모에게든 연락을 해야 정확한 사태 파악을 할 수 있다는 것입니다. 너무 한쪽으로만 생각이 몰려 있으면 자칫 아이 싸움이 어른 싸움이 되기 십상입니다. 사실 제가 현장에서 가장 많이 접하는 상황이기도 합니다.

아이가 친구에게 맞았다고 한다면 반드시 상대편의 말도 들어보도록 합니다. 되도록 친구 부모보다는 담임선생님의 의견을 먼저 듣는 것을 추천합니다. 아무래도 보다 객관적인 입장을 유지할 수 있는 분이니까요. 만약 담임선생님이 상황을 모르고 있다면 이렇게 얘기해 보세요(사실 이 지점에서 한 번 더 감정의 파도가 출렁일 수 있습니다. 하지만 아이들이 선생님께 말하지 않고 상황을 마무리했다면 선생님이 모를 수도 있습니다. 이럴 때 담임선생님을 탓하기보다 내 편으로 만들어 다음에 같은 상황이 재발하지 않도록 방향을 잡는 것이 보다 더 지혜로운 전략이 될 수 있습니다).

"우리 아이 말만 듣고는 정확한 상황을 알 수 없어서 선생님의 도움을 받고자 연락드렸습니다. 자기가 매번 맞았다고 하는데 실제로 다투다 그랬을 수도 있고 우리 아이가 모르는 다른 상황이 있을 수도 있지 않을까 싶어서요. 선생님께서 한번 살펴봐주시고 가정에서 어떻게 지도하면 좋을지 조언해주시면 감사하겠습니다."

사실 아이가 맞았다고 하는데 모르고 있었다면 내색은 안 해도 담임선생님 입장에서 꽤 신경이 쓰입니다. 거기에 학부모가 화내지 않고 정중하게 부탁하면 더욱 민망하지요(물론 대부분의 교사들은 이런 감정을 드러내지 않습니다. 오히려 자기방어적인 말들을 쏟아낼 수도 있습니다. 하지만 그런 자기방어적인 말들은 교사가 속으로는 더욱 그렇게 느끼고 있다는 반증이지요). 이쯤 되면 당장 다음 날부터 우리 아이와 친구는 담임선생님의 시선을 더 많이 받게 될 것입니다. 혹은 불려가 상담을 받게 되겠지요. 이런 역동은 자연스럽게 두 아이의 갈등을 줄이는 효과가 있습니다. 부모 입장에서는 같은 상황이 재발하지 않도록 하는 목표는 달성하게 되는 것입니다.

만약 아이의 몸에 상처가 있다면

혹시나 싶어 덧붙이자면 위의 상황은 아이가 말로만 친구에게 맞았다고 하는 경우에 해당합니다. 만약 아이의 몸에 상처가 있는 상황이라면 대처 방향도 달라져야 합니다. 어떤 경우에서든 폭력은 안 되는 것이니까요. 이럴 땐 강하게 담임선생님께 말씀드리고 학교 폭력이 일어나고 있는 상황은 아닌지 알아봐달라고 해야 합니다. 더불어 같은 상황이 다시 반복되면 그때는 정식으로 학교 폭력대책위원회의 절차를 밟겠다는 의사도 표현하는 것이 좋습니다.

한 줄 상담소

아이가 친구에게 맞았다면 먼저 다른 경로로 상황을 한 번 더 확인하는 것이 좋습니다. 아이가 거짓말을 해서가 아니라 전체 상황을 인지하지 못하거나 자신의 감정 위주로 기억하는 일이 더 많기 때문입니다. 그런 후 같은 일이 재발하지 않도록 담임선생님과 함께 목표를 맞추어 문제를 해결하는 것이 필요합니다.

3

불의를 보면 참지 못하는 아이가 늘 걱정이 돼요

아이가 나쁜 친구들을 보면 그냥 있지를 못합니다. 자기 일도 아닌데 나서서 말하다가 갈등이 커져서 매번 선생님께 불려가 혼이 나는 모양입니다. 그런데 선생님은 따로 연락을 안 주셨더라고요. 1년이 다 지난 후에 아이한테 들어서 알게 되었어요. 매번 나서는 아이 성격도 걱정이고, 학교 생활도 걱정이 되네요.

불의에 맞서는 아이의 성격에 대하여

불의에 맞서는 행동을 두고 뭐라 할 수는 없지만, 그 행동 때문에 친구들과 갈등을 빚고 무엇보다 선생님께 매번 불려가 혼까지 났다고 하니 부모로서는 당연히 걱정이 되지요. 자칫 선생님께 부정적인 아이로 눈도장이 찍힐까 봐 염려도 되겠고요. 하지만 사실 교사인 제 눈에는 매우 건강한 아이로 보입니다. 행동에서의 미숙한 부분만 조금 다듬어주면 문제없을 것 같습니다.

먼저 불의에 맞서는 아이의 성격에 대해 살펴보겠습니다. 만약 저학년이라면 상황이 좀 다릅니다. 기본적으로 에너지가 많고 관계 욕구가 많은 성격일 수 있습니다. 조용히 앉아 있는 것보다는 뭔가 시끌시끌한 대화를 하며 상호작용하는 것을 좋아하는 거죠. 이런 아이들은 저쪽에서 친구들이 모여 뭔가 이야기를 하는 게 보이면 자기도 모르게 그쪽으로 이끌리게 됩니다. 조금씩 관여하고 참여를 하게 되지요. 그러다 보면 처음엔 전혀 상관없던 아이가 어느새 갈등의 한복판에 놓여 있기도 합니다. 이런 아이에게는 직접 관여하지 말고 선생님께 알려서 상황을 돕도록 가르치는 것이 좋습니다. 당하는 친구를 돕고 싶은 마음은 이해하지만 괜히 나섰다가 다른 친구와 갈등을 빚는 것이 더 나쁠 수 있다고 말해주면서요.

아이가 고학년이라면 어느 정도 상황을 판단할 수 있는 나이이기에 조금 다른 조언이 필요합니다. 어떤 상황에서는 불의에 맞서는 행동이 맞습니다. 약한 친구를 괴롭히거나 나쁜 행동과 말을 해서 학급의 분위기를 흩뜨리는 친구들을 보면 당연히 부당하다는 생각이 들지요. 다 같은 생각을 해도 기질에 따라 반응은 다르게 나타납니다. 대부분은 못 본 척하기 일쑤입니다. 정의감이 높은 아이들은 이렇게 못 본 척하는 아이들 또한 마음에 들지 않습니다. 그러다 보니 더 공격적인 마음을 갖고 친구들에게 맞서는 것일 수도 있습니다. 자신의 감정에 충실하다는 의미에서는 건강한 정서를 지닌 아이가 맞습니다. 다만 갈등을 빚는 과정에서 어떻게 행동했는지는 좀 살펴볼 필요가 있습니다. 그런데 이 모두가 학교에서의 일이니 부모가 알 수가 없지요. 그때 척도가 되는 것이 바로 선생님의 반응입니다.

선생님에게서 연락이 없다는 것의 의미

사실 학교에서는 비슷한 갈등 상황을 많이 보게 됩니다. 당연히 중재는 선생님 몫이지요. 아이들의 이야기를 듣고 있으면 쌍방이 억울하다고 말합니다. 하지만 담임선생님은 아무래도 객관적인 시선을 가지고 있을 확률이 높습니다. 이미 많은 갈등 상황을 조정하는 과정에서 아이들 개개인의 기질도 자연스럽게 파악이 되었으니까요. 갈등의 전후 관계를 파악한 후, 훈육이 필요하다고 생각되는 경우엔 당연히 학부모 상담을 하게 됩니다. 사안이 심각한 경우는 당일에 바로 연락할 수도 있지만, 사소한 사안이더라도 마음속에 두고 있다가, 공식적인 학부모 상담 때나 다른 일로 만났을 때 자연스럽게 이야기를 꺼내게 되지요.

그러니 1년이 지나도록 선생님께 연락이 없었다는 것은 무슨 의미일까요? 물론 무심해서일 수도 있지만, 제가 보기엔 선생님도 아이가 불의에 맞서느라 그랬다는 것을 이해하셨기 때문이라고 판단됩니다. 요즘은 학교 폭력 관련 민원에 학교도 매우 민감하기 때문에 아이들이 갈등을 빚었는데 교사가 학부모에게 알리는 등의 후속 조치를 하지 않았다가는 나중에 더 크게 책임을 져야 하는 일이 발생할 수도 있습니다. 그래서 아주 사소한 일도 연락을 해서 관리와 지도를 했다는 증거로 남기려는 것이 일반적인 추세이지요. 그런 관점에서 본다면 연락이 없었다는 것은 오히려 긍정적인 사인으로 볼 수 있습니다. 비록 선생님께 불려가 겉으로는 혼이 났을지라도 선생님 눈에는 아이의 잘못보다는 불의에 맞서느라 한 행동임이 보였던 것이지요. 특별히 훈육이 필요한 문제가 아니니 따로 연락할 필요를 느끼지 못하셨을 수 있습니다.

더불어 아이의 미숙한 행동에 대해서는 좀 더 시간을 갖고 기다려도 괜찮다는 말을 드리고 싶습니다. 이렇게 자기감정에 충실한 건강한 아이들은 시간이 지나면서 나름대로 더 지혜로운 방법들을 찾게 됩니다. 아직은 초등학생이라 불의에 맞서는 방법도 좀 미숙한 것뿐이지요. 나름대로의 처세술을 깨달으려면 중학생은 되어야 할 겁니다. 아마 그때쯤이면 더 원만하고 성숙하게 친구들과 지내는 모습을 보실 수 있을 겁니다.

한 줄 상담소

초등 시기는 아직 사고의 유연함이 부족한 때라 선과 악의 구분이 확실합니다. 단순히 결과만 놓고서 나쁜 혹은 좋은 친구라 판단하기도 하지요. 불의를 보고 참지 못한다는 것은 자기감정에 충실하고 주도성과 적극성을 갖고 학교 생활을 하고 있다는 좋은 신호입니다. 좀 더 자라서 사고의 유연함까지 지니게 되면 본연의 장점들과 결합하여 훨씬 좋은 결과를 가질 수 있을 겁니다. 그때까지는 아이에게 상대방의 입장을 생각해보게 하는 훈련을 많이 시키는 것이 좋습니다.

4

친구에게 휘둘리기만 하는 아이, 자존감이 낮은 걸까요?

집에서는 활발하고 말도 잘하는데 친구들 사이에서는 그렇지 못한 것 같습니다. 자기가 하고 싶은 놀이가 있는데도 친구들이 다른 놀이를 하자고 하면 거절을 잘 못합니다. 그러곤 집에 와서 속상하다고 말하네요. 양보하는 것은 좋지만 열 번을 노는데 열 번 모두 다 양보만 하는 것은 좀 문제 있는 게 아닌가 생각됩니다. 아이의 자존감이 너무 낮은 걸까요?

아이가 1, 2학년인 경우

같이 노는 친구들의 성향을 살펴봐야 합니다. 놀이를 선택하거나 친구들을 이끌어가는 주도적인 역할을 하는 친구가 있나요? 만약 그런 친구가 있다면 함께 노는 다른 아이들도 아마 우리 아이 같은 상황일 수 있습니다. 이런 경우는 우리 아이의 문제는 아닙니다. 1, 2학년은 인지 발달이 빠른 아이들이 놀이를 주도하는 경향이 흔하게 나타납니다. 이런 문제는 학년이 올라가면 해소되니 크게 걱정할 필요 없습니다.

다만 아이가 놀이 과정에서 지나치게 속상해한다면 놀이 상대를 바꿔줄 필요가 있습니다. 주도적인 성향의 친구보다는 아이와 비슷한 기질의 친구들과 놀 수 있게 자연스럽게 환경을 만들어주세요. 집에 초대하거나 같은 학원에 보내는 방법도 좋겠지요. 다양한 친구들과 사이좋게 노는 법을 배우는 법도 중요하지만 이것은 어느 정도 발달 수준이 비슷해졌을 때 교육해도 늦지 않습니다. 지금은 아이가 친구 관계에서 부정적 경험을 하는 것을 줄여주는 데 더 초점을 맞추는 것이 중요합니다.

아이가 3, 4학년인 경우

아이의 기질을 먼저 살펴봐야 합니다. 이 시기는 저학년과 달리 또래 관계가 자리 잡는 때입니다. 아이가 친구 관계에 주도적이지 못하다면 다소 소극적인 기질이거나 또는 그 반대일 수 있습니다. 먼저 아이가 소극적인 기질이어서 친구들의 눈치를 보는 것이라면 부모님이 살짝 아이의 친구 관계에 관여해주는 방법을 추천합니다. 아이의 친구들을 집으로 초대하거나 생일 파티를 조금 신경 써서 열어줘도 좋습니다. 아무래도 우리 집에서 놀 때는 홈그라운드의 이점이 생기니 자연스럽게 아이도 힘을 얻게 됩니다.

"이거 가지고 놀아도 돼?"

"화장실은 어디 있어?"

"물 좀 마시고 싶은데……."

친구들이 자연스럽게 아이에게 부탁을 하는 상황이 연출될 테니까요. 이런 반복적인 경험을 통해 아이도 조금씩 자기 생각을 표현하는 법을 익히게 될 겁니다.

반대로 집에서는 적극적인 기질인데 이상하게 친구들 앞에서만 소극적으로 변하는 아이들도 있습니다. 집에서 놀 때는 하고 싶은 대로 다 하면서 친구들과는 그렇지 못한 경우이지요. 아이들 중에는 집과 학교의 환경이 너무 다를 때 의외로 적응을 못 하는 경우가 종종 있습니다. 부모님의 사랑을 독차지하여 집에서는 무엇이든 마음껏 했었는데 학교에서는 상황이 너무도 다르니 당황한 거지요. 부모님은 뭘 해도 의견을 물어봐주었는데, 친구들은 그렇지 않습니다. 정글과도 같은 세계에서 말을 할 타이밍을 잡지 못하다 보니 어느새 친구들 사이에서도 그냥 따라오는 존재가 되어버렸을 수도 있습니다. 이럴 때는 집과 학교의 환경을 비슷하게 맞춰주는 것이 좋습니다. 이제는 아이에게 먼저 묻지 말고 부모님의 의견대로 하기도 하고, 너무 전적으로 아이의 의견을 들어주지 않는 것이 중요합니다. 구성원 수에 맞게 의견 수렴의 횟수도 1/n로 줄이는 것이 좋습니다. 집에서부터 자기 생각을 관철하기 위해 노력한 아이들이 친구 관계에서의 기술도 가장 빠르게 습득합니다.

럽게 끌려갑니다. 철이 자석에 끌려가듯이 말이죠. 여러 가지 신선한 놀이나 게임을 제안하고 옆구리 쿡쿡 찔러서 놀자고 하는 친구를 마다할 이유가 없는 것이지요.

친구를 사귀는 방법이 단순한 저학년 아이들에게 좋은 친구를 사귀는 법을 가르치는 것은 어렵습니다. 아무리 잘 설명해줘도 아이가 그 뜻을 받아들이고 이해하기 어렵습니다. 대신 위의 단순한 이유들을 조금만 바꿔주면 쉽게 친구 관계에 변화를 줄 수 있습니다. 걱정되는 친구와 동선이 겹치지 않게 해주거나, 더 재미있는 친구나 더 나은 방법으로 주도하는 친구를 찾아 함께 노는 시간을 늘려주거나 하는 방법이 있지요. 저학년은 커가면서 친구 관계에 변화를 보일 여지가 많으니 조금 여유 있는 마음으로 지켜보길 바랍니다.

아이가 3, 4학년인 경우

이 시기의 아이들은 본인이 주도적으로 친구 관계를 맺기 시작합니다. 따라서 조금 주의 깊게 친구 관계를 살펴볼 필요가 있지요. 더불어 좋은 친구를 구별하는 방법을 이야기해주는 것이 좋습니다. 그렇다고 무턱대고 부모의 잣대를 들이대기보다는 적절한 때를 기다리세요. 가장 좋은 때는 아이가 친구와 싸우거나 갈등을 빚었을 때입니다. 많은 부모들은 아이가 부정적인 감정에 휩싸였을 때 함께 있는 것을 힘들어하지만, 조금만 시선을 멀리 두고 보면 이때야말로 닫혔던 아이의 마음이 열리는 기적과도 같은 시간입니다.

첫째, 아이의 감정이 출렁일 때 함께하면 평소보다 훨씬 많은 친구 이야기를 들을 수 있습니다. 평소에는 물어도 알 수 없는 정보들을 쉽게 얻을 수 있지요. 아이에 대한 정보가 많아지면 그 이야기 속에서 나름대로 조언해줄 말들도 생기게 됩니다. 아이의 속상한 감정을 받아주면서 아이의 이야기를 죽 들어준 후, 어느 정도 감정이 가라앉았을 때, 평소 생각하고 있던 이야기를 꺼낸다면 효과적으로 부모의 마음을 전달할 수 있습니다.

둘째, 이 시간을 통해 아이가 친구로 인해 느끼는 감정을 스스로 들여다보도록 해줄 수 있습니다. 친구에게 느끼는 감정이 단순한 서운함인지, 아니면 배신감인지, 질투인지, 실타래처럼 얽혀 있는 감정들을 풀어 라벨링을 해주는 것만으로도 아이는 많은 것을 깨닫게 됩니다. 좋은 친구를 사귀는 법은 부모가 직접 조언해주는 것보다, 이렇게 감정을 들여다보면서 스스로 찾아가게 하는 것이 가장 좋습니다. 결과는 다소 느리겠지만 효과만큼은 아주 탁월하지요.

아이가 5, 6학년인 경우

이 시기 아이들의 친구 관계에 접근할 때는 무엇보다 신중을 기하는 것이 좋습니다. 주변 사람들의 도움을 받는 것도 필요합니다. 특히 아이들의 생활을 가장 가까이서 지켜보는 담임선생님의 시선을 빌리는 것이 중요합니다. 걱정되는 친구와 사귀는 것 같다면 상담을 통해 담임선생님께 그 걱정을 슬쩍 내비쳐봅니다. 아이가 나쁜 친구를 사귀는 것 같다는 직접적인 말보다 아이의 변화된 행동들을 제시하면서 가벼운 부모의 걱정으로 상담을 시작하면, 친구에 대한 더 많은 정보를 얻을 수 있습니다. 부모가 보는 것과 달리 꽤 괜찮은 친구일 수도 있고, 또는 반대로 담임선생님도 걱정하던 때에 마침 부모가 먼저 이야기를 꺼내주어 더 많은 조언을 들을 수도 있습니다.

사실 고학년 친구 관계의 가장 나쁜 경우는 부모가 바람직하지 못한 친구를 사귀고 있다는 것 자체를 인지하지 못하는 것입니다. 이 시기의 아이들은 이미 어른의 시선도 잘 알고 있고, 그것을 피해가는 방법도 익숙하기 때문이지요. 물론 5, 6학년도 아직은 순진한 아이들이기 때문에 정작 부모들이 내 아이는 아닐 거라고 생각하는 경우도 많습니다. 하지만 교사로서 현장에서 만나는 아이들은 부모가 생각하는 것보다 훨씬 더 영특하게 친구 관계를 유지합니다. 더구나 요즘은 SNS의 발달로 어른들의 눈을 피해 자신들만의 세계를 공고히 하는 방법이 수없이 많아졌지요. 따라서 친구 관계에 별문제가 없어 보이는 경우라도 기회가 주어졌을 때 아이의 친구 관계에 대해 살펴보시는 것이 좋습니다. 담임선생님, 학원 선생님, 아이 주변의 친구들 등 아이를 사회적으로 알고 있는 사람들로부터 이야기를 들어보길 바랍니다.

그리고 평소 이렇게 부모가 친구 관계에 신경을 쓰고 있다는 것만으로도 아이에게 또 다른 메시지를 전달합니다.

"너는 엄마 아빠에게 정말 소중한 존재란다. 네가 어떤 친구를 만나는지는 네 자유이지만, 학창 시절에 친구를 잘 사귀는 건 무엇보다 중요한 일이거든. 물론 엄마 아빠가 너에게 직접 이래라저래라 말하는 꼰대가 되고 싶지는 않아. 하지만 걱정은 되니까, 그건 너에 대한 사랑에서 비롯되는 마음이니까, 엄마 아빠도 나름대로 네가 만나는 사람들과 좋은 관계를 유지하려고 노력하는 거야. 그래야 혹시라도 네가 도움이 필요할 때 엄마 아빠가 힘이 되어줄 수 있을 테니까."

이런 간접적인 부모의 메시지를 받은 아이들은 친구 관계에서 누구보다 지혜롭고 똑 부러지게 행동합니다. 그리고 혹시라도 마음의 상처로 넘어지더라도 누구보다 빠르게 회복해서 일어섭니다.

한 줄 상담소

아이가 나쁜 친구와 어울리는 것 같을 때는, 먼저 대화를 통해 아이가 생각하는 '좋은 친구'는 어떤 친구인지에 대해 들어보는 것이 좋습니다. 그런 후 부모가 생각하는 '좋은 친구'에 대해서도 이야기를 해줍니다. '나쁜 친구'라는 말을 쓰는 것보다 '좋은 친구'라는 말을 사용하는 것이 거부감 없이 자연스럽게 대화를 이끌어가기 더 쉽습니다. 좋은 친구를 정의하다 보면 자연스럽게 '나쁜 친구'도 정의되는 법이니까요. 그런 과정 속에서 아이도 자신이 누군가의 '나쁜 친구'는 아닐까 되돌아보게 될 수도 있겠지요.

7

친구들과 어울리지 못하는 아이, 왕따를 당하는 건 아닐까요?

학교에서는 공부뿐 아니라 다양한 친구들과 어울리는 법을 배우는 것도 중요하다고 생각합니다. 평소 아이에게도 이런 교육을 많이 하는 편인데요, 이상하게 아이가 친구들과 잘 어울리지 못합니다. 딱히 친하게 지내는 친구도 없는 것 같고요. 혹시 우리 아이가 왕따를 당하고 있는 것은 아닌지 걱정이 됩니다.

친구가 없는 것에 대해 아이가 별 불만이 없는 경우

학교에서 아이가 다양한 친구들과 사이좋게 어울리는 모습은 모든 부모들이 바라는 것입니다. 하지만 현실에서 모든 친구들과 다 잘 어울리기는 힘듭니다. 저마다 타고난 기질과 원하는 것이 다르기 때문이지요. 그렇다고 자기 입맛에 맞는 친구만 골라 사귀는 것도 건강한 방법은 아닙니다. 제가 볼 때 1, 2학년은 아직 어리니 기질이 비슷한 친구끼리 놀게 도와주는 것이 맞지만, 3학년 이후부터는 나와 다른 친구를 사귀는 기술을 배워나갈 필요가 있습니다. 앞으로 말하는 것은 3학년 이상에게 해당하는 조언임을 미리 밝혀둡니다.

먼저 아이가 친구가 없는 것에 별다른 생각이 없고 속상하다는 말도 하지 않는 경우를 살펴보겠습니다. 부모 눈에는 항상 아이가 외떨어져 있으니 속상한데, 정작 아이에게 물어보면 괜찮다고 하거나 친구가 있다고 말합니다. 이 경우는 아이가 혼자 있을 때 무엇을 하는지 살펴볼 필요가 있습니다. 쉬는 시간에 혼자 책을 읽거나 무언가 자신만의 세계에 빠져 있는 것이라면 크게 문제 될 것이 없습니다. 가만히 보면 아이가 오히려 친구들을 멀리하고 있는 것일 수 있습니다. 혼자 집중하고 싶은데 친구들이 방해가 되는 것이지요. 이런 마음이라면 언제든 놀고 싶을 때 당당하게 친구들에게 다가가기 때문에 별 무리 없이 친구 관계를 유지할 수 있습니다. 다시 말하면 이미 아이는 친구 관계의 기술을 습득하고 있는 것이지요. 혼자 있고 싶을 때 친구들에게 큰 반감을 불러일으키지 않으면서 혼자 있는 것은 함께 사는 교실에서는 꽤 기술이 필요한 능력입니다. 이런 기질의 아이에게는 친구가 없는 것에 대해 부모가 걱정하는 것 자체가 독이 될 수 있습니다. 아이는 아무 문제가 없는데, 부모가 걱정하면 '내가 뭘 잘못했나?' 싶은 마음에 친구 관계에서 오히려 주눅이 들 수 있기 때문이지요.

그리고 혼자 있는 것을 좋아하는 아이일수록 인지 발달이 빠르고 지능이 높은 경우가 많습니다. 혼자 집중해서 하는 활동 중에 그런 것들이 많으니까요. 독서하기, 블록 쌓기, 퍼즐 맞추기, 그림 그리기……. 따라서 당장은 주변에 친구가 없어 보여도 고학년이 될수록 그런 능력들이 빛을 발하기 때문에 자연스럽게 친구들에게 인정을 받는 분위기가 형성됩니다. '책을 많이 읽어서 아는 게 많은 아이'나 '퍼즐을 잘 맞추는 아이'로 인지되면 친구들이 다가와 궁금한 걸 물어보기도 하고, 교과 수업에서도 자연스럽게 선생님의 인정을 받게 되지요. 또 중고생이 되면 비슷한 흥미가 있는 친구들끼리 동아리 활동 등을 운영하며 자연스럽게 사회생활의 영역을 넓혀가기도 합니다.

친구가 없는 것에 대해 아이가 속상해하는 경우

혼자 있는 것이 별문제가 없다면 다행이지만 반대로 주변에 친구가 없다고 속상해하는 경우도 있습니다. 위와는 전혀 반대의 기질을 가진 것이지요. 혼자보다는 다른 사람과 함께 있는 것을 더 좋아하고 항상 정서를 주고받고 싶은데 그러지 못하니 속상한 것이지요.

이 경우는 먼저 아이의 말이 사실인지 알아보실 필요가 있습니다. 이런 말을 하는 아이들은 타인과의 정서 관계를 강하게 요구하는 기질인 경우가 많습니다. 그래서 방금 전까지 친구들과 잘 놀다가도 잠깐 혼자 떨어지면 친구가 없다고 불평을 하기도 합니다. 아이 입장에서는 그 잠깐의 시간도 견디기 어렵고 속상하기 때문이지요. 따라서 아이의 주관적인 판단보다는 객관적인 시선을 빌린 후에 판단을 해야 합니다.

담임선생님이나 주변 친구들에게 물어봤을 때, "아뇨, 친구들과 잘 노는데요?"라는 답변이 돌아온다면 아이의 정서에 집중하는 것이 좋습니다. 그렇다고 거짓말을 했다거나 왜 그런 생각을 하느냐고 핀잔을 줄 필요는 없습니다. 어쨌든 지금 당장 친구가 없다고 느끼는 아이의 감정만은 사실이니까요. 아이가 느끼는 감정에 대해서는 '그렇구나' 인정하고 받아줘야 합니다. 중요한 것은 그 이후의 행동입니다. 속상해하는 아이의 감정을 수용하는 것으로 끝내야 합니다. 부모가 그 걱정을 이어받아 함께 속상해하거나 문제를 해결해주려고 노력할 필요는 없다는 뜻입니다.

아이는 부모의 반응을 통해 자신이 느끼는 감정을 표출하는 법을 배우게 되는데, 부모가 감정을 수용해주는 선에서 끝을 내면 그 감정도 거기서 멈추지만, 부모가 감정을 해결해주기 위해 행동하게 되면 아이는 자신의 감정이 맞는다고 여겨 친구들 앞에서도 점점 더 강하게 감정 표현을 하게 됩니다. 어느 순간 객관적인 선을 넘어가게 되는 거죠. 만약 주변에 물어봤을 때, "네, 같이 노는 친구가 없는 것 같아요"라는 답을 들었다면 이미 이 선을 넘은 경우라고 보는 것이 맞습니다.

즉, 부모가 아이의 감정에 반응하여 그것을 해결하려고 행동해주다 보니(예를 들어 친구와 싸웠을 때 그 부모에게 전화를 걸어 우리 아이 입장을 설명해주고, 아이 친구에게 맛있는 간식을 사주면서 사이좋게 잘 놀라고 말해주는 등) 아이는 점점 더 자신의 감정이 맞다고 판단하여 친구들과 놀 때도 불편하거나 싫은 감정을 여과 없이 표출하게 되는 것이지요. 함께 놀 때 매번 짜증 내고 자기감정만 우선시하는 아이가 있다면 어떤 마음이 들까요? 자연스럽게 그 친구와 멀어지게 되고 함께 놀자는 말이 안 나오게 되겠지요. 이런 관계가 쌓인 채로 고학년이 되면 아이 주변에는 친구가 남지 않게 됩니다.

만약 아이가 이 경우에 해당하더라도 아직은 괜찮습니다. 초등학교는 변화의 여지가 많은 기회의 시기이기 때문이지요. 지금부터라도 훈육을 통해 아이가 스스로 감정을 통제하는 법을 가르쳐야 합니다. 필요하다면 적절한 상담을 받는 것도 괜찮습니다. 중요한 것은 이 시기를 넘기면 기회가 그만큼 줄어든다는 겁니다. 아이 주변에 건강하고 괜찮은 친구가 많이 남기를 원한다면 지금부터라도 타인의 감정을 이해하고 자신의 감정을 조절하는 법을 가르치는 것이 중요합니다.

한 줄 상담소

아이의 친구 관계는 부모님이 자신의 과거 경험을 토대로 판단하는 경향이 있는 듯합니다. 아이들이라고 해서 모든 친구와 다 잘 지내야 하는 것은 아닙니다. 아이들도 어른처럼 나름의 기질과 성향에 따라 인간관계를 맺습니다. 부모의 짐작으로 아이의 친구 관계를 판단하기보다, 그 관계 속에서 아이가 어떤 감정을 느끼고 무슨 생각을 하는지에 대해 알아보는 것이 중요합니다.

8

유독 한 친구에게 집착하는 아이, 어쩌면 좋을까요?

아이가 한 친구하고만 놀려고 합니다. 유치원 때부터 죽 그래왔습니다. 다른 친구도 사귀어보라고 해도 활발하고 인기 많은 한 친구에게만 집착하네요. 뽑기로 모둠 활동을 정할 때도 그 친구하고만 하겠다고 고집을 부려 다른 친구들이 항의를 했다고 합니다. 저러다 상처를 받을 것도 같고 담임선생님도 둘의 관계를 좀 끊어달라고 하는데 아이가 말을 듣지 않네요.

내 아이의 특징에 대한 이해

친구는 폭넓게 다양하게 사귀어야 좋은데, 유독 한 친구에게만 집착하니 많이 걱정스러울 거라 생각됩니다. 하지만 아이들이 단편적으로 이런 모습을 보이는 것은 정상적인 범주에 해당됩니다. 한때는 지나치게 집착하다가도 학년이 올라가거나 환경이 바뀌면 자연스럽게 멀어지기도 하지요. 또 금세 다른 친구를 사귀는 것도 아이들의 성향 중 하나입니다. 하지만 이 사례의 경우 유치원 때부터 죽 이런 성향을 보였다는 것이 마음에 걸립니다. 학년이 바뀌고 환경이 바뀌어도 또 새롭게 집착할 한 친구를 찾아 그런 관계를 반복한다는 것에서 느껴지는 아이의 특징이 하나 있습니다. 바로 다른 사람과의 관계에 대한 집착이 강한 기질입니다. 누군가와 긴밀하고 깊은 관계를 맺고 싶은 마음이 다른 사람들에 비해 강한 것이지요. 그런데 아직 어린 또래 친구들은 이런 아이의 마음을 충족시켜주기 어렵습니다. 어쩌면 이런 부분이 아이가 편협하게 친구 관계를 맺은 원인일 수도 있습니다. 또래보다 일찍 친구 관계에 애착을 갖는 아이들 중에서는 인지 발달이 빠른 경우가 많습니다. 또래보다 말도 빠르고 상대방의 감정을 읽거나 말뜻을 이해하는 능력도 탁월합니다. 친구 관계도 그런 방식으로 맺고 싶어 하지요. 내가 한마디 하면 상대도 그 뜻을 척하니 알아듣고 응수해줘야 하는데 이런 소통이 잘 이루어지지 않아 답답합니다. 그러니 유독 소통이 잘되는 한 명의 친구하고만 놀려고 하는 것입니다. 다른 친구들과의 놀이는 그 친구에 비하면 시시하고 재미없기 때문이지요. 한마디로 대체 불가한 친구라는 뜻입니다. 그런 아이에게 아무리 다른 친구하고도 놀라고 해도 말이 통하지 않지요.

상대 친구에 대한 이해

아이의 마음을 잘 이해해야 문제 해결도 할 수 있기 때문에 상대 친구에 대한 특성도 함께 살펴볼 필요가 있습니다. 보통 한 친구에게 집착하는 경우는 크게 두 가지가 있습니다. 너무 매력적이고 좋아 보여서 따르고 싶은 경우와 유독 나에게만 잘해주는 경우입니다. 둘 중 어디에 해당하는지에 따라 문제 해결 방식도 달라집니다.

먼저 전자의 경우입니다. 우리 아이는 다른 사람에게 주목받고 싶은 마음은 있으나 한편으론 소심해서 선뜻 나서지는 못하는 성격입니다. 그럴 때 친구들 앞에 나서기도 잘하고 주목받는 친구가 있으면 마음을 빼앗겨버리지요. 반에서도 활발하고 인기 많은 친구라면 더더욱 그럴 확률이 높습니다. 그 친구는 내가 하고 싶었던 행동들을 스스럼없이 합니다. 그 친구의 매력에 흠뻑 빠질 수밖에 없지요. 또 그 친구와 있으면 나의 마음도 충족되고 나도 그런 사람이 된 느낌이 들어 더 좋습니다. 당연히 그 친구가 나하고만 놀았으면 좋겠고 다른 친구들하고 친해지는 것에 시기심도 생기고 질투도 납니다. 하지만 아쉽게도 그 친구는 우리 아이하고만 친하게 지내지는 않습니다. 두루두루 널리 친구들을 사귀지요. 당연히 애끓고 속상한 쪽은 늘 우리 아이입니다.

후자의 경우는 정반대입니다. 상대 친구가 우리 아이에게만 잘해준다면 우리 아이가 상대 친구에게 매력적인 존재이기 때문입니다. 아이의 의지가 아니라 상대 친구의 의지에 의해 단짝 관계를 맺는 경우이지요. 그 친구가 워낙 집착을 하니 우리 아이도 마지못해 따라주고 있는 겁니다. 또 살뜰히 잘 챙겨주니 그리 싫지만도 않은 거지요.

정서와 에너지 수준 충족시킬 방법 찾기

어떤 이유가 되었든 아이가 한 명의 친구하고만 지내는 것은 바람직하지 못한 과정입니다. 다른 사람들의 눈에도 그리 좋아 보이지는 않습니다. 아이가 다른 사람과의 친밀하고 깊은 관계를 원하는데, 그게 다른 친구들과는 잘 이루어지지 않으니 이 부분을 해소해주는 데 초점을 맞출 필요가 있습니다.

먼저 아이가 상대 친구에게서 느끼는 매력을 아이 스스로도 갖출 수 있게 도와줄 필요가 있습니다. 물론 친구가 하는 것을 다 따라 할 필요는 없습니다. 아이들에게 인기가 많은 친구들의 매력은 어른들의 눈에는 긍정적으로 보이지 않는 것들이 더 많으니까요. 예를 들면 친구들에게 유튜브나 인터넷으로 본 어른스러운 정보들을 보여주며 관심을 끄는 경우가 여기에 해당하지요. 언니 오빠가 있는 친구들은 옷차림이나 액세서리 등도 훨씬 더 어른스러운 것들을 하고 다니는데 이런 것들이 선망의 대상이 되기도 합니다. 만약 아이가 그런 점에 끌려 한다면 오히려 아이가 긍정적으로 주도할 수 있게 판을 벌여주는 것도 좋습니다. 다른 사람 앞에 설 기회를 많이 만들어주는 것이지요. 예쁜 것을 좋아하는 여자아이들 중에는 발레나 무용을 배우게 해서 충족시켜줄 수 있습니다. 미술이나 디자인 학원을 보내는 것도 좋습니다. 다른 친구들이 쉽게 배우지 못하는 트랜디한 것들을 아이와 함께 알아보고 일주일에 한 번이라도 배우러 다닐 수 있게 해주면 그 자체만으로도 많은 부분을 충족시켜줄 수 있습니다. 단짝 친구 없이도 홀로 돋보일 기회를 갖게 되면, 친구에게 집착하는 문제도 자연스럽게 해소될 수 있습니다.

또 친밀한 관계에 대한 해소를 위해 아이에게 새로운 관계를 만들어주는 것도 필요합니다. 가족 관계 안에서 이루어지면 아주 좋은데, 이미 아이가 친구에게 집착했다는 것은 가족 구성원 안에서 이루어지기 어려운 구조를 가졌다는 뜻을 의미합니다. 가족이라고 해도 저마다 타고난 기질이 다르기에 아이의 모든 정서적인 욕구를 충족시켜주기 어려울 수 있습니다. 이럴 때는 아이가 마음을 줄 만한 다른 상대를 구해주는 것도 좋습니다. 반려동물을 키우는 것도 좋은 방법입니다. 아이돌을 좋아하거나 영화나 애니메이션에 빠지는 경험도 어느 정도 긍정적인 효과를 볼 수 있습니다. 무엇이든 너무 지나치지 않게 부모가 함께 그 장에 있어만 준다면 지금 당장은 푹 빠져 있는 것으로 보이더라도 시간이 지나면 언제든 다시 제자리로 돌아올 겁니다. 부모가 기다리고 있다는 것을 아이도 알고 있으니까요.

한 줄 상담소

아이의 친구 관계는 부모가 개입하기 어려운 영역 중 하나입니다만 겉으로 보이는 것이 친구 관계의 전부가 아니라는 점만 알아도 많은 문제를 해결할 수 있습니다. 여러 친구와 두루 잘 지낸다고 해서 반드시 좋은 성격을 지닌 아이가 아닐 수도 있습니다. 반대로 한 친구하고만 지낸다고 해서 사회성에 문제가 있는 것은 더더욱 아닐 수 있습니다. 중요한 것은 아이가 친구하고 지낼 때의 역동을 잘 살피는 것입니다. 그러다 보면 우리 아이의 새로운 면도 발견할 수 있을 겁니다.

9

수업 분위기를 흐리는 아이, 어떻게 지도해야 할까요?

담임선생님 말씀이 학급에서 수업 분위기를 흐리는 아이가 있는데, 그 친구가 먼저 시작을 하면 꼭 우리 아이가 같이 편승해서 따라 하고 동조한다고 합니다. 평소에 그 친구와 친해서 제가 학교도 같이 데려다주곤 했는데, 교실에서는 아예 자리도 멀리 앉히셨더라고요. 아이는 그 친구가 좋다고 하는데 선생님은 좀 떨어뜨려놓는 것이 좋겠다고 하시네요.

먼저 선동하는 아이와 뒤에서 동조하는 아이

학교 수업은 아이들에게는 좀 지루하고 딱딱할 수 있습니다. 그런 순간에 분위기를 살짝 바꾸는 역할을 해주는 친구는 청량제와 같지요. 선생님의 눈에는 가시가 될 수 있어도 아이들 입장에서는 멋진 친구로 느껴집니다. 대담하고 용기 있는 아이로 느껴지니까요. 실제로도 이런 친구들은 장점이 많습니다. 두뇌도 명석하고 상황 파악 능력도 빠릅니다. 수업 분위기를 적재적소에서 전환시킨다는 것은 쉬운 일이 아니니까요. 당연히 친구들과 놀 때도 그런 능력을 발휘할 테니 누구나 함께 있고 싶은 친구일 겁니다. 당연히 우리 아이도 그 친구를 싫어할 이유가 없는 것이죠.

그렇다고 해도 수업 분위기를 흐리는 일에 동조하는 일은 절대 좋은 행동이 아닙니다. 결과적으로 우리 아이에게도 나쁜 영향을 미치게 될 테니까요. 선생님들이나 친구들의 인식도 나빠질 테고 무엇보다 학습 집중력에도 방해가 될 테니까요. 교실에서도 보면 이렇게 먼저 선동을 하는 친구들은 머리가 좋아서 학습도 꽤 잘 따라오는데, 오히려 동조를 하는 친구들이 학습 결과에서 더 많은 피해를 보는 경우를 종종 봅니다.

친구와 멀리하라는 담임선생님의 말도 이런 걱정에서 하셨으리라 생각됩니다. 처음엔 수업 시간에 하는 작은 장난으로 시작되지만, 점점 학년이 올라가고 장난의 정도가 심해지다 보면 집단으로 다른 친구를 따돌리는 현상으로까지 발전해서 나타납니다. 그러니 아이가 좋아하는 친구라 하더라도 지금은 조금 떨어뜨려놓는 것이 좋겠습니다.

모두와 친하게 지내는 것 vs. 좋은 친구를 구별할 줄 아는 것

교실에서 매일 만나는데 거리를 둔다는 것이 가능한 일일까 싶을 수 있습니다. 물론 그렇긴 합니다. 하지만 또 아이들은 의외로 단순해서 조금만 물리적 환경을 변화시켜줘도 금방 거리가 멀어지기도 합니다. 특히 아이가 저학년이라면 이 방법이 효과가 있습니다. 먼저 등하교 시간이 겹치는지 잘 살펴보세요. 집이 가까워 매일 학교에 함께 가던 습관이 있었다면, 아이에게 다른 구실을 만들어줘서 조금 떨어뜨려주는 것도 좋습니다. 예를 들면 당분간은 부모님이 아이를 등하교시켜도 좋고, 학원 차량을 이용하게 하는 방법도 있습니다. 더 좋은 것은 다른 친구를 연결해주는 방법입니다. 아이와 성향이 비슷하고 괜찮은 친구가 있다면 집으로 자주 초대해서 놀게 하고, 놀이터에서 함께 놀 수 있게 시간을 맞춰주는 것도 좋습니다. 같은 학원에 다니게 하는 것도 새로운 친구를 만드는 데 효과적입니다. 학원을 같이 오가고, 또 학원에서 생긴 일들을 함께 공유하다 보면 자연스럽게 공통의 화제도 많아져서 친구가 되기 쉽습니다.

친구 관계에 대해 이런 조언을 드리면 부모님 입장에서는 꼭 걸리는 문제가 하나 있습니다. 아이들이 어릴수록 다양한 친구들과 사이좋게 지내는 법을 가르쳐야 하는 게 아닐까, 의도적으로 좋아하는 친구와 떨어뜨리는 것이 과연 옳은 교육 방법일까, 하는 생각들요. 사실 맞는 말입니다. 저도 이 문제에 대해 정말 오랜 시간 고민을 했으니까요. 저에게도 이 부분이 가장 큰 숙제였습니다. 그런데 아이들과 함께하는 시간이 많아질수록 이런 방법으로는 해결되지 않는 것들이 있다는 것을 깨닫게 되었습니다. 아이들은 저마다 타고난 기질이 다르고, 또 발달 속도도 다릅니다. 원하는 욕구도 다양합니다. 어른들의 세계와 다르지 않지요. 그렇다고 하더라고 아직 아이들인지라 순진하고 주변의 말에 쉽게 바뀌는 유연성을 지니고 있기도 합니다. 바로 이 점이 교육의 중요한 포인트라는 생각이 들었습니다.

그러니까 아이들이 아무 문제가 없을 때는 앞의 화두에 치중하는 것이 맞습니다. 다양한 친구들과 사이좋게 지내게 하고 나쁜 친구를 만드는 것은 의도적으로 지양해야 합니다. 이것이 친구 관계에서 1단계 교육에 해당합니다. 하지만 관계 속에서 문제가 발생했다면 이제 1단계 교육에만 머무는 것은 곤란합니다. 비상상황이니 2단계 교육으로 돌입해야 하지요. 지금 아이의 친구 관계가 비상상황이라는 것은 담임선생님의 말로 입증이 되었습니다. 수업 시간에 분위기를 흐리는 친구에게 동조하는 것은 절대 그냥 지켜볼 수는 없는 문제니까요. 그러니 일시적으로 2단계 방법을 사용하라고 권하는 것입니다. 만약 2단계 방법으로 상황이 종료되고 문제 상황이 없어졌다면, 다시 1단계 교육으로 돌아오면 됩니다.

이런 교육 방법은 당장의 문제 상황을 없애는 것 외에 한 가지 더 장점이 있습니다. 잠재적으로 아이에게 좋은 친구를 구별할 줄 아는 방법도 교육할 수 있다는 점입니다. 사실 학교는 아이들이 사회생활을 연습하는 곳이기도 합니다. 그러니 이곳에서 사람과의 관계를 어떻게 맺어야 하는지도 연습하는 것이 맞습니다. 좋은 친구와 나쁜 친구가 있는 것은 아니지만, 상황에 따라 나쁜 행동을 하는 친구와 좋은 행동을 하는 친구는 있기 마련입니다. 그 행동을 구별하지 못하고 무조건 친구의 행동을 따라 하는 것은 옳지 않습니다. 친구의 행동이 나쁘다고 판단되면, 아무리 친해도 제동을 걸고 잠시 거리를 두는 것이 진짜 우정일 수도 있지요. 당장은 그 친구가 서운해할 수 있지만 결국 시간이 지나면 누구의 행동이 옳았는지 판명되기 마련이니까요. 그 친구가 다시 좋은 행동을 보인다면 그때 다시 다가가 우정을 쌓아도 늦지 않습니다. 아이와 이런 내용의 대화를 함께 하면서 스스로의 행동에 대해서 돌아볼 줄 아는 안목을 길러주는 것이 꼭 필요하겠습니다.

한 줄 상담소

좋은 친구와 나쁜 친구는 없습니다. 다만 좋은 행동을 많이 하는 친구와 나쁜 행동을 많이 하는 친구가 있을 뿐이지요. 아무리 친한 친구라고 해도 그 친구가 나쁜 행동을 할 때는 따라 하거나 동조하지 않아야 한다고 가르치는 것이 중요합니다. 이런 교육은 아이 스스로 좋은 행동과 나쁜 행동에 대해 돌아볼 수 있게 하여 더 효과가 있습니다.

10

남의 일에 늘 참견하고 지적을 하는 아이, 괜찮을까요?

야무지고 꼼꼼하게 자기 일은 알아서 잘하는 아이인데, 그런 반면 학교에서 규칙을 지키지 않는 친구에게 지적을 많이 하는 편입니다. 아이 입장에서는 선생님이 말한 대로 지키지 않으니까 답답도 하고 이해도 안 되어서 친구들에게 한 소리 하는 것이겠지만 이게 친구 관계에 악영향을 끼치는 것 같아 고민입니다.

열심히 한 만큼 쌓이는 억울한 마음

주로 저학년 아이들에게서 볼 수 있는 모습입니다. 인지 발달이 빠르고 야무진 아이들은 학교에서 선생님의 말이 무슨 뜻인지 잘 알아듣고 그대로 실천하려고 노력합니다. 수업 시간에도 움직이지 않고 바른 자세로 앉아 있고 복도에서 뛰지도 않고 청소 시간에도 열심히 합니다. 그렇게 규칙을 잘 따르는 게 쉬운 일은 아닙니다. 떠들고 싶고 뛰고 싶지만 그러면 안 되는 것이 규칙이라 애써서 지키고 있는데, 어느 순간 친구들을 보니 그렇지가 않습니다. 복도에서 마구 뛰어다니고 수업 시간에 떠들기까지 합니다. 제일 억울할 때는 청소 시간과 같이 함께 협력해야 할 때입니다. 나는 열심히 하는데 안 하고 노는 친구가 있으면 내가 그 친구 몫까지 하게 되는 것이지요. 어찌 됐든 모둠이 담당한 구역의 청소가 다 마무리되어야 검사를 받을 수 있으니까요. 당연히 속상하고 때에 따라 분노가 폭발하기도 합니다. 말이 좋게 나가기 어렵지요. "야, 너 선생님이 청소 시간에 장난치지 말랬잖아!!" 날카로운 목소리에 친구도 당황합니다. 지가 뭔데 이래라저래라 하나 싶은 마음이 들지요. 이렇게 사소한 일로 친구들 사이에서 갈등이 시작됩니다.

그런데 이런 일로 싸우면 우리 아이가 상대적으로 유리합니다. 맞는 말만 했으니까요. 평소 선생님도 아이들의 태도를 잘 알고 있기에 당연히 열심히 노력하는 우리 아이의 편을 들 수밖에 없습니다. 선생님에 따라서는 그렇지 않아도 속을 끓이고 있었는데, 우리 아이가 속 시원하게 한마디 해줬다는 생각이 들기도 합니다. 선생님의 지원을 등에 업은 아이는 더욱 기세등등해질 수도 있습니다.

앞에서 제가 이런 일이 주로 저학년에서 볼 수 있다고 한 까닭이 바로 여기에 있습니다. 저학년 때까지는 아이들에게 선생님이라는 존재가 절대적일 수 있습니다. 하지만 고학년이 되면 보는 시각이 조금씩 달라지지요. 오히려 선생님 편에서 지적을 하는 친구를 불편하게 보는 친구들이 더 많아집니다. 또래 집단이 더 중요한 시기이기 때문에 이런 태도를 계속 유지하게 되면 학년이 올라갔을 때 친구 관계에 어려움을 겪을 수 있습니다.

열심히 한 만큼 쌓이는 비교 우위의 마음

친구에게 지적을 많이 하는 아이의 마음에 억울함만 있는 것은 아닙니다. 처음엔 그저 그렇게 해야 되나 보다 싶어 열심히 선생님 말을 따르다 보니 어느 순간 실력도 일취월장하고 선생님의 신뢰도 한 몸에 받게 됩니다. 당연히 자존감도 올라가지요. 그러다 가만 보니 그걸 제대로 못해서 맨날 혼나는 친구들이 보이기 시작합니다. 그들과 나를 비교해보니 엄청 차이가 납니다. 상대적으로 내가 우위에 있다는 생각이 들지요. 잘 모르는 친구에게 가르쳐주는 일도 생기고, 그럼 선생님이 더욱 칭찬을 해줍니다. 기분이 좋습니다. 어느 순간부터는 점점 누가 규칙을 어기고 있고 누가 제대로 안 하고 있는지 살피게 됩니다. 학급을 위한 사명감으로 열심히 하기까지 하지요.

하지만 시간이 지나고 자꾸 반복되다 보면 친구들도 자연스럽게 불편한 마음을 갖게 됩니다. 그리고 이 경우 더 위험한 것은 아이 자신에게 있습니다. 자신보다 못한 친구들에게 자꾸 지적을 하면서 상대적으로 우월하다는 생각을 하게 된다는 거죠. 물론 남과 비교해서 우월하다는 생각은 자존감을 높일 수 있는 장점도 있지만, 문제는 이들이 아직 완성되지 않은 성장 단계에 있다는 점입니다. 저학년 때까지는 모든 부분에서 친구들보다 우위에 있는 것이 가능하지만 고학년이 되면서부터는 그 영역이 조금씩 박탈될 수 있습니다. 예를 들어 저학년 때는 구구단도 못 외우고 맨날 혼나기만 하던 친구가 5학년이 되어서는 분수의 계산과 어려운 도형 문제를 척척 해내기 시작합니다. 공간수리 능력을 타고난 아이라 별로 어렵지 않게 아주 빠른 속도로 풀어내지요. 우리 아이는 열심히 공식을 외우고 문제집을 풀며 노력해도 따라잡기 어려운 영역인데 말입니다. 그런 친구가 대놓고 잘난 척이라도 한다면 엄청나게 자존심이 상하기도 합니다. '내가 더 열심히 해서 이겨야지' 하는 마음이 들 수도 있지만, 반대로 그 친구를 깎아내리려고 더 혈안이 되기도 합니다. 아이에게는 후자의 방법이 더 익숙하니 아무래도 그 방법으로 갈 확률도 높습니다. "아무래도 커닝한 것 같지 않아?" 하면서 말이죠. 물론 지금까지 예를 든 것은 다소 편파적이고 과장된 부분도 없지 않습니다. 중요한 것은 사소하고 작은 것들이라도 생활 곳곳에 우월감에서 비롯된 이런 생각과 문제들이 쌓일 수 있다는 점입니다.

그럼 도대체 아이에게 어떻게 말해줘야 할까요? 그렇다고 열심히 하지 말라고 할 수도 없고, 그 친구들처럼 규칙을 어기라고 말할 수도 없으니까요. "친구들이 열심히 하지 않는 것과는 상관없이 그저 자기 할 일에만 최선을 다하면 돼. 친구들이 못한다고 지적을 할 필요는 없어. 그건 선생님이 하실 일이야"라고 알려주는 것이 중요합니다. 하지만 저학년 아이들은 사실 이 말의 뜻을 제대로 이해하지 못합니다. 알겠다고 고개를 끄덕인다고 해도 지적하는 행동이 바로 없어지지도 않습니다. 그래서 아이가 지적을 하더라도 교사나 부모가 그에 대한 반응을 달리 하는 것이 중요합니다. "어쩜 그 친구들은 규칙을 안 지킬 수 있니? 그러니 선생님은 얼마나 속상하실까?" 이런 반응보다는 "그래 넌 열심히 하는데 그런 친구들이 있어서 참 속상했겠다. 억울했겠다" 정도로만 반응합니다. "그렇다고 친구들의 행동을 지적하는 것은 좀 그래. 그건 선생님이 하실 일이지 네가 할 일은 아닌 것 같아"라고도 말해줍니다. "선생님이 못 보셨단 말이야"라고 한다면 "그랬구나. 그래도 다음엔 보시겠지. 선생님도 나름대로 다른 생각이 있으셔서 이번에는 모른 척 넘어가시는 걸 수도 있고. 아무튼 중요한 것은 그렇다고 네가 직접 친구들을 지적하는 일은 하면 안 된다는 거야"라고 말해줍니다. 부모의 이런 반응은 다른 친구들의 행동에 맞춰진 아이의 시선을 조금씩 옮겨 스스로의 내면을 향하도록 바꿔줄 수 있습니다. 그렇게 자신에게로 방향을 틀어주는 것이 아이의 건강한 성장에도 매우 필요한 일입니다.

한 줄 상담소

우리는 열심히 최선을 다하면 성공할 거라는 말을 아이들에게 자주 합니다. 그런데 사실 현실은 그렇지 않습니다. 나는 열심히 최선을 다하느라 너무 힘들었는데 대충대충 한 친구들이 선생님의 칭찬을 받기도 합니다. 당연히 억울하고 속상한 감정이 들지요. 그런 마음이 친구들을 지적하는 마음으로 물꼬가 트일 수도 있습니다. 가끔은 아이에게 브레이크를 밟아주는 것도 필요합니다. "열심히 최선을 다하느라 힘들었지? 이번엔 좀 쉬어갈까?"

11

요즘 초등학생 생일 파티는 어떻게 하나요?

어린이집과 유치원을 다닐 때는 아이 생일잔치를 준비해서 보내곤 했었는데, 초등학교에서 생일 파티는 어떻게 이루어지는지 궁금합니다. 아이는 친구들과 생일 파티를 하고 싶다고 조르는데 학교에 케이크와 간식을 보내도 될까요? 다른 부모들은 아이들의 생일을 어떤 식으로 챙겨주는지도 알고 싶습니다.

학교 생일 파티에 대하여

학교에서 생일 파티를 열고 싶어 하는 마음은 주로 저학년 친구들에게서 볼 수 있습니다. 고학년만 되어도 교실에서 여는 떠들썩한 생일 파티를 좋아하는 아이는 많지 않습니다. 대신 친한 친구들끼리 생일 선물을 챙겨주며 자기들끼리 의미 있게 보내는 것을 더 좋아하지요. 그러다 보니 생일 파티의 양상도 저학년과 고학년에서 다른 문제로 다가옵니다. 저학년은 얼마나 크게 생일 파티를 여는지 등의 문제로, 고학년은 누가 누구의 생일 파티에 초대를 받았는지 못 받았는지 등의 문제로 갈등이 생기곤 합니다.

아무래도 어린이집과 유치원에서 생일 파티를 여는 것에 익숙한 아이들은 학교에서도 그런 활동을 이어가고 싶어 합니다. 하지만 초등학교에서는 교실에서 아이의 부모가 준비한 케이크와 음식으로 생일 파티를 여는 것에 난색을 표하는 경우가 많습니다. 물론 학교 분위기나 담임선생님의 역량에 따라 조금 다르게 운영될 수도 있지만 대부분의 경우 다음의 몇 가지 이유로 허락하지 않는 경우가 더 많습니다.

첫째, 식중독 등의 문제입니다. 학교는 단체 급식을 하다 보니 식중독 문제에 매우 민감합니다. 또 법적으로도 단체로 음식을 먹을 때는 만약의 경우 역학 조사를 대비해 샘플 음식을 며칠간 보관하게 되어 있지요. 실제 학교 급식은 모두 이런 과정을 거쳐 운영되고 있습니다. 교장 선생님 등 관리자들이 이런 문제에 민감한 경우 개별적으로 들어오는 단체 간식을 전면 금지하는 학교도 있습니다.

둘째, 형평성의 문제입니다. 어떤 아이는 부모가 거하게 생일 음식을 챙겨주는데, 그러지 못한 아이도 있지요. 각자의 가정 형편과 상황, 또 부모의 가치관이 다르니까요. 그러다 보니 교사는 생일 파티를 열지 못하는 아이들의 마음을 생각하여 허락해주지 않는 경우도 있습니다.

셋째, 파티 뒤처리의 문제입니다. 교실에서 음식을 먹게 되면 음식물 쓰레기도 생기고 더 먹고 싶은 아이, 먹기 싫은 아이 등 여러 가지 민원이 발생합니다. 학교에서는 음식물 쓰레기를 처리하기가 참 어렵습니다. 교실에서 급식을 먹을 땐 급식차에 이런 잔반 처리에 대한 부분까지 모두 준비되어 있기 때문에 문제가 없지만, 급식차가 가버리고 나면 음식물을 버릴 곳이 마땅치 않습니다. 여름엔 상하기도 하고 냄새도 나지요. 아이마다 식성도 다르고 먹는 양도 달라 남기는 음식도 처치 곤란입니다. 물론 센스 있는 분들은 간식을 나눠서 포장하고, 먹다 남은 것도 집에 싸갈 수 있게 준비해 보내기도 합니다. 그렇다고 해도 위의 두 가지 문제는 남게 되지요.

학교에서 생일 파티를 할 수 없게 될 경우 아이가 많이 서운해할 수 있습니다. 늘 해왔던 일이라 은근히 기대했으니 당연한 마음이지요. 이럴 땐 친구들을 초대해서 생일 파티를 여는 방법을 생각하게 됩니다. 다만 이럴 때도 몇 가지를 염두에 두는 것이 좋습니다.

생일 파티 초대 범위

아이의 생일 파티를 집이나 다른 장소를 빌려 열게 되면 친구들 초대 범위에 대해 고민하게 됩니다. 학급의 친구들을 다 부를 수 있으면 좋겠지만, 장소나 비용 등의 문제로 초대 범위를 한정할 수밖에 없을 때도 있습니다. 이럴 경우 생일 파티에 초대를 받은 아이들과 받지 않은 아이들 사이에서 갈등이 생길 수 있습니다. 저학년은 생일 파티를 열어도 친구들이 그 사실을 잘 인지하지 못하는 경우가 많습니다. 그러다 보니 초대를 했는데도 깜빡 잊고 안 가는 경우도 있고, 소수의 친구들과 전날 생일 파티를 하고 와도 다음 날이면 다시 리셋되어 별문제 없이 잘 지내기도 합니다. 지나치게 자신의 생일 파티에 대해 학교에서 크게 이야기하지만 않는다면 말이죠.

하지만 고학년은 동료 관계를 중요시하기 때문에 생일 파티 초대에 대해 매우 민감합니다. 딱히 학교에서 이야기하지 않아도 누구에게 초대장이 오고 갔는지를 다 알고 있습니다. 이렇게 생긴 감정이 쌓여 친구들끼리 갈등을 빚는 원인이 되기도 합니다. 그러다 보니 고학년이 되면 생일 파티를 열지 않겠다고 하는 아이도 생깁니다. 친구들의 역동에 굳이 문제를 만들고 싶지 않기 때문일 수 있습니다. 그냥 간단히 친한 친구와 선물을 주고받는 것으로 만족하는 것이지요. 반면 떠들썩하게 생일 파티를 열고 싶어 하는 아이도 있습니다. 다른 친구의 생일에 초대받지 못한 것에 대한 감정 때문일 수도 있고, 생일 파티를 계기로 친한 친구 그룹을 만들고 싶기 때문일 수도 있습니다.

생일 파티는 기본적으로 아이의 의견을 존중하여 열어주되, 앞에서 제기한 문제나 갈등이 생길 소지는 없는지 한 번쯤 짚어보는 것도 중요하겠습니다.

한 줄 상담소

1년에 단 하루 찾아오는 생일을 아이들도 매우 좋아하고 의미 있게 생각합니다. 친구들과 다 함께 모여 파티를 열고 축하하는 건 정말 좋은 일이지요. 하지만 이 파티가 거꾸로 누군가를 소외시키고 있지는 않은지 살펴볼 필요도 있습니다. 학교에서 파티를 열 수 없는 경우엔 가족들과 오붓하게 생일을 보내는 것도 아이에게는 더 의미 있는 경험이 될 수 있습니다.

12

공주병이라고 놀림받는 아이, 예쁜 옷들을 버려야 할까요?

같은 반 친구가 자꾸 '공주병'이라고 놀려서 아이가 속상해합니다. 평소 치마와 예쁜 옷을 즐겨 입는 걸 친구가 질투해서 그런 것 같다고도 생각됩니다. 아이에게 바지 같은 편한 옷을 입자고도 말해보았지만 말을 잘 듣지 않네요. 예쁜 옷을 입고 싶어 하는 아이 마음도 이해는 됩니다. 친구들의 놀림을 어떻게 대처하면 좋을까요?

'공주의 수준'이라는 걸 친구들도 인정한다는 의미

'공주병'이라는 말은 저학년 여자아이들이 흔하게 주고받는 놀림입니다. 그리고 어느 정도 수준이 되어야 들을 수 있는 놀림이지요. 외모가 예쁘고 친구들이 보기에도 돋보이게 옷을 잘 입어 정말 공주같이 느껴져야 한다는 전제가 달립니다. 여기에 살짝 질투의 마음을 얹어 '병' 자를 붙인 것이니까요.

그렇다고 하더라도 직접 당하는 아이의 마음은 그리 간단하지가 않습니다. 억울하고 속상한 마음에 울기도 하고 친구들과의 관계에 부정적인 영향을 가져오기도 합니다.

이 문제를 해결하기 위해서는 먼저 우리 아이의 특징을 살펴보시는 것이 중요합니다. 바로 외모를 중시하는 기질이지요. 아이가 가진 모든 기질은 어떻게 교육하느냐에 따라 장점으로도 단점으로도 작용할 수 있습니다. 외모를 가꾸고 남들의 눈을 중시하는 성향은 굉장히 중요한 자원입니다. 이런 기질을 잘 길러준다면 무대에 오르거나 남들을 이끌어가는 아이로 성장해나갈 수도 있습니다. 그런 면에서 어쩌면 '공주병'이라는 놀림은 일찌감치 맞아두어야 하는 예방주사와도 같지요. 예방주사도 처음에 맞으면 매우 아프고 살짝 병을 앓기도 합니다. 지금 아이가 받는 고통도 그 마음 앓이에 해당합니다. 예방주사 후 아픈 것에 대해서 우리는 크게 동요하지 않고 기다려줍니다. 그렇다고 "괜찮아. 별거 아니니 나가서 뛰어놀아"라고 말하지는 않지요. "열이 나고 좀 아플 테니 오늘은 집에서 쉬자"라고 말합니다. 놀림을 당해 마음 앓이를 하는 아이에게도 같은 처방이 필요합니다. "괜찮아. 친구들이 질투해서 그러니 그냥 무시해"라고 하는 것은 좋은 대안은 아닙니다. "정말 속상하겠구나. 이리 와 엄마가 안아줄게"라며 당분간은 아픈 마음을 다독여주는 것이 필요하지요.

상처받은 아이의 마음에 집중하면서도, 그 일을 바라보는 감정은 '별것 아닌 지나가는 일' 정도로 여기는 게 가장 건강한 훈육법입니다. 아이의 마음에 집중해서 같이 아파해주지만 "내가 정말 공주병이야?"라고 울면서 묻는 아이에게는 다정하게 얘기해주세요.

"어떤 친구들 눈에는 그렇게 보였나 보다. 엄마 아빠 눈에는 전혀 아닌데, 이상하다 그치?"

"사람마다 보는 눈이 다른 거니까. 우리 딸도 드디어 다양한 친구들을 만나게 된 거네. 이렇게 세게 나오는 친구들도 만나고. 공주면 공주지 공주병은 또 뭐야. 그 친구가 질투하는 마음이 있었나 봐."

이렇게 많은 친구들의 반응 중 하나 정도로 느끼게 반응해주면 좋습니다. 아이는 그런 부모의 반응을 통해 자연스럽게 마음의 예방 백신을 갖게 됩니다. 그리고 이런 마음의 백신이 있는 아이라야 나중에 더 큰일을 하고 큰 무대에 오를 수 있는 내성도 갖게 되는 것이지요.

옷차림을 바꾸는 문제에 대해

더불어 당장 아이의 옷차림을 바꾸려고 너무 노력할 필요는 없습니다. 아이 스스로 옷차림을 바꾸겠다는 의지를 보인다면 괜찮지만, 싫다고 하는데 굳이 실랑이를 벌이면서 불필요한 에너지를 낭비할 필요는 없다는 뜻입니다. 왜냐하면 아이들의 성향은 자라면서 수시로 바뀝니다. 저학년일 때는 분홍색 옷이나 치마만 고집하다가도 학년이 올라가면서 반대로 바지만 입으려고 하는 경향도 생깁니다. 물론 공주병이라는 놀림이 아이가 옷차림을 바꾸는 계기가 되기도 합니다. 이때도 아이의 기질을 파악할 수 있는 중요한 단서가 되는데, 친구들의 놀림이 싫어서 바지만 입겠다고 고집한다면 그만큼 친구 관계가 중요하고 나름대로 그 속에 적응하고 싶어 하는 다소 순응적인 기질의 아이라고 판단할 수 있습니다. 이런 기질의 아이라면 앞으로 친구와 갈등이 생겼을 때 되도록 더 많이 아이 편을 들어주시는 것이 중요합니다.

반대로 친구들의 놀림에도 불구하고 현재의 옷차림을 고수하고 싶어 한다면 그 또한 중요한 아이의 성향입니다. 다른 사람과의 관계에서 순응하기보다는 자신의 주관을 강하게 밀어붙일 줄 아는 기질을 지닌 것이지요. 잘만 활용하면 리더로서의 장점으로 활용될 소지가 많은 기질이지만 3, 4학년까지는 자칫 친구 관계에서 갈등을 많이 유발할 수도 있습니다. 이 갈등을 부모가 어떻게 관리해주느냐가 아이의 기질이 어떤 방향으로 나아갈지에 대한 중요한 갈림길이 될 수 있습니다. 이 문제의 해결은 여자아이들의 상호 관계를 이해하는 관점에서 살펴볼 필요가 있습니다.

여자아이들의 상호 관계 속에서 문제 해결하기

사실 '공주병'이라는 이야기를 듣는 아이들에게는 특징이 하나 더 있는데 바로 친구들을 주도적으로 이끌어가려는 기질입니다. 그저 예쁜 옷을 입고 예쁘게 생겼다는 이유만으로 아이들이 '공주병'이라고 놀리지는 않습니다. 거기에 더불어 친구들과의 상호 관계 속에서 어떤 기 싸움이 발생했기 때문이지요. 또 그 기 싸움에서 우리 아이가 만만치 않았기 때문에 나름 치명적인 말로 공격을 해온 것일 수도 있습니다. 아이들도 이런 상황을 잘 알고 있습니다. 여기에서 옷차림을 바꾸지 않겠다는 것은 기 싸움에서 밀리고 싶지 않은 속마음의 표현이지요. 물론 친구들이 놀린다고 옷차림을 바꿀 필요는 없습니다. 부모에 따라서는 주눅이 들어 치마를 안 입겠다고 하는 아이가 더 속상할 수도 있습니다.

이때 중요한 것이 아이에게 관계의 균형을 잡아주는 일입니다. 옷차림을 바꾸려는 아이에게는 주눅 들지 않게 아이 편을 많이 들어줘야 하고, 반대로 옷차림을 바꾸지 않으려는 아이에게는 아이의 편만 들어주기보다 친구의 입장도 설명해주면서 관계에 있어 균형 잡힌 시각을 갖도록 훈육하는 것이 중요합니다.

한 줄 상담소

학교에 예쁜 옷을 입혀 보내는 것이 아이에게 꼭 좋은 것만은 아닙니다. 물론, 다른 사람들이 예쁘다고 말해주니 아이의 자존감이 높아질 수도 있겠지만, 예쁜 옷에 의존하여 생긴 자존감은 금세 무너지기 쉽습니다. 진짜 단단한 자존감은 예쁜 옷에 의존하는 것이 아닌 오롯이 자신의 힘으로 이루어내는 것이지요. 학교에서의 옷은 활동하기 편한 복장이 제일 좋습니다. 더불어 신발이나 가방, 학용품도 너무 비싸거나 장식품이 많은 것보다는 간편하고 효율성에 초점을 맞춘 제품을 추천합니다.

13

여자랑만 노는 남자아이, 남자랑만 노는 여자아이, 괜한 걱정일까요?

남자아이인데 주로 여자아이들하고만 친하게 지냅니다. 활발하기보다는 섬세하고 내성적인 성격이라 여자친구들하고 더 잘 맞는 것 같습니다. 그래도 동성 친구들과 어울리지 못해서 그런 건 아닌지 걱정이 됩니다.

여자아이인데 주로 남자아이들하고만 친하게 지냅니다. 얌전한 활동보다는 활발하고 신체적인 활동도 좋아하다 보니 남자친구들하고 더 잘 맞는 것 같습니다. 물어봐도 남자친구들과 노는 것이 더 좋다고 하는데 이대로 둬도 괜찮을까요?

아이가 1, 2학년인 경우

저학년은 아직 이성에 대한 구분이 예민하지 않은 시기입니다. 따라서 친구 관계도 성별보다는 기질이 맞는 친구들과 놀게 됩니다. 신체적으로 활발한 기질의 친구들은 술래잡기나 놀이터에서 격하게 뛰어

노는 놀이를 선호하고, 조용하게 앉아서 책을 읽거나 블록 놀이 하는 것을 좋아하는 기질의 친구들은 옹기종기 모여 노는 모습을 더 자주 보게 되지요. 여기에서 성별은 큰 영향을 주지 않습니다.

물론 여자아이들만 모인 곳에 남자아이 혼자 끼어 있거나 그 반대인 경우 부모의 마음이 편하지만은 않겠지만 저학년의 경우 동성 친구들과 어울리지 못해 그런 것은 아니니 크게 걱정하지 않아도 됩니다. 아무래도 신경이 쓰인다면 아이와 기질이 비슷한 동성 친구를 골라서 함께 놀이할 시간과 공간을 만들어주는 것도 좋은 방법입니다. 즉, 저학년 시기에는 남자애가 여자애들이랑 놀든 여자애가 남자애들이랑 놀든 크게 상관이 없다는 말입니다. 그들에게 친구는 성별의 문제가 아니라 같이 있으면 재미있고 편하냐 아니냐의 문제일 뿐이기 때문이지요.

아이가 3, 4학년인 경우

이 시기의 아이들은 이성을 확실하게 구분하기 시작합니다. 그래서 이성 친구보다는 동성 친구들끼리 긴밀하게 관계를 유지하는 것이 일반적이지요. 따라서 이 시기에 이성 친구와 노는 특성을 보인다면 좀 더 면밀하게 살펴볼 필요가 있습니다. 특히 성별에 따른 특징이 대두되는 시기이므로 여자아이냐 남자아이냐에 따라 조금 다른 특성을 보입니다.

먼저 남자아이들이 노는 곳에 여자아이가 혼자 낀 경우는 대부분 활달한 성격이거나 신체적인 활동을 좋아하는 기질인 경우가 많습니다. 기질이 그러니 어쩔 수 없다고 여길 수도 있지만, 이 시기의 여자아이들이 점차 또래 집단의 결속력을 중요하게 생각해나가는 시기라는 점을 간과해서는 안 됩니다. 아이가 노는 패턴을 잘 살펴봐서 주로 남자아이들과 놀지만, 동성 여자아이들과 어울리는 데도 별 무리가 없어 보인다면 안심해도 됩니다. 하지만 남자아이들하고만 친구 관계를 맺고 있다면 더 자세히 들여다볼 필요가 있습니다. 왜냐하면 내 아이는 아무 문제가 없어도 다른 여자아이들의 입장에서는 다르게 느낄 수도 있기 때문입니다. '우리와는 놀지 않고 항상 남자아이들하고만 노는 아이'로 인식되어 심한 경우 자신들이 배척당했다고 느끼기도 합니다. 따라서 이런 경우엔 아이를 자연스럽게 두기보다는 태권도, 수영 등 다른 방법으로 신체적인 에너지를 풀 수 있게 도와주면서 여자아이들과도 함께 놀 수 있는 방법을 찾아 자연스럽게 유도해주는 것이 필요합니다.

이번엔 여자아이들이 노는 곳에 남자아이가 홀로 낀 경우를 살펴보겠습니다. 보통 인지 발달이 빨라 또래보다 언어력이 뛰어나고 독서 등의 활동을 좋아하는 경우가 많습니다. 남자친구들과는 말이 잘 통하지 않고 혼자 있는 것도 즐기다 보니 자연스럽게 멀어진 경우이지요. 보통 이런 남자아이에게는 비슷한 기질의 여자아이들이 먼저 접근합니다. 수업 시간이나 발표 시간에 보면 책도 좋아하고 꽤 똑똑한 것 같고, 혼자 있는 것이 안쓰러워 챙겨주면서 자연스럽게 어울리게 되는 것이지요. 보통 이런 문제는 고학년이 되면서 자연스럽게 해소되는 경우가 많습니다. 고학년이 되면 남자아이들도 인지력과 언어력이 발달하게 되고 그러면서 비슷한 기질의 동성 친구를 찾게 되는 것이지요. 또 사춘기가 된 여자아이들도 자신들만의 문화에 집중하며 남자아이와의 공감대가 자연스럽게 멀어지기도 하고요. 따라서 남자아이가 여자아이들 틈에 끼어 있는 현상은 3, 4학년까지는 크게 문제 될 것 없다는 마음으로 지켜보는 것이 좋겠습니다.

더불어 이 시기에는 여자아이들의 해결책보다 남자아이들의 해결책이 다소 소극적으로 보일 수 있습니다. 친구 관계는 여자아이들이 남자아이들에 비해 훨씬 더 빨리 발달하기 때문입니다. 그래서 3, 4학년까지도 남자아이들은 아직 저학년과 비슷하게 친구 관계를 형성하고 있는 경우가 더 많습니다. 남자아이가 친구 관계에 문제가 생겼다면, 또래 여자아이들이 끼어 있는 경우가 더 많을 겁니다. 이럴 경우엔 어차피 적극적으로 해결책을 제시해도 아이가 그대로 따라서 하기 어렵습니다. 반대로 좋은 점은 부모가 생각하는 것만큼 친구 문제로 마음을 끓이지 않는다는 것입니다. 금방 잊어버리고 또 새로운 친구를 사귀곤 합니다. 그러니 친구 문제도 아이의 감정에 기반을 두어 도와주는 것이 바람직하겠습니다.

아이가 5, 6학년인 경우

이 시기는 사춘기에 접어드는 아이들의 발달상 이성 친구하고만 노는 모습을 찾아보기 매우 어렵습니다. 이성 교제를 하는 경우가 아니라면 말이죠. 간혹 그런 모습을 보일 때도 있는데 주로 다음의 세 가지 상황에 해당합니다.

첫째, 여자아이로 동성 친구들과도 잘 놀지만, 남자아이들만 있는 놀이판에서도 기죽지 않고 잘 노는 경우입니다. 아무래도 초등학교 시기는 여자아이가 남자아이보다 발달이 빠른 경우가 많습니다. 관계에서의 주도권을 가지려는 욕구가 높은 여자아이들은 여자아이들 집단뿐 아니라 남자아이들 집단에서도 주도권을 잡으려고 하는 일이 종종 있습니다. 가만히 살펴보면 논리적으로 말로 주도권을 쥐는 것은 물론 신체 활동에서도 우위를 차지하려고 합니다. 남자아이들의 민원이 발생하기 쉬운데요, 지나치게 주도권을 잡으려는 행동이 더 큰 문제로 작용할 수 있으니 이때 강하게 주의를 주고 제지하는 것이 좋습니다. 고학년이 되면 당하기만 하던 아이들도 어느 순간 상대의 전략을 눈치채게 됩니다. 그걸 깨닫게 되는 순간 그동안 당했다는 느낌 때문에 분노가 폭발하기도 하지요. 이런 역동은 자칫 친구 관계에서 돌이킬 수 없는 갈등을 가져오는 경우도 많습니다. 지금 당장 친구들을 내 마음대로 움직일 수 있다고 해서 언제까지나 그런 상황이 계속되는 것은 아니라는 말입니다. 고학년은 친구 관계에서 항상 이런 부분을 유의할 필요가 있습니다.

둘째, 남자아이로 동성 친구들과도 잘 놀지만, 여자아이들하고도 많이 어울리는 경우입니다. 주로 언어가 빠르거나 여자 형제들 사이에서 자라 여자의 언어를 잘 이해하는 경우입니다. 이 경우는 별로 문제 될 것이 없고 오히려 또래보다 사회적 인간관계의 지능이 높은 것으로 보는 것이 맞습니다.

셋째, 위의 두 경우에서 더 나아가 동성 친구들과는 전혀 놀지 않고 이성 친구들과만 노는 경우입니다. 이 경우는 친구 관계에 다소 문제가 있을 확률이 높습니다. 아이와의 대화를 통해 왜 그런 마음이 드는지 잘 살펴보시고, 담임선생님과의 상담을 통해 아이의 속마음을 이해하려는 노력이 필요하겠습니다. 필요하다면 심리 상담을 받아보는 것도 권유합니다.

한 줄 상담소

초등학교는 처음으로 이성에 대해 인지하는 시기입니다. 인지의 시기는 아이마다 조금씩 다릅니다. 따라서 이성 친구하고만 노는 행동의 원인도 아이의 발달에 따라 다르게 살펴봐야 합니다. 그저 이성 친구가 나와 잘 맞아서일(신체적으로 활발하게 노는 것, 조용히 앉아 조곤조곤 말하며 노는 것 등) 수도 있기 때문이지요. 하지만 고학년이 되면 대부분 발달이 완료되기 때문에 대부분의 아이들이 동성 친구와 어울리는 것을 더 선호합니다. 이 시기에도 이성 친구하고만 어울린다면(동성 친구, 이성 친구 모두 잘 어울리는 경우는 제외) 담임선생님과의 상담을 통해 그 원인을 파악해보는 것이 좋습니다.

14

아이에게 이성 친구가 생겼습니다

요즘 아이들은 여친이나 남친을 사귀는 것에 대해 너무나도 개방적인 것 같습니다. 아이도 벌써 여자(남자)친구가 생겼다고 하네요. 마냥 수용해주자니 걱정이 되고 안 된다고 하기엔 보수적인 부모가 되는 것 같아 걱정입니다. 도대체 이 시기의 이성 교제는 어떻게 바라봐야 할까요?

아이가 1, 2학년인 경우

초등생의 이성 교제를 바라보는 시선은 부모에 따라서도 천차만별인 것 같습니다. 특히 아직 어린 저학년들이 이성 친구가 있다고 말하면 귀여워 웃음 짓는 경우가 더 많지요. 아이들도 그런 어른들의 시선에 반응합니다. 즉, 자신이 뭔가 특별한 것을 갖고 있는 느낌이나 귀엽다고 긍정적으로 바라봐주고 호기심을 가져주는 시선이 나쁘지 않은 것이지요. 이런 마음은 이 시기 아이들의 반응에서 읽을 수 있습니다. "너 남친(여친) 있다며?"라는 물음에 굳이 숨기거나 빼지 않고 그렇다고 고개를 끄덕이는 것이지요. 아이에 따라서는 자신이 먼저 이성 친구가 있음을 말하는 경우도 있습니다.

따라서 저학년 아이들이 이성 친구를 사귀는 문제를 어른들의 이성 교제처럼 바라보는 시선은 알맞지 않습니다. 이들에게는 이성 친구도 그저 자주 만나서 가깝게 느껴지는 친구일 뿐입니다. 손을 잡은 것도 귀여운 뽀뽀도 어쩌면 주변 사람들의 반응으로 하게 되었을 확률이 높습니다. 아직 이성에 대한 생각이 발달하지 않았기 때문이죠. 그렇기에 이 시기 아이들에게 이성 교제라는 시선을 섣부르게 덧씌우는 행동을 조심해야 합니다. 그런 어른들의 반응이 자칫 잘못된 선입관을 심어줄 수도 있기 때문이지요. 지나친 걱정도 과민한 긍정 반응도 오히려 독이 될 수 있습니다. 아이에게 친한 친구가 생긴 정도의 자연스러운 반응으로 받아주면 좋겠습니다.

아이가 3, 4학년인 경우

이 시기의 아이들은 남녀에 대한 구분이 어느 정도 이루어집니다. "너 여자친구 있다며?"라는 물음에 고개를 끄덕이던 아이들도 이 시기가 되면 돌변하지요. "아니거든!!" 불같이 화를 내며 얼굴을 붉히고 심지어 심한 놀림을 받은 것처럼 엉엉 울기도 합니다. 이성 교제의 의미를 이해하고 그곳에 첫발을 디딘 것이지요. 처음이라 너무 낯설고 부끄럽고 창피하고 상대의 마음이 어떨까 엄청 신경 쓰이기까지 합니다. 가뜩이나 혼란스러운데 정곡을 찌르는 질문을 하니 화들짝 놀라는 것이지요. 그래서 이 시기의 아이들 사이에서 가장 흔한 놀림은 "○○와 ○○가 서로 사귄대요" "○○가 ○○를 좋아한대요"가 되곤 합니다. 당하는 아이의 질색팔색하는 반응에 놀리는 아이들은 꿀잼이지요. 상황이 이러니 진솔하게 교제를 시작하는 아이들도 주변인들의 지나친 관심으로 그리 오래가진 못합니다.

만약 아이에게 이성 친구가 있다면 얼마나 되었는지 물어보세요. 아마 50일이 지나지 않았을 겁니다. 이 시기에는 50일 전에 관계가 정리되는 경우가 많으니 크게 걱정하실 필요는 없습니다.

만약 50일이 지나 꽤 오래 관계를 유지한다면 그때부터는 좀 신경써서 살펴보실 필요가 있습니다. 연락은 어떻게 하는지, 주로 어떤 상황에서 함께 있는지를 먼저 체크합니다. 학교나 학원 등에서 자연스럽게 오가는 정도라면 크게 걱정할 필요는 없습니다. 내성적인 기질의 아이들은 간혹 이런 안정적인 관계를 유지하면서 학업이나 생활 전반에 도움을 주고받는 경우도 많습니다.

다소 드문 일이지만 둘이서 따로 만나거나 주말에 어디를 갈 땐 유의할 필요가 있습니다. 이 경우에도 이성 교제 자체를 금지하기보다는 안전상의 이유를 들어 부모가 동반하거나 활동을 제지하시는 것이 좋습니다. 만나지 말라는 말에 아이가 반감을 보일 수 있지만, 보호자 없이 너희끼리 가는 것은 위험하다는 말에는 아이도 수긍할 수밖에 없을 테니까요. 이렇게 어느 정도 안전망을 확보한 뒤에 아이의 성장을 함께해가는 게 중요합니다.

아이가 5, 6학년인 경우

이 시기의 아이들도 중학년처럼 커플이라고 하면 오히려 주변에서 더 북 치고 장구 치고 요란하게 떠들어댑니다. 하지만 이제는 당사자들도 이런 관심을 즐긴다는 점이 좀 다르지요. 대놓고 SNS에 며칠이 되었는지 표현하고, 서로가 기념일에 어떻게 챙겨주는지도 올립니다. 기념일이면 같은 반 아이들이 우르르 함께 구경을 가기도 하지요. 이 시기의 아이들에게 커플이 된다는 것은 다소 능력이 있다는 뜻이기도 합니다. 외모나 학업, 친구들 사이에서의 인기 등을 나타내는 척도가 되기도 하지요. 또 아무래도 사춘기가 빠른 여자아이들이 먼저 대시하는 경우도 많습니다. 인기 있는 남자아이들은 대시를 많이 받게 됩니다.

이 시기 부모로서 주의하실 점은 중학년 시기와 비슷합니다. 다만 한 가지를 더 살펴야 하는데요, 바로 상대방 정보입니다. 이성 친구가 상급 학년인 경우에 부모들이 우려하는 문제가 발생하는 걸 많이 보게 됩니다. 아무래도 중고생들은 초등생과는 다른 이성관을 갖고 있습니다. 나이가 어린 쪽이 끌려갈 수밖에 없지요. 만약 이런 경우라면 부모가 조금 보수적이라는 소리를 듣더라도 어디서 무엇을 하고 다니는지 관심을 두고 통제하는 것이 맞습니다. 지나치게 늦은 시간에 다니는 것이나 부적절한 장소에 다니는 것에 대해서도 규율을 정해놓아야 하고요. 아이와의 대화를 통해 어떤 부분이 걱정되는지 솔직하게 이야기하고 관련 기사나 사례 등도 찾아보고 그에 대한 생각을 나누는 것도 도움이 됩니다. 지나친 걱정보다는 오히려 남들보다 먼저 성교육을 시작할 기회가 생긴 것을 긍정적으로 보는 것이 좋습니다. 이런 기회를 살리지 못하고 우리 아이는 아직 순진하다고만 생각하고 지나간 경우, 중고등 학생이 되어 잘못된 판단을 하거나 주변 상황에 더 쉽게 휘둘리게 되는 경우가 많기 때문입니다.

모든 교육은 적당한 시기가 중요합니다. 아무리 좋은 교육도 너무 이르거나 너무 늦으면 효과를 발휘하기 어렵습니다. 아이의 이성 교제가 시작되었다면 학년 발달에 맞게 눈높이를 맞춰서 드디어 교육의 기회가 왔다는 생각으로 지혜롭게 접근하길 바랍니다.

한 줄 상담소

초등학생의 이성 교제는 요즘 아이들이 빨라서라기보다는 변화하는 사회적 분위기가 더 큰 영향을 주는 경향이 있습니다. SNS와 다양한 매체의 발달, 아이들이 감정을 표현하는 일에 대하여 예전보다 더 허용하는 분위기 등이 작용했다고 볼 수 있지요. 이성 교제를 한다고 해서 조숙하다고 생각하거나 신기해하면서 옆에서 부추기기보다는, 아이들의 눈높이에 맞추어 해석하고 그에 맞는 적절한 교육을 해주는 것이 중요합니다.

15

아이가 친구 일로 속상해합니다. 뭐라고 위로해줘야 할까요?

친하게 지내던 친구가 최근 사이가 나빠지면서 우리 아이를 왕따시키기도 하는 모양입니다. 속상하고 고민스러운 마음을 적은 쪽지를 아이 방 청소를 하다 보곤 합니다. 너무 마음이 속상한데 어떻게 도와줘야 할지 모르겠습니다.

고민을 글로 쓰는 아이들의 특징

아이가 친구 때문에 힘들어하고 더구나 왕따를 당한다는 표현까지 쓰니 그걸 보는 부모 마음도 억장이 무너지지요. 학교의 친구 문제는 부모가 직접 눈으로 볼 수도 없고 개입하는 것에도 한계가 있어 더욱 마음이 힘듭니다. 그런데 저는 아이의 다른 행동이 더 눈에 들어옵니다. 아이가 자신의 고민을 글로 적었다는 점과 그 글을 엄마가 방 청소 할 때 볼 수 있도록 두었다는 점입니다.

아이들이 고민이 있을 때 보이는 행동 패턴에는 여러 가지가 있습니다. 먼저 아무에게도 표현하지 않고 혼자 끙끙 앓는 유형이 있지요. 물어도 말도 잘 하지 않고 혼자만 싸매고 있으니 옆에서 보는 부모도 속이 터집니다. 두 번째는 바로바로 감정을 표현하는 유형입니다. 학교에서 돌아오는 현관문 여는 소리와 발소리만 봐도 아이의 감정을 알 수 있지요. 속상한 일이라도 있는 날에는 한가득 근심을 안고 들어와 표현을 합니다. 세 번째는 글로 표현하는 경우입니다. 사실 이 유형은 그리 흔하지 않습니다. 자신의 감정을 글로 표현한다는 자체가 꽤 고난도의 능력이기 때문이지요. 아마도 인지가 매우 빠르고 언어력이 풍부한 아이로 느껴집니다. 자신의 속상한 마음을 글로 차분하게 표현해보면서 감정을 정리하는 시간을 갖는 것이지요. 아이가 가진 꽤 좋은 장점이라는 점을 먼저 말씀드리고 싶습니다.

다음으로 살펴보고 싶은 건 쓴 글을 어떻게 관리하느냐에 대한 것입니다. 대부분 고민을 적은 글에는 사적인 내용이 많기 때문에 남에게 보이고 싶어 하지 않는 특성이 있습니다. 사춘기 여자아이들이 열쇠 달린 일기장을 선호하는 것도 이런 심리가 깔려 있지요. 요즘은 친한 친구들끼리 비밀 노트를 만들어 그들끼리만 마음을 공유하는 것도 유행입니다. 그 노트를 다른 친구가 몰래 열어봤을 때 큰 갈등이 폭발하지요. 교사가 비밀 노트의 존재를 알게 되는 것도 갈등의 중재를 하는 순간뿐입니다. 평상시에는 절대 부모에게도 선생님에게도 공개하지 않습니다. 고민이나 감정을 담은 글이 아이들 사이에서 얼마나 비밀스럽게 유지되는지 익히 보아온 저로서는 아이가 방 청소를 하는 엄마가 볼 수 있게 글을 두었다는 점이 인상적으로 보입니다.

두 가지로 생각해볼 수 있습니다. 아이가 워낙 덜렁대는 성격일 수도 있고 그게 아니라면 엄마가 좀 봐주었으면 하는 마음이 담겨 있으리라 생각됩니다. 사연에서 그런 글을 여러 번 본 것으로 봐서는 엄마에게 자신의 감정을 알리고 싶었던 것으로 느껴집니다.

부모와 자녀의 정서 수준에 차이가 날 때

고민이 있다고 말로 하면 되는데 왜 굳이 글로 쓰는 걸까요? 얼핏 보면 평소 아이가 '부모와 스스럼없이 대화하는 데 어려움을 느껴서 그런가?' 하는 생각이 들 수 있습니다. 하지만 제가 보기에는 그 반대일 확률이 더 높습니다. 만약 부모가 엄했다면 아이가 고민을 적은 쪽지를 그냥 방치했을 리 없습니다. 엄마가 보면 학교에서 무슨 일이 있었냐고 물어볼 테고 "그럴 땐 선생님께 말하지 왜 그냥 당하고만 있었냐?"라고 잔소리를 했을 테니까요. (친구 사이의 문제는 선생님께 말한다고 단번에 해결되는 성질의 것이 아닙니다. 아이가 그 방법을 안 써본 것이 아닐 겁니다. 아이 입장에서는 할 수 있는 걸 다 해봤는데도 문제가 나아지지 않으니 고민을 글로 쓴 것이지요.)

아이도 엄마가 이 글을 보면 함께 마음 아파해줄 거라는 걸 알고 있는 겁니다. 물론 의도적으로 엄마가 보게 쪽지를 흘렸다는 것은 아닙니다. 그저 글을 쓰는 것에 집중한 나머지 쪽지를 어떻게 관리할 것인지에 대해서는 미처 생각하지 않았을 뿐입니다. 부모가 수용적이고 감정 공감을 잘해주니 집에서 아이가 자신의 물건이나 행동에 대해 자연스럽게 행동한 것이지요.

간혹 부모가 수용적이어도 아이 쪽에서 이런 단속을 잘하는 경우도 있습니다. 다른 아이들보다 성숙하여 글을 본 부모의 마음마저 헤아리는 경우입니다. 맏이로 자랐거나 부모의 힘듦에 공감을 많이 하는 착한 성품의 아이들 중에는 부모가 힘들까 봐 자신의 고민을 숨기는 아이들도 있습니다. 이런 아이들도 감정을 바로바로 표현하는 성향은 아니라서 글로 쓰는 것을 더 선호하지만 그 글에 대한 관리까지도 철저하게 하지요.

그러니 아이가 쓴 글을 부모가 보았다는 것은 여러 가지로 긍정적인 신호가 담겨 있습니다. 아이가 부모에게 심적으로 의지하고 있다는 것, 또 부모가 자신의 감정에 공감해준다는 믿음을 가지고 있다는 것을 알 수 있습니다. 이 두 가지만 해도 크나큰 소득이지요.

그럼 이 장점들을 활용해서 문제를 해결해보겠습니다. 왕따를 당하기도 한다는 아이의 친구 문제는 도대체 어떻게 해결해야 할까요? 일단 왕따를 당하는 것이 구체적으로 어떤 일이었는지 살펴볼 필요가 있습니다. 아이가 쓴 글을 갖고 먼저 대화를 해보세요. 학교에 정식으로 문제를 제기할 사안이라면 학교 폭력으로 상담을 신청해도 됩니다. 학폭에 대한 과정들은 '학교 생활 편'을 참조하시기 바랍니다. 그런데 제가 볼 때는 아마도 친한 친구와의 사소한 마찰이 연속되는 상황일 확률이 더 높아 보입니다. 내가 좋아하는 친구가 다른 친구하고만 친하게 지내면 자연스럽게 왕따를 당하고 있다고 생각하기 마련이니까요. 이유야 어찌 되었든 친구가 왕따의 감정이 들게끔 하는 것도 좋은 행동은 아닙니다. 앞에서 언급한 '좋은 친구를 구별하는 법'에 대한 대화를 함께 시도해보는 것도 필요합니다.

가장 중점을 둬야 할 점은 아이가 왜 자신을 왕따시키는 친구와의 관계를 정리하지 못하고 있느냐는 점입니다. 아이의 성격 탓일 수도 있고, 물리적인 환경 탓(어쩔 수 없이 학원이나 등하굣길에 자주 만나는 등)일 수도 있습니다. 자신에게 호의적이지 않은 친구는 쿨하게 무시하고 다른 친구를 사귈 줄도 알아야겠지요. 또 물리적인 환경에 대한 것은 부모가 나서서 조율해줄 수 있습니다. 이런 과정들이 말처럼 쉽게 단순히 정리되지는 않습니다. 하지만 그 과정에서 우리 아이의 특징에 대해서도 잘 이해할 수 있게 되고, 또 긍정적인 가치관을 심어줄 수 있는 잠재적 교육도 활발하게 일어나게 됩니다. 어쩌면 그런 지난한 과정들이 바로 아이를 키우는 일이고 교육이 아닐까 생각됩니다.

한 줄 상담소

'왕따'라는 말은 아이들이 쓸 때와 부모들이 쓸 때 사뭇 온도가 다릅니다. 아이들은 조금 전에 나랑 놀던 친구가 다른 친구하고만 사탕을 주고받는 행동에도 왕따를 당했다고 말합니다. 하지만 부모들은 왕따라는 말에 뉴스에서 본 학교 폭력을 바로 떠올립니다. 좋은 부모라면 우리 아이가 말하는 '왕따'의 온도를 체크할 수 있어야 합니다. 그래야 부모가 개입하여 도와줄 일인지 가만히 지켜볼 일인지 판단할 수 있으니까요. 혹시 아이와 대화하는 게 조심스럽다면 아이가 그랬듯이 부모도 아이의 방에 쪽지를 적어 남겨놓는 것도 좋은 방법입니다. 중요한 것은 소통을 꾸준히 이어가면서 우리 아이의 온도 변화를 함께 느껴가는 것이지요.

16

친한 친구의 뒷담화에 상처를 받은 아이, 어쩌면 좋을까요?

매일 학원도 같이 다니며 친하게 지내는 같은 반 친구가 다른 친구들에게 우리 아이의 험담을 하고 다녔다는 것을 알게 되었습니다. 험담을 들은 다른 친구가 우리 아이에게 전해준 것이지요. 문제는 우리 아이는 마음의 상처를 많이 받았는데, 그 친구는 아무렇지 않게 친한 척을 한다는 겁니다. 학교가 가기 싫을 정도로 괴로워하는 아이를 보고 있자니 부모 마음도 너무 힘드네요.

뒤에서 험담을 한 친구의 속마음

믿었던 친구의 배신을 경험했으니 아이 속이 말이 아닐 겁니다. 정말 오만 가지 생각이 들겠지요. 친구가 나를 우습게 봤다는 생각, 그러면서도 태연하게 친한 척하는 모습에 더 화가 치밀어 오를 수도 있습니다. 또 그 친구에게 어떻게 대응해야 할지도 고민스럽지요. "네가 내 험담을 했다며?" 하고 말하자니 자존심이 상하기도 하고 전해준 친구의 입장도 생각을 안 할 수가 없습니다.

마음의 상처 중에서 믿었던 사람에게 받은 배신감은 더할 나위 없이 큰 감정이라고 생각됩니다. 어른들은 "그런 친구는 사귀지 말고 다른 친구랑 놀아"라고 쉽게 말할 수도 있겠지만, 아이들 입장은 그렇지 않습니다. 저학년에게는 위의 말이 해결책이 되기도 하지만, 고학년은 다릅니다. 이 시기는 친구 관계가 무엇보다 중요하기 때문이지요. 어떤 때는 부모보다 친구의 말을 더 우선시하기 때문에 친구로부터의 배신은 가뜩이나 예민한 아이의 마음속에 큰 트라우마로 남을 수 있습니다. 그러니 좀 더 세심하게 살펴보고 함께해줄 필요가 있습니다.

앞에서는 친한 척하면서 뒤에서는 험담을 하는 친구는 도대체 어떤 마음일까요? 원래 나쁜 아이인 걸까요? 그냥 무조건 나쁜 친구로 치부해버리고 관계를 끊어버릴 수도 있지만, 그렇게만 상황을 정리하고 넘어간다면 다음에 똑같은 일이 생겼을 때 같은 상처가 반복될 수 있습니다. 마음의 면역 백신을 위해서라도 이번 기회에 상황을 정리하고 넘어가는 것이 필요합니다. 친구가 100퍼센트 나를 싫어해서 벌인 일이라고 생각할 필요는 없습니다. 물론 그럴 수도 있지만, 아마도 다른 친구들과의 관계에서 대화를 주도하고 싶은 마음에 이용한 것일 수도 있습니다. 만약 우리 아이가 외모가 예쁘다거나, 운동이나 공부를 잘한다면 더욱 그럴 확률이 높습니다. 친구들의 관심을 받는 상대에 대해 어떤 품평을 하게 되면 아이들이 다 귀 기울여 들으려 할 테니까요. 칭찬보다는 험담일 때 사람들은 더 관심을 보이는 법이고요. 더구나 친하게 지냈던 측근에게서 듣는 험담이라니, 아이들의 주목을 끌기에 딱 좋지요. 평소 우리 아이에게 약간의 질투를 가지고 있으면서, 관계에서 주도권을 행사하고 싶은 마음이 많은 아이일수록 이런 행동을 할 확률도 높아집니다. 단지 그 상황에서 '인싸'가 되고 싶었을 뿐, 우리 아이를 진짜로 싫어하는 것은 아니기에 학교에서 만나도 평상시처럼 친하게 대할 수 있는 거지요.

무시할 것인가? 대응할 것인가?

험담을 한 친구의 속마음을 이해한다고 해도 친구의 행동에 대해 어떻게 반응할 것인지의 문제가 남아 있습니다. 무시를 할 수도 있고, 앞으로는 그러지 못하게 대응해야 할 필요도 있습니다. 마치 악플이 달리는 연예인들의 심정과 비슷하지요. 아이가 좋아하는 연예인이나 아이돌이 있다면 비유를 들어 이야기해보는 것도 도움이 됩니다. 반응하는 전략은 험담하는 내용과 횟수에 기준을 두어 판단하는 것이 필요합니다.

첫 번째 단계에서는 먼저 험담하는 내용에 대해 살펴봅니다. 전혀 근거가 없는 터무니없는 소리라면 처음 한두 번은 그냥 무시하는 것이 좋습니다. 하지만 실제 있었던 일을 오해했다면, 험담한 친구에게 해명을 하는 것도 필요합니다. 직접 만나서 이야기해도 좋겠지만 그건 많은 용기가 필요한 일이므로 간단한 쪽지나 편지, SNS 등 다른 방법을 통해서 자신의 입장을 전달하는 것도 생각해볼 수 있습니다.

근거 없는 소리라서 무시를 했거나, 오해를 풀려고 노력했는데도 친구의 험담이 계속된다면, 두 번째 단계로 넘어갑니다. 먼저, 아이가 험담을 알게 되는 경로를 살펴봅니다. 험담을 전해준 친구가 한 명인지 불특정 다수인지 살펴봐야 합니다. 만약 한 명의 친구를 통해서만 지속적으로 험담 내용을 알게 되었다면, 조금 다른 각도에서 사안을 볼 필요가 있습니다. 학교 현장에서 보면 이렇게 말을 전하는 친구가 더 위험한 경우도 간혹 있기 때문입니다.

입장을 바꿔 한번 생각해봅시다. 아주 친한 친구가 있는데, 그 친구의 험담을 하는 소리를 듣게 되었습니다. 친구가 알면 분명 마음이 아프겠다는 생각이 들겠지요. 친구의 마음이 다칠까 봐 걱정되어 오히려 험담을 전하기 주저하게 될 겁니다. 남이 가장 친한 친구를 험담하는 소리를 들을 때마다 바로바로 전달하고 있다면, 험담을 전하는 친구의 속마음도 한번쯤 살펴볼 필요가 있습니다. 이렇게 말을 전하면서 분란을 조장하는 일을 즐기는 아이들도 꽤 있기 때문이지요. 또는 평소 아이를 약간 질투하고 있었다가 이번 기회에 흔들어보고 싶은 마음이 본능적으로 들었을 수도 있습니다.

만약 여러 경로를 통해(불특정 다수의 여러 친구들의 입을 통해) 험담하는 상황을 지속적으로 알게 되었다면, 이제는 세 번째 단계로 넘어가야 합니다. 아이들끼리의 일로 두기에는 위험한 상황이므로 개입이 필요합니다. 담임선생님이나 상담 선생님께 사실을 알리고 도움을 요청하는 것이 좋습니다. 지속적인 험담은 학교 폭력에도 해당될 수 있으므로 그 기간의 자료들을 모아서(언제, 어디서, 누구를 통해 어떤 내용을 들었는지를 건별로 기록한 구체적인 자료들) 제출하면 더 많은 도움이 됩니다.

아이가 받은 마음의 상처를 보듬는 법

험담을 한 친구나 말을 전한 친구가 어떤 마음이었는지와 상관없이, 아이가 받은 마음의 상처는 여전히 남아 있습니다. 이유가 어찌 되었건 벌어진 일에 대한 감정이 변하는 건 아니니까요. 물론 친구들의 속마음을 이해하고 상황을 인지하는 게 상처를 회복하는 데 도움이 됩니다. 중요한 것은 벌어진 일이 아이의 문제가 아니라는 것, 네 잘못이 아니라는 것을 짚어주는 것이지요. 남이 나를 험담했다는 소리를 듣게 되면 내가 무언가를 잘못했다고 생각하게 됩니다. 험담 내용에 따라 나에 대한 인식에도 영향을 주지요. 바로 그 마음이 진짜가 아니라고 말해주는 겁니다. 상대가 화살을 쏘았다고 해서 내가 그 화살을 맞을 만했다고 생각할 필요는 없다고요.

"네 잘못이 아니야. 험담한 내용은 그 친구가 생각하는 너의 모습일 뿐이야. 네 진짜 모습을 그 친구가 모른다고 해서 우리가 상처를 받을 필요는 없어. 물론 속상하고 억울하지. 그건 당연해. 하지만 중요한 것은 네가 그런 아이가 아니라는 거야. 상대가 나를 제대로 볼 안목이 없는 것이 안타까울 뿐이지."

감정을 회복하는 데는 시간이 좀 걸리는 법이므로 같은 내용을 반복해서 말해주는 것도 도움이 됩니다. 그렇게 부모에게서 얻은 감정의 지지는 아이가 친구를 대할 때 자신감으로 작용하게 되지요. 그 뒤의 일들은 우리 아이를 믿고 한번 기다려보기 바랍니다.

한 줄 상담소

자신을 향한 친한 친구의 험담은 아이뿐 아니라 어른에게도 힘든 일입니다. 다만, 아이들인지라 악의 없이 벌어지는 상황도 있으므로, 단발성인지 지속성이 있는지를 먼저 살펴보고, 험담하는 친구나 말을 전하는 친구의 마음에 대해서도 살펴보는 과정이 필요합니다. 개입이 필요하다고 생각될 때는 단호하게 대처하여 도움을 주는 것도 좋겠습니다.

17

고학년이 되면서 지나치게 외모에 관심이 많아졌습니다

고학년이면 사춘기도 시작되니 외모에 관심이 많아지는 것 또한 자연스러운 사회화 과정이라고 생각했는데, 점점 외모에 대한 강박이 심해지는 것 같습니다. 외출할 때마다 "이 옷 이상하지 않아?"라고 묻고, 살찐다고 밥을 굶는 일도 있습니다. 전에는 "요새 OO랑은 안 만나? 그 애랑 친했잖아. 통 얼굴을 못 보네?"라고 물었더니 "걔는 뚱뚱하고 먹는 것만 밝혀"라며 친구의 외모를 비하하는 말을 아무렇지 않게 해서 놀랐습니다. 겉으로 보이는 모습만을 중시하는 아이, 어떻게 해야 할까요?

저학년 때까지는 옷을 챙겨주는 것이 일이었다면, 고학년은 아이 혼자 멋대로 하려는 것 때문에 고민이 생기기 시작하는 시기인 것 같습니다. 요즘은 다양한 매체의 발달로 아이들이 접하는 정보도 많아지다 보니 외모에 대한 관심도 과거에 비해 더 빠른 시기에 시작되는 것 같습니다. 요즘 아이들의 특징도 있겠지만 변화된 사회 분위기와 문화도 한몫을 하고 있는 것이지요. 이유가 어떻든 너무 이른 나이에 외모에 대한 강박이 생기고, 외모를 비하하는 가치관까지 갖게 되지 않을까 염려되는 것이 사실입니다.

외모 관심이 먼저 시작되는 여자아이들

초등 고학년 시기에 외모에 관심을 갖는 것은 주로 여자아이들에게서 먼저 나타납니다. 여자들의 신체적 발달이 빠른 것도 원인이 될 수 있겠지요. 실제로 인터넷 쇼핑몰에서도 유행하는 스타일의 옷들이 주니어용으로 제작되어 나오는 것을 쉽게 볼 수 있습니다. 옷, 신발, 가방 등 마음만 먹으면 얼마든지 아이들도 유행을 따라가는 것이 가능합니다. 보통 언니가 있는 아이나, 부모님이 유독 관심이 있어 먼저 챙겨주는 아이들이 외모 가꾸기에서 앞서 나가면 이걸 보고 따라 하는 아이들이 생기면서 자연스럽게 분위기가 형성되지요. 하지만 학급에 그런 아이들이 하나도 없다면 똑같은 고학년이라고 해도 관심 없이 그냥 지나가기도 합니다. 고학년이라고 해서 모든 아이들이 외모에 관심을 갖는 것이 아니라, 그런 분위기가 형성될 때 따라가는 경향이 아직은 더 강한 것으로 보입니다.

문제는 아이가 그런 분위기에 휩쓸렸을 때입니다. "아직 초등학생인데 유행에 따라 옷을 입는 것은 옳지 않아" "남들이 그런다고 다 따라서 입을 거야?" 하며 아이를 말려봤자 소용없습니다. 이 시기의 아이들은 또래와 어울리고 싶은 심리가 강하기 때문에 꼭 옷 때문이 아니라 또래 집단과의 관계 때문에 고집을 부리고 있을 수 있기 때문이지요. 그럴 때는 부모가 적당히 중재하고 균형을 잡아주는 것이 필요합니다.

외모에 대한 지나친 관심 조절해주는 방법

사춘기 아이들을 훈육할 때는 민감한 문제의 핵심을 건드리지 않는 것이 중요합니다. 질풍노도의 시기인지라 잘못 건드려 감정이 폭발해버리면 훈육은 고사하고 관계까지 망가지기 쉽기 때문이지요. 외모 문제도 마찬가지입니다. 기본적으로 아이의 생각을 존중해주면서 다른 방식으로 제재를 가하는 전략을 추천합니다.

첫 번째, 외모에 대한 강박과 외모를 비하하는 가치관을 조절해주는 방법입니다. 아이가 하는 말을 들어는 주되 그에 맞는 반응은 보류하는 태도를 보입니다.

"엄마, 이 옷 이상하지 않아?"
"그래? 엄마는 잘 모르겠는데……."

바쁜 척 다른 일을 하는 태도를 보이는 것으로 '네가 어떤 옷을 입든지 뭐가 중요해? 넌 그 자체로 이미 충분한걸. 별로 중요한 부분이 아니니 엄마는 대충 대답한다'라는 메시지를 주는 것이지요. 물론 이것을 말로 표현하면 좋겠지만 그럼 오히려 효과가 줄어듭니다. 문제의 핵심을 바로 건드려버렸기 때문에 아이의 반감을 유발하지요. 아무리 맞는 말이라도 기분이 상하는 것은 또 다른 문제이니까요. 하지만 태도로 그런 메시지를 주면 상황이 달라집니다. 반감은 줄이면서 원하는 목표를 이룰 수 있지요. 대신 시간이 좀 필요합니다. 이 같은 태도를 일관되게 긴 시간 반복하는 것이 핵심입니다.

친구의 외모를 비하할 때도 마찬가지입니다.

"걔는 뚱뚱하고 먹는 것만 밝혀."
"그래?"

아무렇지도 않은 듯 영혼을 뺀 대답을 하고 그냥 넘깁니다. 다른 주제로 대화를 바꾸는 것도 좋습니다. 이런 부모의 태도 역시 같은 메시지를 주는 것입니다. '친구 외모에 대해 넌 그런 생각을 갖고 있구나. 그래 네 생각이 그렇다는 것은 존중해. 하지만 그게 맞는 생각인지는 잘 모르겠네. 넌 아직 어리고 자라는 중이니까, 좀 더 크면 생각도 바뀌겠지. 엄마는 그러리라 믿으니까 지금은 그냥 들어만 주는 거야'라고 말이지요. 마찬가지로 이 말은 속으로만 하고 겉으로는 표현하지 않는 것이 더 효과적입니다. 그래도 걱정이 된다면 이 정도의 표현은 괜찮습니다.

"그런데, 혹시 그 친구에게 들리게 말하지는 않았지?"
"아니거든!!"

십중팔구 발끈하며 대답할 겁니다. 아이도 자신의 말이 어떤 의미를 갖고 있는지 알고 있다는 뜻이지요. 아이가 발끈했다면 안심해도 됩니다. 고학년이면 몰라서 안 하는 나이는 아니니까요.

"그럼, 엄마는 우리 딸 믿지. 그냥 걱정되는 마음에 혹시나 해서 물어본 거야."

부모가 아이의 생각에 가이드 라인을 직접 제시하지 않는 것은 아이 스스로 자신의 행동에 대해 다시 되돌아보게 하는 효과가 있습니다. 또 이렇게 스스로 돌아보고 반성하는 것은 부모가 직접 잔소리를 하는 것보다 훨씬 더 높은 효과를 발휘하지요.

두 번째, 너무 많은 옷을 사주지 않는 것으로 아이의 외모 강박에 물리적인 제한을 가하는 방법이 있습니다. 아이가 외모를 가꾸기 위해서는 옷, 신발 등 여러 가지 물건이 필요한데 이것을 무슨 돈으로 사고 있는지 체크해봅니다. 부모가 사주고 있다면 아이의 요구에 모두 반응하지 말고 사주는 횟수를 줄여야 합니다. 만약 아이의 용돈으로 사고 있다면 용돈을 조금 줄이거나, 용돈으로 사는 품목을 더 늘리는 방식으로 용돈이 타이트하게 운영되도록 합니다. 물론 저항이 뒤따르겠지요. 그럴 땐 이렇게 대처합니다.

"용돈 지금도 모자라. 이번에 현장학습 갈 때 입을 옷도 사야 한단 말이야."

"뭐? 옷을 또 산다고? 지금도 옷이 많아서 옷장이 미어터지는데?"

"그럼 어떻게! 다른 친구들은 다 옷 사러 간다고 했단 말이야."

"옷을 더 사는 것은 낭비야. 네 용돈으로 사고 대신 간식을 줄이던지 해. 엄마는 더 못 사줘."

'옷'이 아니라 '낭비'에 논쟁의 초점을 맞추는 것이 좋습니다. 역시 핵심 문제를 건드리지 않고 문제 행동을 줄일 수 있지요. 여기서 논쟁이 더 계속된다면 '지구 온난화 문제'와 '북극곰의 현실' 등을 가져와 '낭비' 쪽으로 논점을 더 끌고 가는 것도 좋습니다. 아이로서는 뭔가 불만족스러운데 딱히 반박할 말은 없게 되는 것이지요. 부모도 큰 저항 없이 원하는 목표(옷을 적게 사는 일)를 이룰 수 있습니다.

씻는 것도 귀찮아하는 남자아이들

고학년 여자아이들이 외모에 관심이 높아지는 것에 비해 남자아이들은 전혀 다른 양상을 보입니다. 씻는 것을 매우 귀찮아하고 옷에도 전혀 신경을 쓰지 않지요. 모든 아이들의 행동이 성별에 따라 구분되는 것은 아니지만, 지금까지 제가 만난 아이들은 높은 확률로 이런 경향을 따르는 것을 볼 수 있었습니다. 물론 정반대의 경우도 있습니다. 여자아이인데 외모에 관심이 없고, 남자아이인데 누구보다 깔끔 떨면서 외모를 챙기기도 합니다. 이런 경우는 아이 개개인의 기질과 상황이 더 많이 작용한 거지요. 예를 들면 여자아이지만 자신의 외모에 자신이 없거나, 또래 친구들의 외모 중심적인 행동에 반감이 생긴 경우, 아예 중성적인 이미지로 자신의 정체성을 확립하기도 합니다. 이런 중성적인 이미지를 또래 친구들이 좋아해주는 경험을 하면 행동이 강화되는 것이지요. 남자아이도 기질적으로 정리정돈을 좋아하고 지저분한 것을 못 참는 경우 또는 그런 가정환경에서 자란 경우에 같은 맥락에서 또래보다 더 외모에 신경을 쓰기도 합니다.

하지만 많은 경우 고학년 남자아이들은 씻는 것과 외모를 가꾸는 일에 관심이 없어 보입니다. 외모 관리는 둘째치고 개인적인 위생 상태가 걱정될 정도이지요. 어디 그뿐인가요. 계절에 안 맞는 옷차림(한겨울에 반팔을 입거나, 한여름에 긴팔을 입는 등)으로 부모를 당황시키기도 합니다. 문제는 말을 해도 안 듣는다는 거지요.

"어우~ 추워."

춥다는 아이의 말에 놀라 바라보니, 12월 초인데 겉옷으로 얇은 후드 집업만 달랑 입고 왔습니다. 문제는 그 집업도 지퍼를 다 풀어헤치고 있다는 거지요. 보다 못해 잔소리가 날아갑니다.

"옷이 너무 얇잖아. 지퍼라도 올려."

아이는 자신의 옷을 물끄러니 내려다봅니다.

그런데 그게 전부였습니다. 더 이상 어떤 행동도 하지 않고 마치 아무 일 없다는 듯이 자연스럽게 넘어갔지요. 그러더니 10분 후 또 다시 춥다고 말합니다. 아이의 행동이 하도 어이가 없어 나중에 따로 불러 물어보았습니다. 왜 추운데 옷의 지퍼를 잠그지 않았냐고요. 그랬더니 '내가 그랬나?' 싶은 표정으로 한참을 생각합니다. 그리고 겨우 이 한 마디를 남겼습니다.

"귀찮아서요."

깔끔한 성격의 엄마가 이런 사춘기 아들을 키우면서 힘들어하는 모습을 많이 봅니다. 옷차림만이 문제가 아니지요. 고학년 아이들에게서는 성장기 특유의 호르몬 작용으로 인해 정수리에서 냄새가 나는 경우가 많습니다. 대부분 아이가 잘 씻지 않아서 그렇다고 생각하는데, 제 경험으로는 꼭 그렇지만은 않은 것 같습니다. 특정 시기에 급격한 신체적 성장에 뒤따르는 상황으로 여겨집니다. 이 시기가 지나면 금방 나아지니 이 문제로 불필요한 갈등(왜 안 씻었냐? 등의 잔소리로 인한)을 유발할 필요는 없을 것 같습니다.

또한 외모에 관심이 없던 남자아이들도 중학생이 되어 진짜 사춘기가 찾아오면 상황이 돌변합니다. 이때는 오히려 너무 지나쳐서 문제가 생기지요. 한번 욕실에 들어가면 한 시간이 지나도 안 나오기도 합니다. 머리 감고 거울 보고 매만지다가, 마음에 안 들면 다시 감고 거울 보고 정리하고 하다가 말이죠.

외모에 대한 관심은 너무 과해도 너무 부족해도 문제입니다. 하지만 이 또한 성장 과정의 특정 시기에만 겪는 일이라 생각하면 조금은 여유로운 마음으로 넘어갈 수 있습니다. 다만 그 과정에서 잘못된 가치관만 생기지 않게 잘 조절해주면 되겠습니다.

한 줄 상담소

외모에 대한 관심은 여자아이들과 남자아이들에게서 전혀 다른 양상으로 나타나기도 합니다. 아이의 특정 행동 하나만 잘라서 놓고 보면 정말 걱정이 되고 한숨이 나오기도 하지만, 그 행동이 지속되는 것이 아니라는 점만 기억해도 큰 갈등 없이 상황을 넘길 수 있습니다. 다만, 지나치게 외모 강박이 있어 보이는 경우에는 적절한 방법으로 조절해주는 부모의 역할이 필요합니다.

18

화장품 사달라고 조르는 아이, 못 이기는 척 사줘야 할까요?

아이가 요즘 부쩍 화장에 관심이 많아졌습니다. 자기도 하고 싶다고도 하고 어떤 때는 얼굴이 뽀얗게, 입술이 빨갛게 되어 집에 들어오기도 합니다. 친구가 해줬다고 하더라고요. 너무 어린 나이에 화장을 하는 것은 안 좋다고 생각하는데, 화장하고 다니는 친구들이 많다며 자꾸만 화장품을 사달라고 조릅니다. 어떻게 하면 좋을까요?

예뻐지고 싶은 마음을 이해하는 마음

요즘은 초등학생 사이에서 화장을 하는 것이 인기입니다. 뷰티 정보에 대한 접근이 쉬워진 매체 환경과 부쩍 사춘기가 빨라져 외모에 관심이 커진 아이들의 마음이 어우러져 생긴 현상입니다. 화장은 새롭게 등장한 일탈 행위로, 학교 현장에서도 대응에 많은 혼란이 있는 영역입니다. 학부모 사이에서도 가치관의 차이가 크다 보니 학교에서 일관되게 지도하기 어려운 것도 현실입니다.

화장에 대한 부모의 반응은 크게 세 가지로 나뉠 수 있습니다. 먼저 아이의 화장에 관대하거나 부모가 더 전폭적으로 지지해주는 경우입니다. 예뻐지고 싶은 마음은 너무나 자연스러운 것이라 생각하는 것이지요. 또 사춘기라 뚱하던 아이였는데, 함께 화장을 하면서 공통 관심사를 갖게 된 것이 좋기도 합니다. 더 적극적으로 정보를 주고 좋은 화장품과 예쁜 파우치까지 선물하기도 합니다. 아이와 이런 경험을 함께 나눌 수 있는 것이 친구처럼 느껴져서 좋고, 더불어 권위적이지 않은 자신의 모습도 만족스럽습니다. 화장한다고 해서 남에게 피해를 주는 것도 아니고 할 일을 안 하는 것도 아닌데, 화장을 한다는 것 자체로 아이를 판단하려 드는 현실이 더 문제인 거지요. 이 문제로 담임선생님이 상담을 해와도 크게 개의치 않고 아이의 편을 들어주는 편입니다.

더구나 요즘은 자신을 스스로 어필하는 시대라고 생각합니다. 화장으로 스스로에 대해 자신감을 갖고 당당한 느낌을 가질 수 있다면 나쁘지 않은 일이지요. 또 가뜩이나 스트레스가 많은 아이인데 이런 것으로라도 풀 수 있는 돌파구가 있다면 다른 나쁜 행동으로 일탈을 하는 것보다 더 낫다는 생각입니다. 화장을 하는 것은 아이가 좀 더 빨리 성숙했다는 것을 나타낼 뿐입니다. 화장하는 아이들을 부정적으로 바라보는 것은 어른들이 가진 편견이죠.

맞는 말입니다. 이렇게 부모의 교육 철학이 확고하고 장점이 많은 상황이라면 아이의 화장을 지지해주는 것도 나쁘지 않습니다. 다만 그렇다고 해도 학교에서의 문제가 감지되었다거나 담임선생님의 상담 전화를 받은 상황이라면 조금 다른 사인으로 받아들일 필요가 있습니다. 왜냐하면 화장에 대한 가치관이 서로 다른 분들도 많다는 것이 현실의 문제입니다. 당당하게 화장을 하고 다니는 아이가 하고 싶어도 허락을 받지 못해 속상한 아이들에게 어떤 시선으로 비칠까요? 자칫 친구들에게 질투의 마음을 이끌어내어 안 좋은 구설에 휘말릴 수도 있습니다.

"예쁜 척한다."
"너무 노는 아이 같다."
"남자아이들에게 인기 끌려고 그런다."

이런 소리를 듣게 되는 것이지요. 화장품을 친구들과 공유하면서 마음을 베풀었는데도 문제가 생길 수 있습니다. 학급의 아이들이 공부보다는 화장에 관심을 가지면서 전체 분위기가 흐려지거나, 아이에게 화장을 못 하게 하는 엄격한 부모가 이 사실을 알고 학교에서 화장을 금지해주었으면 좋겠다고 담임선생님에게 상담을 해올 수도 있지요.

문제는 이런 분위기를 부모가 쉽게 알아차리기 어렵다는 점입니다. 아이는 절대로 이런 일을 집에서 이야기하지 않습니다. 그러다 화장을 못 하게 될까 봐 걱정도 되고 그런 말이 어떤 파장을 일으킬지 정도는 알아차릴 수 있는 나이니까요. 따라서 아이의 화장을 지원해주고 싶은 부모더라도 학교에 갈 때는 되도록 자제를 시키는 것이 좋습니다. 대신 부모와 함께 외출하거나 방과 후에 하도록 허락해주는 거지요. 아이가 다른 친구들도 학교에 다 화장하고 온다고 말하면 아이의 말만 믿지 말고, 반드시 담임선생님께 확인해보는 것이 좋습니다. 혹시라도 학교나 담임교사의 교육 철학과 부모의 철학이 맞지 않을 수도 있으니 이 부분을 잘 조율하는 지혜가 필요하겠습니다.

"엄마는 네가 화장으로 자신을 표현하는 것에 찬성하지만, 담임선생님과 상담을 해보니 이 부분은 어른들도 다 생각이 다르다는 것을 알았어. 자신을 표현하는 것 못지않게 공동체에서 함께 어울려 잘 생활하는 것도 매우 중요해. 그러니 화장하는 것이 학교에서 크게 문제가 되지 않을 정도로만 하고 다녔으면 좋겠다."

이런 말로 아이 스스로 상황에 따라 조절하는 힘을 기를 수 있게 격려해주는 것을 추천합니다.

어차피 몰래 할 텐데 차라리 직접 챙겨주는 것이 낫겠다는 마음

제가 볼 때 이 영역에 해당하는 부모들이 현실적으로 가장 많은 것 같습니다. 이 영역의 부모들은 기본적으로는 화장에 대해서 부정적인 견해를 갖고 있습니다. 아직 어리고 중학생도 아닌 초등학생이 화장을 한다고 하니 처음엔 당혹스럽습니다. 그런데 주변을 둘러보니 의외로 화장을 하고 다니는 아이들이 많다는 것도 알게 됩니다. 더 무서운 것은 못 하게 해봤자 친구들과 어울리면서 다 한다는 것이지요. 아이들끼리 쉬는 시간이면 화장실에 모여 서로의 얼굴에 화장해 주며 논다고도 합니다. 초등학생이 무슨 돈이 있어서 화장품을 사느냐고 물었더니, 세상에! 값싼 화장품을 쉽게 구할 수 있는 곳이 너무나도 많다는 사실에 더욱 놀랍니다. 싼 화장품을 사서 친구들끼리 바르다니, 아이의 건강까지 걱정됩니다. 처음엔 안 된다고 잔소리도 해봤습니다. 겁을 줘봤자 소용없습니다.

"어린 나이부터 화장을 하면 나중에 피부 다 망가져. 어른 돼서 후회한다."

"칫, 그러는 엄마는? 화장한 지 20년도 넘었는데 피부 괜찮잖아. 요즘은 옛날보다 좋은 재료로 화장품을 만들기 때문에 괜찮아."

말로는 도저히 아이를 당할 수 없습니다. 그래서 고민하다 나름의 절충안을 찾습니다. 밖에서 몰래 하게 놔두느니 차라리 직접 사주고 통제를 하자는 마음이지요. 그래서 아이의 손을 잡고 직접 화장품 숍에 가 아이에게 맞는 순한 제품으로 골라줍니다. 물론 잔소리는 잊지 않습니다.

"엄마가 이렇게 비싼 화장품까지 사주는데, 너도 공부 열심히 해야겠지?"

"뭐? 화장품 파우치도 필요하다고? 무슨 화장품을 학교까지 들고 다녀? 그냥 집에서 해!!"

화장 때문에 끊임없이 갈등이 생기고 속상한 일투성이지만, 그래도 아이를 막을 수 없어 져주고 있는 것이지요.

그러다 보니 끊임없이 아이와 갈등을 겪어야 해서 힘이 듭니다. 화장품은 한번 사준다고 끝나는 품목이 아니기 때문이죠. 피부 톤에 따라 또 계절에 따라 써야 하는 제품도 너무나 다양할뿐더러 끊임없이 신제품이 쏟아져 나옵니다. 그럴 때마다 아이와 번번이 갈등을 빚자니 이것도 너무 피곤합니다.

그래도 이렇게 아이의 교육에 유연한 자세로 대처하는 모습은 매우 바람직합니다. 다만 아이와의 지속적인 갈등과 잔소리가 늘어나는 것은 관계에 영향을 줄 수도 있으므로 몇 가지 세부 규칙을 더 세울 것을 권해드립니다. 먼저 화장품은 아이의 용돈으로 사도록 합니다. 아이 용돈이 너무 적거나 너무 많다면 적당하게 조정해야 합니다. 중요한 것은 아이가 용돈으로 떡볶이를 사 먹을지 아니면 립글로스를 살지 고민할 정도의 조금 빡빡한 금액으로 용돈을 설정하는 것입니다. 물론 떡볶이와 립글로스의 가격은 비교가 안 되지요. 그래서 아이가 립글로스를 선택한다면 부모가 거기에 돈을 좀 더 얹어서 좋은 품질의 물건을 사주는 대안을 마련합니다. 예를 들어 1주일 용돈이 만 원인데 아이는 새로 나온 팩트를 사고 싶어 합니다. 가격이 2만 원 정도 됩니다. 아이가 팩트를 사고 싶으면 1주일 동안 용돈을 쓰지 않고 아껴야 합니다. 그러면 부모가 용돈에 만 원을 더 얹어서 새 화장품을 사주는 방식이지요. 이렇게 하면 화장품을 사줄 때마다 겪는 갈등도 줄일 수 있고, 아이도 나름대로 용돈을 아껴서 사야 하니 더 신중하게 고를 수밖에 없지요. 또 때에 따라서는 두 개 살 것을 하나 사는 것으로 줄일 수도 있으니, 일석 삼조의 효과를 볼 수 있습니다.

도대체 화장이 왜 필요한지 이해할 수 없는 마음

엄격하고 보수적인 유형의 부모입니다. 아무리 생각해도 초등학생이 화장을 하는 이유를 이해할 수도 없고, 또 필요하지도 않은 나이라고 생각합니다. 아이들이 화장하고 다니는 것을 그냥 방치하는 다른 부모나 교사의 교육 철학도 이해할 수 없습니다. 더구나 화장품 가격이 한두 푼도 아니고 학원비에 이것저것 들어가는 살림살이가 빤한데 도무지 화장품에까지 돈을 쓰고 싶지 않습니다. 아니 돈이 문제가 아닙니다. 아이에게 꼭 필요한 물건이라면 언제든 다 사줄 수 있습니다. 문제는 아이를 망칠 수도 있는 물건인데 왜 허락을 해줘야 하는지 이해할 수 없습니다. 그래서 아이에게 선언합니다.

"엄마는 초등학생이 화장하는 것은 좀 아니라고 생각해. 중학생이 되면 그때 다시 생각해보자. 지금은 안 돼. 다시는 엄마 앞에서 화장품 사달라고 하지 마."

부모가 단호하게 말하니 몇 번 조르던 아이도 점점 그 횟수가 줄어듭니다. 포기를 한 듯해 보여 다행입니다. 하지만 정말 화장에 대한 관심이 사라진 걸까요?

그럴 수도 있고 아닐 수도 있습니다. 순한 기질의 아이들은 부모의 말을 잘 따릅니다. 부모의 말이 틀린 것도 아니니 아이도 부모의 가치관에 동승합니다. 문제는 아이가 부모의 가치관에 동승할 경우, 주변 친구들을 보는 시선까지 바뀐다는 데 있습니다. 다른 아이들이 화장을 하고 다니는 것을 보는 우리 아이의 마음이 어떨까요? 부럽기도 하지만, 곧 엄마의 말을 떠올립니다. '맞아. 화장을 하는 것은 좋은 행동이 아니야. 그러니 저 친구들과 다른 내가 더 좋은 행동을 하고 있는 거야.'

"너 입술이 너무 건조해 보여. 이거 한번 발라볼래?"

옆 짝이 무심코 건네는 입술 보습제. 그런데 색깔이 빨간 것이 바르면 입술도 빨개질 것 같습니다.

"괜찮아. 난 화장은 안 해."

"이거 화장품 아니야. 입술 보습제야. 우리 엄마가 아이들이 발라도 되는 제품으로 사준 거야."

친구들과의 대화에서 아이는 어떻게 반응해야 할까요?

바로 이 지점이 문제가 될 수 있습니다. 부모가 너무 강하게 규제를 하는 경우 아이들은 현실과 다른 괴리 속에서 혼자 끙끙 앓게 되는 것이지요. 또 순한 기질의 아이들이 이렇게 혼자 속앓이를 한다면, 강한 기질의 아이들은 정반대의 행보를 보이기도 합니다. 부모 몰래 하는 것입니다. 친구만 잘 사귀고 거래만 잘하면 얼마든지 가능합니다. 밖에서 아이가 화장을 하고 다니는 것을 주변 사람들은 다 알고 있는데, 정작 부모만 모르는 경우도 발생할 수 있습니다.

사실 화장을 하는 문제로 생기는 일들은 사춘기 아이들을 키우는 데 있어서 전초전과 같습니다. 앞으로 아이가 커갈수록 더한 문제로 갈등이 생기겠지요. 옷, 신발, 가방, 염색, 파마, 아이돌 덕질 등 다양한 영역으로 번져나갈 수 있습니다. 소비를 권장하는 자유시장 경제와 SNS의 발달은 이런 아이들의 마음을 더 부채질하겠지요. 그러니 무조건 막고 금지하는 것이 능사는 아닙니다. 교육에 대한 가치와 철학도 변화하는 세상에 맞추어 조금씩 바뀌가야 하는 문제가 된 듯합니다.

한 줄 상담소

초등학생들이 화장하는 걸 볼 때마다 마음이 답답합니다. 그러나 현실적으로 막는다고 해결되는 문제가 아니라는 것 또한 많은 경험을 통해 알게 되었습니다. 기본적으로는 보수적인 입장을 유지하면서, 아이의 욕구를 너무 누르지 않는 선에서 균형 잡힌 줄타기를 하는 것이 중요합니다. 그 줄타기 속에서 아이 스스로 균형을 잡는 법을 터득할 때까지 부모가 함께 있어주는 것이 필요하겠습니다.

19

아이의 SNS 단톡방 보고만 있어야 할까요?

아이의 SNS 단톡방을 얼핏 들여다봤다가 아이들의 대화라고는 도저히 믿기지 않는 내용과 욕설이 담겨 있어 놀랐습니다. 이런 친구들과는 친하게 지낼 필요 없다고 하고 단톡방을 나오게 하였지요. 문제는 자꾸만 친구들이 초대를 한다는 점입니다. 아이 나이면 다들 이렇게 대화를 하는 건데 저만 예민한 건지 고민입니다.

어른들의 눈이 없는 그들만의 세상

요즘 아이들에게는 사이버 세상에서의 활동도 중요합니다. 재미있는 것은 실제 세상과 사이버 세상에서의 모습이 완전히 다른 아이들이 많다는 점이지요. 특히 학교에서는 너무나 모범적이고 착한 아이들이 사이버 세상에서는 완전히 태도가 돌변하는 것이 가장 흔한 사례입니다.

기성세대와 달리 우리 아이들은 어렸을 때부터 스마트폰으로 만화

영상을 보는 것에 익숙했고, 자라면서도 게임과 SNS를 통해 인터넷 세상에서의 소통을 더 즐기는 세대이지요. 특징적인 것은 오프라인 세상에는 이래라저래라 잔소리하거나 눈치를 봐야 할 어른들이 존재한다면, 사이버 세상에는 그런 사람이 없다는 점입니다. 대부분 또래의 아이들과 소통하다 보니 눈치를 볼 일도 잔소리를 들을 일도 없지요. 자연스럽게 '그럼 내가 이 세상을 한번 주도해볼까?' 하는 생각이 드는 거죠. 그리 어려운 일도 아니고요. 채팅방이나 게임방을 열어 운영자가 되면 그곳에 들어온 많은 사람들을 자기 마음대로 통제할 수 있습니다. 대화를 지울 수도 있고, 마음에 안 들면 강제 탈퇴시키는 일도 가능하지요. 한마디로 세상의 주인공이 되는 경험을 하는 겁니다. 그런데 왜 유독 오프라인 세상에서 착한 모습을 보인 아이들이 이렇게 돌변하는 걸까요? 모든 사람들에게 착한 모습을 보인다는 것은 역으로 말하면 자신의 감정을 많이 억제하고 있다는 뜻이기도 합니다. 사람마다 기질이 다르고 원하는 것이 다르고 감정이 다른데 매순간 그 사람이 착하게 느껴진다면, 어쩌면 그는 상대에 맞춰 자신의 감정을 조절하거나 억누르고 있다는 뜻일지도 모릅니다. 물론 스스로 의식하고 한 행동은 아니겠지만, 가정환경의 영향이나 타인에게 공감해주는 순한 기질을 타고났기 때문일 수도 있습니다.

문제는 스스로도 점점 피로감을 느낀다는 겁니다. 자유롭지 못한 세상이 답답하게 느껴지기도 하고, 착하게만 살다가 뒤통수라도 당하게 되면 억울함과 분노가 치솟기도 합니다. 이런 사람일수록 사이버 세상이 더 매력적으로 느껴질 수 있지요. 익명의 공간이고 나를 알아보는 사람도 없으니 더 자유로움을 만끽하는 겁니다. 자연스럽게 현실에서 못해본 선을 넘는 일도 해보게 됩니다. 심한 욕도 하고 친구들에게 나쁜 행동을 시키기도 합니다.

이런 상황에서 주의해야 할 것은, 사이버 세상에서 욕을 하는 아이들을 나쁜 아이들로 인식하는 것 자체가 위험하다는 사실입니다. 사실 아이의 친구를 나쁜 아이로 치부하는 것은 우리 아이에 대한 불안에서 시작됩니다. 아이를 착하고 바르게 키우고 싶은 마음이 강하고 아이에 대한 믿음이 강할수록 조금이라도 잘못된 일은 나쁜 친구의 영향으로 돌리고자 하는 마음도 강해집니다. 그 친구만 떼어내면 우리 아이에게는 아무 문제가 없게 되니까요. 하지만 세상일은 절대로 그렇게 칼로 무를 자르듯 간단하지 않습니다. 아이들의 교우 관계만 들여다봐도 그렇지요. 사이버 세상에서의 기본적인 아이들 심리와 역동을 이해하는 것을 전제로 이제 아이를 제대로 훈육하는 방법에 대해 살펴보겠습니다.

갈등 없이 단톡방 나오는 방법

단톡방에서 우리 아이만 나오게 하는 일은 좀 위험합니다. 남은 친구들 입장에서 무시당했다는 생각이 들 수 있기 때문입니다. 단톡방을 나왔는데도 친구들이 자꾸 초대를 하는 것은 나쁜 마음일 수도 있지만, 반대로 우리 아이를 위하는 행동일 수도 있습니다. 아이가 실수로 나갔을까 봐 다시 초대해주는 것이지요. 단톡방의 구성원으로 있을 자격이 있고, 여기서 나누는 대화를 함께 공유하는 것이 중요하다고 여겨서 그러는 것입니다. 부모들의 눈에는 별 쓸데없는 대화가 오가고, 줄임말과 기호들, 이모티콘 천지라 별 내용이 없어 보일 수도 있지만, 나름대로 그것은 그들만의 대화 방법입니다. 감정의 공유를 그렇게 하는 것이지요. 그 기호들만 봐도 현재 어떤 친구가 어떤 감정을 표현하는지, 그래서 누구의 의견을 지지하는지가 구분되는 것입니다. 아주 중요한 대화의 과정인 셈이지요.

물론 그렇다고 해서 우리 아이도 그 방에서 그들처럼 행동하게 두라는 것은 절대 아닙니다. 특정 친구를 욕하거나 편 나누기 등의 일탈 행동이 주류를 이루는 것도 단톡방의 현실이기 때문이지요. 저도 그런 방은 탈퇴하는 것에 동의합니다. 문제는 그 방을 나올 때 다른 친구들의 감정이 상하지 않게 잘 갈무리하는 것입니다. 가장 좋은 방법은 상황 핑계를 대는 것입니다.

"얘들아, 우리 엄마가 너무 늦은 시간에 휴대폰 한다고 혼내서서. 미안. 나는 이만 나갈게."

엄마 핑계를 댈 수도 있고,

"미안, 나 배터리 1퍼센트밖에 없어."
"데이터가 다 떨어졌어. 나 곧 끊길 것 같아."

상황 핑계를 댈 수도 있지요.

이렇게 나오는 것이 남은 아이들의 마음도 다치게 하지 않고 자연스럽게 상황도 마무리할 수 있는 가장 좋은 방법입니다.

더 나아가 휴대폰과 데이터 등에 대해서 다소 보수적인 부모를 두었다는 것을 친구들 사이에 각인시켜주는 것도 도움이 됩니다. 평소에 10시가 넘으면 아이 손에서 휴대폰을 분리하는 것이지요. 그게 우리 집의 규칙이라고 하면 10시 이후에 아이가 접속을 안 해도 친구들도 그러려니 하고 넘어가게 됩니다. 더 나아가 아이의 상황을 이해해주기도 하지요. 데이터가 다 떨어지면 다음 달이 될 때까지 버텨야 하는 그 괴로움을 누구보다 먼저 이해해주는 겁니다.

한편, 무조건 사이버 세상을 멀리해도 괜찮은 친구를 사귀는 법을 배울 수 없습니다. 앞서도 말했듯이 오프라인 세상에서 아무리 괜찮은 친구라도 사이버 세상에서는 돌변할 수 있습니다. 요즘은 특히 공부를 잘하고 전교 회장이나 반장을 하는 친구들 중에서 이런 양상을 보이는 경우도 많습니다. 그러니 어느 정도 사이버 세상에 발을 담그고 있어야 진짜 괜찮은 친구도 선별할 수 있는 힘이 생기는 겁니다.

어차피 우리 아이가 살아갈 세상은 부모 세대와는 너무나도 다릅니다. 어쩌면 이들이 기성세대가 되었을 때는 사이버 세상에서의 영향력을 무시할 수 없을지도 모릅니다. 지금도 이미 그런 역동들이 사회 전반에서 너무나도 많이 표출되고 있지요. 그런 세상을 살아갈 아이의 손에서 무조건 휴대폰을 빼앗는 것만이 능사는 아닐 겁니다. 오히려 그것을 적당히 손에 쥐여주고 잘 활용할 수 있는 방법을 가르치는 것이 더 현명한 부모의 자세가 아닐까요?

한 줄 상담소

사이버 세상은 규제하는 선생님도 없고 통제하는 규칙도 없기 때문에 아이들에게는 더없이 위험할 수 있습니다. 그렇다고 피해갈 수만은 없는 노릇, 아이 스스로 판단하고 조절할 수 있는 힘을 길러주어야 합니다. 아무 생각 없이 무리에 휩쓸리는 것은 위험합니다. 무엇이 옳은지 무엇이 그른지 생각해보고 어떤 때는 단호하게 행동하는 힘도 필요하지요. 옳지 않은 대화가 오가는 단톡방에서는 과감하게 나올 수 있도록 가르쳐야 합니다. 사이버 세상에서 못다 한 것들은 언제라도 진짜 세상에서 보완할 수 있으니까요.

20

사이버 세상에서 나쁜 영향을 받을까 봐 걱정됩니다

아이들이 접하면서 배워나가는 나이란 건 알지만 아직 어리기에 스스로의 가치관이나 선별력을 온전하게 유지하는 일은 어렵다고 생각됩니다. 주변 상황이나 친구 등의 외부적인 영향을 무시할 수 없기 때문이지요. 더군다나 사이버상에서 선을 넘은 행동을 하는 아이들이 넘쳐난다면 우리 아이도 나쁜 영향을 받을 수 있다고 생각되네요.

세상으로부터 문지기 역할

매우 중요한 지적입니다. 세상의 문을 자유롭게 열어주는 것이 세상에서의 모든 일을 받아들이게 한다는 뜻은 절대 아닙니다. 바로 앞의 질문에서 아이 손에서 휴대폰을 빼앗는 것만이 능사가 아니라고 답을 했지요. 이것이 세상의 문을 아이가 자유롭게 여닫을 수 있게 하자는 의미였다면, 이번에는 그렇게 접한 세상을 어떻게 이해하고 받아들여야 하는지 아이에게 판단력을 길러주는 부분에 대하여 살펴보겠습니다.

사실 이 부분이 가장 중요한 부모의 역할입니다. 세상으로부터 부모가 문지기 역할을 해야 하는데 그러려면 먼저 부모의 마음부터 살펴봐야 합니다. 제가 만난 많은 부모님들이 이 생각에는 동의하면서도 막상 행동에서는 전혀 다른 모습을 보이곤 합니다. 대부분이 부모의 불안감 때문인 경우가 많았습니다. 사실 부모도 완벽한 존재들은 아니지요. 어쩌면 부모의 불안은 아이에게 완벽한 문지기 역할을 해줘야 한다는 생각에서 시작될 수도 있습니다. 하지만 세상에 완벽한 것은 없습니다. 부모가 좀 틀려도 아이에게 잘못된 영향을 미쳐도 아이가 완전히 잘못 자라는 것은 아닙니다. 그러니 괜찮습니다. 중요한 것은 그럼에도 불구하고 부모가 항상 노력하는 모습을 보여주는 것입니다. '내 판단이 틀렸을 수도 있다. 좀 불안하지만 지켜보자'며 불안하고 부정확한 그 순간에 아이와 함께해주는 것이지요. 예를 들어보겠습니다.

직접 가르치지 않는 문지기 대화법

아이는 패드립과 나쁜 욕이 난무하는 단톡방에 서 있습니다. 무섭기도 하고 같이해야 하나 싶은 마음도 듭니다. 그러지 않으면 아이들의 공격 대상이 될까 봐 두렵기도 하지요. 아이가 그런 말을 할 때 부모는 옆에서 전혀 다른 시각을 제공해줄 수 있습니다.

"가만 보자. 지금 이 단톡방에 15명의 친구들이 들어와 있는데, 심한 말을 하는 아이들은 4명 정도네. 다른 친구들은 읽기만 하고 다 그냥 있는 거잖아."

이렇게 말해주는 것이지요. 물론 아이가 단톡방을 부모와 공유하지 않으려고 할 수도 있습니다. 괜찮습니다.

"엄마, 아이들이 단톡방에서 이상한 말을 좀 많이 해."

아이가 말하는 순간을 기다렸다가 잘 잡으면 됩니다.

"그래? 엄마도 기사에서 봤어. 요즘은 사이버상에서 아이들이 일부러 더 센 말들을 하곤 한대. 그런데 그 단톡방에 들어온 친구들이 모두 그런 말을 해? 읽기만 하고 답을 안 하는 아이들은 없어? 엄마도 사실 친구들이 나와 다른 생각을 말하면 일단은 읽기만 하고 그냥 대꾸를 안 하고 살펴만 본 적도 있거든."

사이버 세상도 현실과 비슷해서 주도하는 아이들이 있습니다. 단톡방의 모든 친구들이 그 생각에 동조하지 않는다는 것을 볼 수 있는 힘만 길러주어도 아이의 불안감을 절반쯤 해소해줄 수 있습니다. 여기서 한 발 더 나아가 괜찮은 친구를 구별할 수 있는 안목도 길러줄 수 있지요. 슬쩍 떠보는 거지요.

"그냥 나쁜 말 하는 친구들의 단톡방에서 나오면 안 돼?"

"그게…… 지난번에 어떤 친구가 나갔거든. 걔네 엄마가 단톡방 대화를 보고 놀라서 나가라고 했나 봐. 그런데 아이들이 막 뒤에서 욕을 하는 거야. 나가면 나한테도 욕할 것 같아."

"아, 진짜 너무하네. 그렇게 욕한 친구가 누구니? 정말 좀 별로다."

딱 여기까지만 이야기합니다. 부모가 먼저 나서서 그 친구에 대해 판단하지 않아도 아이 스스로 느끼는 것이 중요하지요.

"아냐, 그 친구 그렇게 별로는 아니야."

친구 편을 들 수도 있습니다. 아이가 보이는 즉각적인 반응은 크게 중요하지 않습니다. 처음엔 엄마가 친구를 나쁘게 볼까 봐 걱정되는 마음에 그럴 수도 있으니까요. 아이에게도 우정과 의리는 중요한 법이니 그 정도로만 이해해주면 됩니다. 중요한 변화는 그다음에 일어납니다. 부모가 슬쩍 흘려준 친구에 대한 정보는 아이의 뇌리에도 남게 되지요. 그리고 다음부터는 찬찬히 그 친구의 행동을 되짚어보며 생각하게 됩니다. 그리고 어느 순간 아이 입에서 부모가 해주고 싶었던 말이 나오기도 하지요.

"엄마, 지난번에 단톡방 나갔다고 욕했던 친구, 오늘 다른 일로 학교에서 선생님한테 혼났어. 아무래도 그 친구는 요즘 좀 나쁜 행동을 자주 하는 것 같아."

부모의 문지기 역할은 이런 것입니다. 문을 닫아라 말아라 하지는 않지만 아이와 세상의 길목에 서서 늘 아이의 편에 함께 있어주는 것이지요. 세상으로부터 손님을 받아들일지 말지는 주인인 아이가 결정하지만, 아이에게 어떤 손님이 들어가고 나갔는지 부모가 함께 알고 있는 것이지요.

아이가 조언을 구할 때, 불안감을 토로할 때 함께 나눠줄 수 있는 것. 어쩌면 그것이 아이의 성장에 가장 필요한 일이라고 생각됩니다.

부모의 가치관에 영향을 받는 아이

앞에서 아이가 친구들에게 나쁜 영향을 받을까 봐 고민하신 부분에 대해 한 가지 더 짚어드릴 게 있습니다. 학교에서도 친구들에게 나쁜 영향을 받는 아이들을 종종 봅니다. 그런데 이 아이들에게는 커다란 공통점이 하나 있습니다. 바로 부모와의 정서적인 유대 관계가 약한 아이들이라는 점이지요. 부모에게 외로움을 느끼는 아이들일수록 친구에게 더 많이 의지하게 됩니다. 당연히 친구의 영향도 많이 받을 수밖에 없지요. 그런데 중요한 것은 정서적인 유대가 반드시 함께하는 시간에 비례하지는 않는다는 점입니다. 부모가 아이에게 신경을 많이 쓰는 경우에도 친구에게 빠지는 경우가 종종 있습니다. 부모가 아이의 마음이나 감정을 알아주기보다는 짜인 스케줄대로 아이를 교육하는 데만 관심을 두는 경우입니다. 겉으로는 부모의 보살핌을 많이 받는 듯 보이지만, 정작 아이의 마음은 공허하고 외롭습니다. 이럴 때 손을 내밀고 곁에 다가와주는 친구에게 마음을 빼앗길 수 있지요. 아이가 지나치게 친구에게 의지하고 나쁜 영향을 받는다면 아이와의 정서적인 유대를 잘 이루고 있는지 다시 한번 살펴볼 필요가 있습니다. 거꾸로 아이와 평소 대화도 많이 하고 정서적인 유대가 끈끈하다면 아무리 나쁜 친구들이 옆에 있어도 절대 영향을 많이 받지 않을 거라는 확신을 가져도 됩니다.

더불어 한 가지 더 부연 설명하자면 세상의 가치관들은 선과 악으로 나뉘어지지도 정답이 존재하지도 않습니다. 어떤 분들은 부모의 가치관은 바꾸지 않으면서 아이에게만 '그러면 안 된다. 너는 그러지 마라'라고 가르치는 분들이 있습니다. 전혀 효과가 없는 방법입니다. 여러 번 말했지만 아이들은 말로 배우는 것보다 잠재적으로 보고 배우는 것이 훨씬 더 많습니다. 아무리 부모가 아니라고 해도 부모의 삶을 통해 배우게 되지요. 무서운 말이지만 한편으로 불안감을 없애드리고자 하는 말이기도 합니다. 아이가 단톡방을 통해 나쁜 친구에게 물들까 봐 걱정될 때, 부모가 그런 부분과 거리가 먼 생활을 하고 있다면 아이도 그 친구에게 물들 확률은 거의 없습니다. 물론 당장은 친구들의 말이나 행동을 따라 할 수도 있지만, 긴 안목으로 보면 아이는 부모의 가치관에 영향을 받을 것이기 때문입니다.

한 줄 상담소

부모의 문지기 역할은 다소 소극적으로도 보일 수 있지만, 길게 봤을 때는 가장 효과적인 전략입니다. 특히 아이가 고학년일 때 더욱 필요합니다. 단톡방에서 아이들에게 나쁜 영향을 받을 수는 있겠지만 부모가 옆에서 든든한 가치관으로 떠받쳐주고 있다면, 아이가 많이 흔들리지는 않습니다. 바람에 잠시 흔들리다가도 결국은 제자리로 돌아오지요. 초등생은 친구에게 받는 영향보다 아직은 부모에게 받는 영향이 큰 시기입니다. 이 시기에 부지런히 든든한 가치관을 만들어 두는 것이 중요합니다.

2부

공부 방법

21

꼭 한글을 떼서 초등학교에 보내야 하나요?

교육부에서는 한글을 떼지 않아도 1학년 교육과정에서 가르친다고 하지만, 주변에서는 다른 아이들이 다 한글을 배워오기 때문에 아이가 위축될 거라고들 합니다. 초등학교 입학이 다가올수록 점점 걱정이 됩니다. 한글 공부 어느 정도 시켜서 보내야 할까요?

남들보다 잘하고 싶은 마음이 많은 아이인 경우

실제 학교 현장에서 한글을 전혀 모르는 상태로 입학을 하면 다소 어려움이 따릅니다. 물론 초등학교 1학년 교육과정에 한글을 가르치는 것까지 포함된 것은 맞지만, 문제는 대부분의 아이들이 이미 한글을 떼서 온다는 점입니다. 선생님도 대다수 학생들의 눈높이에 맞추어 수업을 진행할 수밖에 없지요. 물론 한글이 미숙한 아이들을 위해 학교 차원에서 다양한 프로그램을 마련하고 있습니다. 기초학력을 위한 예산도 지원되기 때문에 학교에서도 부족한 부분을 채워주기 위해 노력하고 있지요. 그런데 이런 프로그램들은 대부분 본 수업 시간이 아닌 방과 후에 추가로 진행됩니다. 한글이 부족한 아이들은 따로 남아서 수업을 더 받을 수밖에 없습니다. 문제는 가뜩이나 학교 생활에 적응하느라 힘든 아이들이 다른 친구들은 다 집에 가는데 남아서 공부하는 것에 거부감을 느끼는 경우가 많다는 점이지요. 특히 남들보다 잘하고 싶은 마음이 많은 아이일수록 더욱 그렇게 느낍니다. 이런 기질의 아이라면 학교에 입학하기 전 어느 정도 한글 교육을 해서 보내는 것이 좋습니다.

친밀한 관계 형성을 좋아하는 아이인 경우

물론 모든 아이가 방과 후 공부를 싫어하는 것은 아닙니다. 어떤 아이들에게는 학교의 특별 프로그램이 더 도움이 되는 경우도 있습니다. 이 아이들은 선생님이 자신만을 위해 특별한 시간을 쏟아주는 것을 오히려 좋아합니다. 대다수의 친구들과 함께 진행되는 본 수업 시간보다 소수의 몇 명만 남아서 선생님과 눈을 맞추며 진행되는 수업이 더 즐거운 것이지요. 자신이 특별 대우를 받는다는 느낌과 다른 친구들보다 내가 선생님과 더 친하다는 느낌 때문에 심리적으로도 긍정적인 영향을 받습니다. 이런 마음은 자연스럽게 학습에도 이어지지요. 집에서 엄마와 부정적인 갈등을 겪으며 공부하는 것보다 학교에서의 특별한 공부로 한글 실력이 쑥쑥 올라가는 경우도 있습니다.

학교 운영 프로그램에 대한 부모님의 반응도 아이에게 중요하게 작용합니다. 나머지 공부의 개념으로 생각해서 '네가 부족해서 남아서 공부하는 거야'라는 반응을 보이면 아이도 당연히 그렇게 받아들입니다. 하지만 '선생님과의 특별한 시간이 생겨서 좋겠네'라는 반응을 보이면 아이도 그 시간을 힘들어하지 않고 받아들이게 되는 것이지요.

입학 전 한글을 어느 정도 떼서 보내야 하는 이유

입학 전 한글 교육은 사회적으로도 너무나 뜨거운 이슈입니다. 교사 입장에서 한글을 떼서 보내달라는 말이 여러 의미로 해석될 수 있다는 것도 잘 알고 있습니다. 또한 당국의 교육정책을 거스르는 발언이기에 더욱 조심스러운 면이 있지요. 하지만 아이들이 실제 학교에서 겪을 어려움과 심리적으로 받을 부정적인 영향을 조금이라도 덜어주고자 하는 마음이 더 우선이라는 점을 이해해주시면 좋겠습니다. 제가 한글을 어느 정도 읽을 수 있는 수준으로 입학해야 한다고 말하는 이유는 다음과 같습니다.

첫째, 국어와 수학 교과서에서 요구하는 한글 능력에 차이가 있습니다. 현재의 초등1학년 교육과정을 살펴보면 한 달의 적응 기간을 거쳐 4월에 국어 교과서로 수업을 시작하는데, 이때 국어책에서는 기역, 니은, 디귿 등 기본적인 것부터 가르치지만, 수학책에서는 한

글을 읽어야 풀 수 있는 문제들도 제시되고 있습니다. 더욱이 수학은 스토리텔링 교육이 교육과정 안에 녹아들면서 실생활에서 수학을 익히도록 유도하고 있습니다. 문제는 실생활을 수학 교과서에 끌어들이려다 보니 본의 아니게 상황을 설명하는 줄글이 많아졌다는 점입니다. 이는 한글 읽기가 부족한 아이들이 손해를 볼 수밖에 없는 구조이지요.

둘째, 국어 교과서의 진행 속도가 가파르다는 점입니다. 4월에는 기역, 니은, 디귿을 가르치지만 5월이 되면 바로 문장 수준의 한글이 제시됩니다. 그러다 6월 말쯤 되면 그림일기를 써보자는 내용까지 등장하지요. 기역, 니은, 디귿을 배우기 시작한 지 두 달 후에 글로 자신의 생각을 표현하는 수준까지 요구하는 겁니다. 한글이 어느 정도 익숙해져야 가능한 수준을 교과서에서는 너무 빨리 제시하고 있는 것이지요.

셋째, 입학 후 행정적인 문제로 학교와 가정을 오고 가야 할 서류들이 많다는 점입니다. 예를 들면 현장체험학습 신청서, 우유 급식 신청서, 각종 개인정보활용 동의서 등 학기 초 반드시 부모님의 확인을 받아야 할 행정 서류들이 많은데, 한글을 모르면 이것을 챙기는데 어려움을 느낄 수밖에 없습니다. 선생님이 서류를 제출하라고 했을 때, 뭐가 뭔지 한글을 읽을 줄 알아야 책가방에서 꺼낼 수 있을 테니까요.

입학 전 가장 적당한 한글 수준

이번에는 반대쪽에 대한 가이드라인도 제시하겠습니다. 한글을 뗀다는 것에 대해 사람마다 생각하는 기준이 너무나도 다르기 때문입니다. 어떤 분들은 지나치게 높은 수준으로 한글을 가르쳐야 한다고 생각하니까요. 불필요한 선행학습 방지를 위해 입학 전 필요한 한글 수준을 명확히 제시해드리겠습니다.

첫째, 한글을 보고 읽을 수 있는 수준이면 충분합니다. 1학년 수준의 글 밥이 적은 동화책을 혼자 읽을 수 있으면 된다는 뜻입니다. 글자가 너무 많고 그림이 없는 책까지 읽어야 하지는 않습니다.

둘째, 한글을 보고 쓸 수 있는 정도면 충분합니다. 무작위로 문장을 불러주고 보지 않고 써보라는 수준까지 요구할 필요는 없습니다. 학교의 받아쓰기 시험도 먼저 문장을 제시하고 여러 번 읽고 쓰도록 한 다음에 시험을 보게끔 진행되기 때문입니다. 따라서 아이에게 간단한 문장을 제시하고 똑같이 써보라고 했을 때, 큰 어려움 없이 쓸 수 있다면 적당한 수준입니다. 다만, 글자의 획수를 하나하나 보고 따라 쓰는, 즉 글자를 그리는 수준은 곤란합니다. 한 낱말 정도씩을 읽고 머리에 담은 후 노트에 적는 정도가 가장 좋습니다. 다만 받침이 많은 글자거나 겹받침이 있는 부분에서 조금 시간이 걸리는 정도는 괜찮습니다. 1학년 아이들이 받침 글자에 대해서 어려움을 겪는 것은 평균 수준에 해당하기 때문이지요.

한 줄 상담소

초등 입학 전 한글은 어느 정도 떼는 것을 권장해드립니다. 하지만 보지 않고 문장을 받아 적거나 받침 있는 글자까지 완벽하게 쓰는 정도까지는 필요하지 않습니다. 학교 입학 후에 배울 기회가 충분하니까요. 또 한글은 매우 과학적인 글이라 보통 석 달이면 충분히 학습이 가능합니다. 너무 이른 나이에 아이가 관심을 보이지 않는데도 억지로 한글 교육을 할 필요는 없습니다. 학교 입학 3개월이 남은 시점까지도 글을 읽지 못한다면 그때 집중적으로 교육해도 늦지 않습니다.

22

아이의 맞춤법만 보면 한숨이 나옵니다

일기를 쓰거나 독서록을 쓸 때 맞춤법이 자꾸 틀립니다. 특히 겹받침은 훨씬 더 어려워합니다. 맞춤법이 틀린 것을 일일이 고쳐주다 보면 지적받는 느낌이 드는지 아이가 싫어하더라고요. 틀린 글자를 또 틀리는 걸 보면 매번 지적하는 게 딱히 효과도 없는 것 같아서 고민입니다.

아이가 1, 2학년인 경우

이 시기의 아이들은 한글을 배워나가는 중입니다. 일상생활에서 말하고 쓰는 것을 보면 한글을 다 떼었다고 생각하기 쉽지만, 세세한 맞춤법까지 정확하게 쓰는 아이들은 의외로 드뭅니다. 특히나 겹받침은 3, 4학년 아이들도 자주 틀리기에, 좀 여유 있게 기다려주시는 것이 좋습니다. 실제 국어 교과서의 내용도 이런 부분에 초점을 맞추어 가르치고 있으니까요.

특히 그림일기나 독서록을 쓰다 보면 부모의 눈에 틀린 맞춤법이

들어오는 경우가 많지요. 어떤 분들은 꼼꼼하게 빨간색 색연필로 고쳐주기도 하는데, 이런 피드백은 부작용이 있습니다. 일기나 독서록은 아이들의 사고력을 확장시키는 창작의 영역입니다. 자신의 생각이나 느낌을 마음껏 표현하도록 하는 것이 중요하지요. 자신의 생각을 열심히 표현했는데 거기에 빨간색 체크가 표시되면 아이는 맞춤법이 아니라 자신의 생각이 틀렸다는 피드백을 받게 됩니다. 당연히 표현하는 데도 제약을 받게 되지요. 맞춤법에 신경 쓰다가 상상의 나래를 펼치지 못하게 되는 것이지요. 따라서 일기나 독서록을 보실 때는 맞춤법에는 너무 연연해하지 말고 아이의 생각과 표현에 집중해야 합니다. 맞춤법은 받아쓰기나 국어 공부를 할 때 집중해서 봐주는 걸로 구분해서 교육하는 것이 필요하겠습니다.

아이가 3, 4학년인 경우

이 시기는 어느 정도 한글 교육이 완료되는 때입니다. 물론 때때로 어려운 맞춤법은 틀리기도 하지만 80~90퍼센트 정도는 맞게 쓰도록 목표를 잡는 것이 중요합니다. 일기나 독서록 등 창작물의 영역에서는 맞춤법 수정을 자제하되, 대신 국어 공부를 하면서 맞춤법 교정을 강화하는 것이 필요합니다. 이 시기에 동화책을 많이 읽는 것도 맞춤법 공부에 탄탄한 도움이 됩니다.

아이가 5, 6학년인 경우

이 시기에는 맞춤법이 틀린 것에 대해 조금 강한 피드백이 필요합니다. 이때 맞춤법을 잡지 못하면 중고등 시기에는 더욱 바뀌기 어렵습니다. 이제는 글쓰기나 독서록 등의 창작물 영역에서도 맞춤법 수정이 가능합니다. 틀린 부분은 체크하여 감점을 주는 것도 괜찮습니다. 자신의 생각에 대한 피드백이 아니라 단지 맞춤법 때문이라는 것을 이해하는 나이니까요. 더불어 왜 그런지 국어 문법적으로도 이해할 수 있도록 학습 방향을 잡아주는 게 도움이 됩니다.

한 줄 상담소

한글은 저학년 때 완벽하게 떼어야 한다고 생각하지만 의외로 고학년 아이들도 맞춤법이 틀리는 경우가 꽤 많습니다. 전자 매체에 의한 학습이 늘어나면서 이런 현상도 더욱 증가하는 추세입니다. 너무 당연한 것을 틀렸다는 식의 반응보다는 초등 과정 내내 배운다 생각하고 조금 양분화해서 가르칠 필요가 있습니다. 일기, 독서록 등 아이가 자신의 생각을 표현한 글을 빨간펜으로 고치는 것은 지양합니다. 자신의 생각이 틀렸다고 받아들이기 때문에 창의성과 상상력을 떨어뜨릴 수 있습니다. 대신 학습지 등을 풀 때는 꼼꼼하게 맞춤법까지 체크해주는 것이 좋습니다.

23

글씨 못 쓰는 아이, 잘 쓰는 법은 없을까요?

아이가 글씨를 너무 못 씁니다. 연필 잡는 자세부터 버릇이 잘못 들어서 지금은 고치기도 힘듭니다. 나중에 논술 시험을 쳐도 그렇고 글씨를 반듯하게 쓰는 것도 매우 중요하다고 말해주는데 오히려 잔소리만 되는 것 같습니다. 어떻게 하면 아이에게 반듯한 글씨체를 만들어줄 수 있을까요?

글씨보다 터치가 익숙한 아이들

요즘 아이들은 글씨를 쓰는 것보다 터치에 더 익숙합니다. 더구나 온라인 학습이 활발해지면서 종이에 글씨를 쓰는 일도 줄어들고 있지요. 그러다 보니 학교 현장에서도 글씨를 못 쓰는 아이들이 점점 늘어나는 것을 실감합니다. 글씨 쓰는 것 자체를 힘들어하는 경우가 많고요. 앞으로의 사회에서는 글씨를 쓰는 일이 훨씬 더 줄어들 것이라는 걸 인정하지만, 반대로 수행평가, 논술평가 등 학교 평가에서 번호보다 글로 쓰는 것이 늘어난 것도 현실입니다. 따라서 글씨체를 잡아주는 일도 이런 양극단의 중간 정도에서 훈육하시는 것이 좋겠습니다. 즉, 글씨를 잘 쓰는 것까지는 필요하지 않지만, 적어도 남들이 알아보기 쉽게 쓰는 것까지는 연습을 시켜야 하지요.

글씨체 연습시키는 법

글씨체를 연습시키는 법은 저학년과 고학년을 구분해야 합니다.

저학년의 경우엔 글씨체를 잡아줄 수 있는 줄이나 네모 칸이 쳐진 공책이 효과적입니다. 네모 칸 안에 점선으로 십자 표시가 되어 있는 공책이 있는데, 받아쓰기 연습 때 사용하면 좋습니다. 가운데 십자의 점선은 자음과 모음, 받침을 쓰는 칸을 자연스럽게 나누어 균형 잡힌 글씨체를 잡는 데 도움을 주지요.

고학년의 경우엔 이런 공책을 줘봤자 소용없습니다. 오히려 저학년 때나 쓰는 것이라고 자존심 상해하지요. 더구나 어느 정도 자신의 글씨체에 습관이 들어 있는 상황이라 더 고치기 어렵습니다. 이럴 때는 알아볼 수 있는 수준의 글씨체에 초점을 맞추는 것이 좋습니다. 즉, 시험지나 문제집에 쓴 답이 글씨체가 엉망이라 알아보기 힘들다면 가차 없이 틀렸다고 하는 것이지요. 자신은 정답을 맞게 썼다며 엄청나게 억울해하겠지요. 괜찮습니다. 그 억울함이 글씨체에 에너지를 쏟게 하는 원동력이 되니까요.

"네가 답을 알고 있었다는 것은 알겠어. 하지만 시험지에 쓴 글씨는 남들에게 자신의 생각을 표현하는 수단이야. 나 혼자 보는 일기장이라면 모르겠지만 시험지 답은 이렇게 모호한 글씨체로 쓰면 안 돼. 당연히 틀리는 거야."

뼈아픈 이 경험이 아이의 글씨체를 놀랍도록 바꾸는 경험으로 이어질 수 있을 겁니다.

한 줄 상담소

요즘 아이들은 공책에 글씨를 쓰는 일보다 액정을 터치하고 자판을 두드리는 일이 훨씬 더 능숙합니다. 그러다 보니 글씨체가 엉망인 아이들도 많아지는 추세이지요. 문제는 논술 서술 위주의 교육과정이 많아지면서 글을 쓰는 평가 형식도 많아진다는 것입니다. 글씨체가 엉망인 것이 우리 아이만의 문제가 아님을 인지하고, 잘 쓰는 글씨보다는 남들이 잘 알아볼 수 있는 글씨에 중점을 맞춰서 교육을 하는 것이 필요합니다.

24

학교 교육으로 아이의 창의성이 줄어들면 어쩌죠?

유치원 선생님들이 우리 아이가 생각 나무가 크고 톡톡 튀는 생각을 많이 한다고 이야기하셨어요. 자기 생각과 에너지가 넘치는 아이인데 학교에서는 이런 기질이 문제가 될 수도 있을 것 같아요. 질문도 아무 때나 못하고 엄한 선생님이라도 만나 주눅이라도 들면 아이의 생각 나무가 줄어들지 않을까 걱정됩니다.

세상에서 인정하는 창의성의 정의

학교가 아이의 생각 나무를 주눅 들 게 할 수도 있다는 데 어느 정도 동의합니다. 집이나 유치원처럼 아이의 톡톡 튀는 생각을 다 받아주는 곳은 아니니까요. 하고 싶은 말이 있어도 손을 들고 발언권을 얻어야 하고, 아무리 신선한 이야기라도 수업 내용과 관련이 없으면 그만하라는 제지도 받을 수 있습니다. 아이 입장에서는 당연히 주눅 들 수밖에 없지요. 지금까지는 자신의 이야기에 귀 기울여주고 어쩜 그런 생각을 했느냐며 기특해하는 사람들밖에 없었는데, 학교라는 곳은 지금까지와는 좀 다르니까요.

그런데 창의성의 개념을 조금만 생각해보면 이 과정 또한 창의성을 키우는 훈련에 해당한다는 것을 이해할 수 있습니다.

어린아이들은 아직 세상의 제도에 익숙하지 않기 때문에 어른들이 미처 생각하지 못했던 신선한 생각들을 많이 합니다. 하지만 그런 창의성들이 세상의 인정을 받기 위해서는 사회 구성원 누구나 인정할 수 있도록 다듬고 표현하는 과정이 필요합니다. 머릿속에만 있는 생각을 창의성으로 인정해주지는 않으니까요. 그것을 그림으로 그리든, 음악으로 연주하든, 글로 표현하든 결국 결과물로 내놓는 것이 창의성의 완성이지요. 즉 어느 정도 사회적 기준을 충족해야 합니다. 바로 그 과정을 연습하는 곳이 학교이지요.

발언권을 얻어야 말할 수 있는 것, 수업 내용과 관련 있는 것만 말해야 하는 것 등은 작품이나 연주를 정해진 공간과 시간 안에서 표현해야 하는 것과 비슷합니다. 이제는 나의 생각을 넘어서 그 생각을 함께하는 공간에서 다른 시선에 맞추어 표현하는 일도 배워야 하는 것입니다. 세상이 인정하는 창의성은 이것이 기본이 되어야 하지요. 이런 것을 제대로 배우지 못하면 아무리 천재라고 해도 제대로 빛을 발할 수 없습니다. 역사에서도 천재성을 가졌어도 성공하지 못한 사례를 수도 없이 찾아볼 수 있습니다.

생각 나무의 크기보다 뿌리의 깊이가 중요한 시기

지금까지 아이의 생각 나무를 크게 키우는 일에 집중하셨다면, 이제는 생각 나무의 뿌리를 살펴봐야 할 차례입니다. 당장은 눈에 보이지 않을지라도 땅속 뿌리가 건강하고 튼튼해야 열매도 오래 지속될 수 있습니다. 물론 그 과정에서 어떤 열매들은 떨어져나갈 수 있습니다. 알아주지 않는 선생님과 친구들 때문에 주눅 들고 속상한 경험도 할 수 있다는 뜻입니다. 하지만 그 과정을 통해 뿌리를 더 깊이 내릴 수 있다면, 적당한 때 뿌리로부터 양분을 흠뻑 끌어 올려 훨씬 더 튼실하고 과즙이 풍부한 열매를 맺을 수 있을 겁니다. 질문하고 싶을 때 못하고 눈치도 좀 보고 '아, 다른 사람들이 원하는 게 이거구나'를 배워나가는 과정도 중요합니다. 학교는 바로 그런 것들을 연습할 수 있는 공간입니다.

중요한 사실이 한 가지 더 있습니다. 아무리 학교에서 주눅이 들어도 든든한 지원군으로 부모가 옆에 있어준다면 창의성은 절대 죽지 않습니다. 아이가 이상한 질문을 했다고 선생님께 혼이 나고 주눅이 들어왔다면, 부모의 두 가지 반응에 따라 아이의 마음은 크게 달라집니다. 첫 번째는 아이가 마음에 상처를 받았을까 봐 부모가 더 마음 아파하는 경우이지요. 둘째는 "뭐? 선생님이 네게 그렇게 말씀하셨어?" 하고 부모가 더 분노하는 경우이지요. 겉으로 봐서는 비슷해 보이지만 아이가 받는 피드백은 전혀 다릅니다. 전자는 이미 아이가 마음의 상처를 받았다고 결론을 내리고 있으므로 부모의 반응을 통해 아이는 진짜 마음의 상처를 받습니다. 하지만 후자처럼 부모가 분노를 하면 이건 자신의 문제가 아니라는 피드백을 받습니다. 자신이 잘못한 것이 없다는 사인이 됩니다. 물론 아이 앞에서 선생님께 화를 내는 일에 대해서는 몇 가지 조건을 따져본 후에 해야 합니다. 즉 진짜로 아이가 잘못한 일이 없고 선생님 때문에 아이가 주눅 들 것 같다고 생각될 때만 가능합니다. 정말로 선생님께 전화를 하거나 따지실 필요는 없습니다. 부모가 보이는 화의 목적은 아이가 주눅 들지 않게 하는 것이 목적이니까요. 부모에게서 마음의 지원을 얻은 아이는 이제 다음 행동을 스스로 선택할 수 있게 됩니다. 다음번에는 남들의 기준에 맞게 적당한 상황에서 발언권을 얻어 선생님도 수긍할 만한 표현 방법을 고민하게 되겠지요. 그리고 그 방법이 여러 번 성공할수록 아이의 사회적 지능도 높아지게 될 겁니다. 진짜 창의성을 발휘할 수 있는 능력도 쌓이게 되는 것이지요.

한 줄 상담소

창의성은 '남과 다른 독창적인 생각'으로만 정의되지 않습니다. 그 생각을 남들이 이해할 수 있는 '결과물로 만들어내는 것'까지 포함입니다. 정해진 시간에 정해진 규칙에 따라 발표하는 것도 이 결과물에 해당합니다. 학교는 이런 방법들을 배우는 곳이지요. 선생님에 의해서 아이의 창의성이 주눅 드는 것은 부모의 반응에 따라 얼마든지 컨트롤이 가능합니다. 아이가 상처받을까 봐 걱정하는 마음보다는 더 건강하게 성장할 수 있도록 시선을 옮기는 일이 필요합니다.

25

혹시 우리 아이도 영재가 아닐까요?

TV에 나오는 영재 아이들을 보면 가끔 부모 입장에서 불안할 때가 있습니다. 혹시 우리 아이도 저런 영재성이 있는데 제대로 알아봐주지 못해서 교육을 받을 기회와 시기를 놓치는 것은 아닐까 하는 생각 때문입니다. 극성스럽게 영재로 키우려는 생각은 없지만 적어도 아이가 타고난 끼와 재능은 제대로 발휘할 수 있도록 해주고 싶습니다. 어떻게 하면 아이의 영재성을 파악하고 제때 키워줄 수 있을까요?

기회를 주지 못할까 봐 걱정되는 마음

아이를 키우는 부모라면 누구나 한 번쯤 해보는 고민일 겁니다. 아이가 특별한 재능을 갖고 태어났는데 부모가 그것을 알아봐주지 못해 능력이 사장된다면 그만큼 아이에게 미안한 일도 없을 테니까요. 어찌 보면 어렸을 때부터 이것저것 시키는 부모들도 꼭 아이가 남보다 앞서가기를 바라서가 아니라, 이것저것 해봐야 아이의 재능이 무엇인지 알 수 있을 테니 여러 기회를 주기 위한 마음도 있을 겁니다. 그런 고민을 한 번에 날려 보냈던 어떤 교육학자의 말이 있습니다. "아이가 영재성을 타고났다면, 어떤 상황에서도 그 영재성은 반드시 튀어나오게 되어 있다." 아이들과 지낸 세월이 쌓이고 나니 저도 이젠 이 말에 전적으로 공감합니다. 더구나 요즘은 다양한 매체들을 통해 아이들이 훨씬 빨리 세상을 접합니다. 굳이 부모가 일일이 찾아주고 기회를 주려고 노력하지 않아도 폭넓은 기회를 갖게 된다는 뜻이지요. 예를 들어 스케이트에 재능이 있는 아이라면 굳이 아이스링크장에 가서 스케이트를 신어보지 않아도 TV에 스케이트 타는 모습만 나와도 강한 끌림을 나타냅니다. "엄마, 나 저거 한번 해보고 싶어요" 라고 말할 수도 있고, 막연하게 그런 동경을 가지다가 우연히 현장학습으로 간 스케이트 체험 교육에서 재능을 발견하기도 합니다.

우리가 영재에 대해 오해하고 있는 것들이 있습니다. 영재성이라는 것은 타고난 능력 한 가지만으로 판단하지 않습니다. 그 분야에 대한 엄청난 집착과 몰입까지가 영재성이라는 말에 함축되어 있습니다. 다시 말해 아이가 스케이트를 잘 타는 능력만 있다고 해서 영재성이 있다고 말하지 않는다는 겁니다. 아무리 말려도 스케이트를 더 타겠다고 하거나, 눈만 뜨면 스케이트장에 가고 싶다고 떼를 쓰거나, 심지어 스케이트화를 옆에 두고 자고 싶어 한다거나 하는 여러 열정들이 합쳐졌을 때 영재성이 보인다고 말하는 것이지요. 사회적으로 성공한 영재들의 어린 시절을 살펴보면 이런 집착과 고집스러운 면들이 있었다는 것을 쉽게 찾아볼 수 있습니다.

그러니 아이의 영재성을 키워주지 못할까 봐 너무 고민스러워할 필요는 없습니다. 물론 부모로서 아이의 능력을 찬찬히 살펴볼 줄 아는 눈을 기르는 것도 중요하지만, 그보다 더 중요한 것은 기회가 찾아왔을 때 그것을 놓치지 않고 제대로 지원해주는 능력입니다. 그 기회가 언제 올지 모르니 어쩌면 부모는 긴 시간 대기 상태로만 있어야 할지도 모릅니다. 하지만 거꾸로 생각해본다면 그 긴 대기시간에도 불구하고 지치지 않고 아이를 믿으며 지원을 아끼지 않는 것이 진정한 부모의 모습이 아닐까 생각됩니다.

어릴 적 영재가 성인이 되었을 때

영재에 대한 두 번째 오해에 대해 언급해보겠습니다. 남들보다 뛰어난 능력을 지닌 영재들은 나중에 성인이 되었을 때 사회적으로 크게 성공할 수 있으리라 생각됩니다. 타고난 능력도 특별한데 남들보다 일찍 영재교육까지 받으니 그 성장력이 무궁무진하리라 기대되는 것은 당연합니다. 그런데 이상하게도 언론의 주목을 받으며 인기를 끌던 영재들이 정작 성인이 되어 어떻게 성공했는지는 사례를 찾아보기가 힘듭니다. 분명 지금쯤은 어른이 되었을 텐데 어디서 무엇을 하고 살고 있는지조차 찾기 힘들 지경이지요. 물론 성공한 사례도 있긴 하지만, 사회에서 그 영재성을 제대로 발휘하며 살고 있지는 못하다는 사실만큼은 확실합니다. 왜 이런 일이 발생하는 걸까요? 분명 일찍 유명 대학에 들어갔다는 기사까지 봤는데 말이지요. 물론 다양한 이유들이 있겠지만 현장에서 아이들을 살펴본 저로서는 그 아이들이 성장 과정에서 놓친 몇 가지 것들이 예측됩니다.

세상 사람들에게서 받은 관심에 대하여

그 첫째가 모든 이들의 주목입니다. 세상 모든 사람들에게 너무 일찍 주목을 받은 아이들은 성장 과정에서 자신이 받은 사람들의 이목이 무슨 의미였는지에 대한 정리를 한 번쯤 반드시 거쳐야 합니다. 너무 어렸을 때는 그게 무엇인지 판단할 힘도 없기 때문에 그저 부모가 말해주고 주변 사람들이 말해주는 대로 받아들이지만, 사춘기를 거쳐 자기주도적인 사고가 들기 시작할 무렵이면 그것이 자신의 인생에 무슨 의미인지를 스스로의 힘으로 판단해야 되는 시점이 옵니다. 그런데 불행하게도 영재들은 너무 어렸을 때부터 그 관심이 무슨 의미인지를 반복해서 듣다 보니, 성인이 되어서도 그 의미 그대로 자신을 세뇌시키게 됩니다. '내가 가진 능력들은 주목받을 만큼 특별해.' 하지만 성인이 될 때까지 그런 관심이 지속되지는 않지요. 정말 열심히 노력해서 성과를 이루었지만 세상으로부터의 피드백이 어렸을 때의 그것만 못하다면? 혹은 너무 머리가 좋은 탓에 노력을 하기도 전에 어차피 어렸을 때의 영광을 누릴 만큼의 결과물을 내기가 어렵다는 것을 깨달아버린다면? 어쩌면 영재들은 언제 터질지도 모를 지뢰를 평범한 남들보다 훨씬 더 많이 껴안고 살아가게 될지도 모를 일입니다.

조기 진학으로 잃게 되는 것들

둘째는 사회적 조화입니다. 타고난 능력 탓에 남들보다 일찍 대학도 들어가고 유학을 가게 되면서 또래와의 관계는 자연히 멀어집니다. 아이들은 친구들과 놀이도 하고 자연스러운 갈등을 겪으면서 사회 집단과 스스로를 조화롭게 융화시키는 법을 배우게 됩니다. 그런데 이들은 지식을 건너뛰는 만큼 이런 과정도 건너뛰는 것이지요. 대학을 졸업하고 박사 학위를 받는 것까지는 순탄할 수 있습니다. 좋은 직장이나 좋은 연구진에 투입이 되었지만, 직장 상사나 지도 교수 또는 선배들에 의해 만들어지는 조직 문화의 적응에 어려움을 겪기 쉽지요. 어쩌면 이들에게는 처음으로 경험하는 제대로 된 사회생활일 테니까요. 그전까지 학업 과정에서는 또래보다 어리다는 이유로 무난하게 넘어갔을 일들이 진짜 월급을 받는 사회집단에서는 제대로 통하지 않을 겁니다. 돈을 주고 다니던 학교와 돈을 받고 일해야 하는 상황은 전혀 다를 테니까요. 이렇게 갑자기 튀어버린 엄청난 간극을 제대로 감당하기 어려울 수 있습니다.

뛰어난 능력 덕에 배우지 못하게 되는 것

셋째는 자존감과 우월감의 균형입니다. '너는 남들보다 특별한 재능을 가졌고, 남들보다 일찍 대학에도 들어가는 정말 특별한 아이야.' 세상을 살아가는 데 있어 남들보다 특별하다는 자존감은 매우 중요합니다. 하지만 이 자존감이 실패나 장애물 없이 지속된 것이라면 자칫 우월감으로 변질될 확률이 높습니다. 가뜩이나 우수한 능력을 타고났으니 실패를 경험할 기회도 적었을 텐데, 주변에서 이런 시선을 받으며 성장한 아이는 정작 성인이 되어 '찐' 사회를 경험하게 되었을 때 필요한 면역체계를 제대로 기르지 못했을 수 있습니다. 모든 사회가 새로운 영재의 진입을 환영하는 것은 아닙니다. 그 영재가 단순히 어린아이라면 그 성장을 높이 평가하며 누구나 박수를 보내지만, 정작 그 영재의 능력에 의해 사회의 이익구조가 재편성될 위기가 감지된다면 상황은 달라집니다. 말 그대로 냉혹한 현실 세계가 되는 것이지요. 영재들이 성인이 되어 훌륭한 결과물을 내놓는다 해도 초반에는 이런저런 좌절감을 겪어야 한다는 뜻입니다. 이런 사회 진입의 벽을 뛰어넘는 데는 높은 자존감이 오히려 장애가 됩니다. 제대로 좌절을 경험하지도, 남들보다 뒤처지는 경험도 적었을 영재들에게는 이 장벽이 너무나 높게 느껴질 수 있습니다. 자신의 창의적 결과물에 낮은 등급을 매기는 사회적 시스템의 결과를 쉽게 용인하지 못하기도 합니다. 자존감이 우월감으로 변질된 경우라면, 자신이 겪는 모든 문제들을 결국 이상한 세상 탓으로 돌려버리기까지 합니다.

어린 영재들의 모습에서 볼 수 없는 것

이런 여러 가지 이유로 저는 영재에 관한 TV 프로그램을 잘 보지 못합니다. 보다 보면 슬그머니 화가 날 때가 많기 때문입니다. 저는 초등 고학년 이전의 아이들은 스스로 내적 동기를 지닐 인지 발달이 어렵다고 생각합니다. 이는 많은 교육학 관련 논문들과 현장에서 경험한 임상적 결과를 통해 입증한 것이기도 합니다. 그런데도 TV에 나오는 영재들은 스스로 내적 동기를 가진 듯이 보입니다. 심지어 부모가 그만하라고 하는데도 아이는 하고 싶다고 말하는 것이 고민인 사례까지도 있지요. 방송에서는 아이가 강한 집중력과 의지를 가진 것처럼 보이지만, 아이의 속마음은 다를 수도 있다는 생각을 늘 떨칠 수가 없습니다.

그렇게 판단한 근거는 아이의 표정입니다. 정말 좋아하는 일에 내적 동기를 갖고 집중하는 아이들은 일상생활에서도 생생하게 살아 있습니다. 눈이 반짝거리고 자신의 분야에 대해 종알종알 말하는 것을 끊이지 않습니다. 무엇보다 아직 어리다 보니 그 모든 것을 부모와 공유하려고 하고 자신이 좋아하는 것을 남들이 자기처럼 좋아하지 않는다는 것을 이해할 수 없어합니다.

그런데 TV에 나오는 영재 아이들에게서는 이런 주도적인 반짝임이 보이는 경우가 드뭅니다. 대부분은 표정이 별로 없습니다. 어른들의 눈에는 아이가 진중하고 집중하는 모습으로 보이기 쉬운데, 그 또래 아이들의 정서를 잘 아는 저로서는 의아한 마음이 드는 것이지요. 또 아이의 인터뷰를 듣다 보면 그 아이의 영재성에 강한 외적 동기가 작용되고 있음을 감지하는 경우도 많습니다. 외적 동기의 대부분은 부모에게서 옵니다. 물론 부모도 아이도 그렇게 말한 적도 그렇게 생각한 적도 없습니다. 하지만 부모가 의도하지 않아도 똑똑한 아이는 알아챕니다. 부모가 내가 영재성을 보일 때 기특해한다는 것을, 내가 귀엽게 애교를 부리며 안길 때보다 어려운 과제를 수행했을 때 더 좋아하고 행복한 표정을 지었다는 것을. 어렸을 때 단 한 번의 경험이었더라도 아이에게는 강렬하게 작용할 수 있습니다. 그 강렬한 경험이 아이에게는 강한 동기가 되어 굴러왔고, 이제는 멈추고 싶어도 스스로의 힘으로 멈출 수 없는 상황이 되어버린 것인지도 모릅니다.

뛰어난 아이라면 꼭 맞아야 할 예방주사

너무 영재에 대해 부정적인 시선으로만 말한 것 같아, 균형을 좀 잡아보겠습니다. 특별한 능력을 지닌 아이를 일찍 알아보고 적절한 기회를 주어 타고난 능력을 최대한 발휘할 수 있게 해주는 영재교육에 대해 저는 전적으로 찬성하고 공감합니다. 다만, 아무리 뛰어난 영재라고 해도 정서적으로는 아직 미성숙한 존재라는 것을 잊지 않아야 한다는 말을 하고 싶은 겁니다. 한 분야에서 뛰어나다고 성인과 같이 대우해서는 안 됩니다. 또 "넌 정말 대단하구나"라는 칭찬을 너무 남발해서도 안 됩니다. 영재라고 해서 하루 종일 피아노만 치거나 컴퓨터 앞에만 앉아 있게 해서도 안 됩니다. 아이가 그렇게 하고 싶다고 우겨도 말이죠. "네가 이걸 하고 싶어 하는 마음은 이해하지만, 친구들과 어울리는 것도 이걸 연습하는 것 못지않게 중요해"라고 말해줄 수 있어야 합니다. 남들과 똑같이 실컷 뛰어놀고, 어리광부리는 기회도 있어야 한다는 뜻입니다.

어쩌면 영재일수록 이런 정서적인 발달의 기회를 충분히 갖는 것이 영재교육 못지않게 중요할 수도 있습니다. 진짜로 이 영재를 제대로 길러 우리 사회의 가치를 높이고 싶다면 말이죠. 행복한 영재라야 그 능력을 사회에도 긍정적인 방향으로 발휘할 수 있습니다. 아무리 뛰어난 능력이라도 방향성을 잘못 잡는다면 사회적으로 돌이킬 수 없는 해를 가져올 수도 있습니다. 우울한 영재가 얼마나 위험한지는 간간이 접하는 사회면 기사에서도 볼 수 있으니까요.

여러 비판적인 시선을 거두고서라도 한 아이의 성장에 필요한 인격 문제도 살펴야 합니다. 영재성을 지닌 아이에게도 깔때기처럼 좁혀진 교육이 아닌 다양하고 폭넓은 교육의 기회가 주어져야 할 테니까요. 진짜 지혜로운 부모는 아이의 영재성을 찾아주지 못할까 봐 고민하기보다는, 훗날 아이가 자신의 능력을 찾았을 때, 그 능력에 날개를 달기 위해 뒷받침해줄 수 있는 능력들을 지금 내가 잘 챙기며 길러주고 있는가에 더 초점을 맞출 것입니다.

한 줄 상담소

아이가 남다른 재능을 타고났는데, 부모가 그것을 제대로 길러주지 못한다면 그만큼 후회되고 미안한 일도 없을 겁니다. 하지만 다행히도 아이의 영재성을 모르고 지나치기란 결코 쉽지 않습니다. 영재성의 정의에 아이가 하겠다고 '보채고 떼를 쓰고 집착하는 것'까지가 포함되기 때문이지요. 이것이 '과제집착력'입니다. 영재성은 타고난 천재성에 이런 기질이 포함되어야 하고, 성인이 되었을 때 사회적으로 인정받는 결과물을 내놓는 것까지도 포함됩니다. 바로 이 '사회적으로 인정받는 결과물'을 내놓기 위해서는 사회시스템을 이해하고 구성원들과 협업하는 능력이 필수입니다. 우리나라 영재교육은 이 부분을 간과하는 경우가 많습니다. 지혜로운 부모라면 영재성을 찾아주는 것보다 그 뒤에 필요한 정서적인 능력을 키우는 데 더 큰 에너지를 들일 수 있어야 합니다.

26

공부 자신감이 없는 아이, 방법이 없을까요?

아이가 요즘 들어 부쩍 공부에 대한 자신감을 잃어가는 것 같습니다. 아무래도 자기는 공부를 못할 것 같다는 말을 자주 합니다. 지금까지 그럭저럭 잘해왔고 지금처럼만 해도 전혀 문제가 없을 것 같은데 말이죠. 괜찮다는 말도 해보고, 조금만 노력하면 충분히 할 수 있다고 격려도 해주는데 좀처럼 나아지지 않습니다. 공부 자신감을 높여줄 방법은 없을까요?

아이가 1, 2학년인 경우

이 시기의 아이들에게 사실 공부는 적절하지 않은 매개체입니다. 뛰어놀기 좋아하고 재밌는 장난에 집중력을 발휘하는 것이 발달 단계에 맞는 나이이지요. 하지만 현실이 그렇지 못하다 보니 이 아이들에게도 공부는 중요한 현실로 받아들여집니다. 그렇다 하더라도 부모가 괜찮다는데 아이 스스로 공부를 못할 것 같다고 말하는 것은 어떤 경로로든 외부 압력을 받고 있다는 뜻입니다. 즉 주도적으로 공부를 잘해야 한다는 인식을 갖기 어려운 나이이므로 외부의 압력 혹은 주변 사람들의 말을 통해 공부를 잘해야 한다는 것을 받아들인 상태라고 보는 것이 맞습니다. 공부를 잘해야겠다고는 생각하는데 아무래도 그게 뭔지 모르겠고 힘들기만 한 심적 상태를 드러내는 말이라고도 볼 수 있지요. 아무리 공부가 힘들어도 '하기 싫다'고 말해서는 안 된다는 것쯤은 이 시기의 아이들도 알고 있습니다. 그러니 자신이 받고 있는 심적 압박을 "아무리 해도 잘하지 못할 것 같아요"라는 말로 에둘러 표현하는 것이지요.

따라서 1, 2학년 아이들이 이런 말을 한다면 공부에 대한 부정적인 정서를 없애주는 데 주안점을 둬야 합니다. 학원, 숙제 등 아이가 하는 공부의 양을 살펴보시고 조금 조정을 해주어야 하지요. 단, 이때 다른 아이의 학습량과 비교해서는 안 됩니다. 이 시기는 아이들의 인지 발달에 차이가 많은 시기입니다. 비록 옆집 아이가 우리 아이의 몇 배나 되는 학습량을 소화한다 하더라도 그건 그 아이의 인지 발달이 빠르기 때문이지, 절대 우리 아이가 뒤처진다는 의미는 아니지요. 이 시기의 아이들은 인지 발달 정도가 학습 결과에 절대적인 영향력을 갖습니다.

1, 2학년 시기에 공부에 끼어드는 변수들을 한번 살펴볼까요? 크게 두 가지 유형으로 살펴볼 수 있습니다.

첫째, 인지 발달이 빠른 경우입니다. 인지 발달 정도는 한글을 떼는 과정을 살펴보면 가장 확연히 드러납니다. 어떤 아이들은 한글을 따로 가르치지 않아도 스스로 알아서 뗍니다. 어느 순간 어른들에게 이건 무슨 글자냐고 물어보다가 TV 방송 등을 보면서 거기에 나온 자막 등을 통해 스스로 글자를 읽을 수 있게 되는 것이지요. 반면 학교 갈 시기가 다 되었는데도 한글엔 관심조차 없는 아이들도 있습니다. 한글 배우는 것도 다 시기가 있다고 해서 기다리고 있는데 도대체 언제까지 기다려야 하는지 부모의 애만 타게 되지요. 얼핏 보면 전자의 아이가 더 똑똑하다고 생각되지만 사실 그렇지만도 않습니다. 이 두 아이들을 인지 발달 말고 다른 측면에서 비교해보면 알 수 있지요. 줄넘기나 달리기, 미끄럼틀 오르기 등 신체 발달 정도를 살펴보면 아마 순위가 뒤바뀔 겁니다. 어디 그뿐인가요? 좋아하는 일에 집중하는 능력, 동생 돌보는 능력, 놀이터에서 친구들과 어울리는 능력 등 다른 사회적 기능의 발달 정도를 살펴보아도 순위가 바뀌기는 마찬가지일 겁니다. 저학년 시기는 여러 측면의 발달 정도에 개인차가 많이 나는 시기이므로 이 시기의 학습 결과도 인지 발달 정도에 크게 의존한다는 것을 이해하는 것이 중요합니다.

둘째, 선행학습을 시킨 경우입니다. 아무래도 학원 등을 통해 먼저 배운 아이들이 그렇지 않은 아이들에 비해 잘할 수밖에 없습니다. 스스로 알아서 할 수 있는 나이가 아니다 보니 다른 사람들의 도움을 받은 경우 더 티가 나기 마련이지요. 더불어 학습의 양이나 수준도 높지 않기 때문에 지능, 집중력 등 아이의 능력과 상관없이 많이 접한 아이일수록 학습 결과도 높게 나옵니다. 다른 요인들이 학습 결과에 반영될 여지가 아직은 적은 시기이지요.

아이가 3, 4학년인 경우

이 시기가 되면 슬슬 공부가 어려워지기 시작합니다. 인지 발달이 빠른 것이 공부에 영향을 크게 미쳤던 아이들에게는 지금까지 쓱 보기만 하면 쉽게 풀었던 문제들이 차츰 에너지를 들이고 힘든 과정을 거쳐야 답이 보이기 시작하는 변화가 나타납니다. 슬슬 공부하는 것이 짜증 나고 한숨이 흘러나오는 시기이지요. 선행학습이 공부에 영향을 크게 미쳤던 아이들에게도 마찬가지 변화가 일어납니다. 지금까지는 학원에서 풀었던 문제들이 태반이어서 쉬웠는데, 점점 풀어보지 못했던 문제가 나타나고 무슨 뜻인지 이해하기 어려운 것들도 생기니까요. 드디어 공부에 다른 변수들이 끼어드는 것입니다.

따라서 이 시기의 아이들이 공부를 못할 것 같다고 말하는 것은 '공부가 하기 싫다' '공부가 힘들다'라는 속마음이 더 많이 반영된 것이라고 볼 수 있습니다. 저학년에게 공부는 아직 어려운 과제이므로 이를 해결해줘야 하는 것에 초점을 맞추었다면, 중학년이 하는 이 말은 두 가지 유형으로 나누어서 살펴봐야 합니다.

첫째는 저학년처럼 심적 압박을 표현하는 유형입니다. 아이가 저학년까지는 못하겠다는 소리도 안 하고 알아서 척척 잘해오는 유순한 기질이었다면 이 유형일 소지가 높습니다. 워낙 순하고 내성적인 기질에 인지 발달도 조금 빨라 지금까지 공부가 그리 어렵지 않았기 때문에 이제야 심적 부담을 표현하는 것으로 해석할 수 있지요. 따라서 이 유형은 저학년처럼 공부의 양을 줄여줘서 아이가 조금 쉬어갈 수 있게 해주는 것이 좋습니다. 쉬어가면 남들보다 뒤처질까 불안한 마음이 든다는 분들이 많습니다. 물론 그럴 수도 있지만, 심적 부담을 안고 있는데 그대로 밀어붙여서 나중에 더 큰 부작용이 나는 것보다는 지금 조금씩 다독이면서 장거리 마라톤으로 생각하고 가는 것이 더 효과적이라는 것을 잊지 말아야겠습니다.

둘째는 조금 어려워진 공부가 하기 싫어서 꾀를 부리는 경우입니다. 아이가 다소 강한 기질이고 부모가 아이의 행복에 더 많은 초점을 두고 훈육을 하는 경우 이 유형에 해당할 확률이 높습니다. 아이가 자신감을 갖고 즐겁게 살아가기를 바라는 부모일수록 아이가 뭔가를 못할 것 같다는 자신감 없어 보이는 말을 하거나 표정을 지을 때, 가슴이 쿵 내려앉으면서 훨씬 더 민감하게 반응합니다. "왜 그런 생각을 하니?" "요즘 많이 힘들었어?" 하면서 평소보다 아이의 뜻을 더 받아들여주게 되지요. 3, 4학년쯤 되면 부모의 아킬레스건이 무엇인지 정도는 충분히 인지하는 나이니까요. 그래서 하기 싫고 어려워진 공부에 대한 마음도 이렇게 해결하고자 하는 것이지요. "그래, 공부가 뭐가 중요해, 행복하게 사는 것이 우선이지" 하며 아이의 투정을 받아주신다면 아이는 앞으로 행복한 삶을 살 수 있을지는 몰라도 인생에서 어렵게 노력해서 뭔가를 성취해내는 기쁨을 모를 확률이 높습니다. 공부를 아이를 괴롭히는 대상으로만 볼 것이 아니라, 앞으로의 삶에서 어려운 과제에 도전하고 그를 이겨내는 연습 대상으로 본다면 어느 정도 어려움은 스스로 극복해내게 하는 것이 중요합니다. 따라서 이 유형의 아이에게는 "그래, 맞아. 공부를 잘할 것 같다고 생각하는 사람은 많지 않을걸? 원래 공부는 어렵고 힘들고 잘하지 못할 것 같은 마음이 드는 거야. 중요한 건 그걸 얼마나 참고 이겨내느냐에 따라 사람들의 삶의 결과가 달라지는 거지"라고 말해주시는 것이 좋습니다. 공부가 힘든 일인 것은 맞지만, 또 그만큼의 가치가 있는 일이라는 것을 알려주고 열심히 노력해보자는 메시지도 담아주는 것이지요.

3, 4학년 시기에 공부에 끼어드는 변수들을 한번 살펴볼까요? 저학년까지는 인지 발달이 빠르거나 선행학습을 먼저 시킨 경우로 아이의 노력에 대한 변수가 작용하지 않았습니다. 하지만 이제부터는 진짜 우리가 알고 있는 공부에 필요한 능력들을 제대로 키워야만 하는 시기가 된 것이지요.

그 첫째가 인내심입니다. 인내심은 괴로움이나 어려움을 참고 견디는 마음입니다. 3, 4학년 수학에서는 나눗셈, 소수, 분수 등의 연산이 등장하기 시작합니다. 그전까지의 덧셈, 뺄셈, 곱셈은 단순 연산이라서 조금만 신경을 쓰고 집중하면 풀 수 있는 문제들이었습니다. 하지만 나눗셈과 소수, 분수는 엄청나게 많은 덧셈, 뺄셈, 곱셈 연산을 해야만 풀 수 있습니다. 어른들의 눈에는 비슷비슷한 연산 문제로 보이지만 처음 배우는 아이들에게는 그 차이가 엄청나지요. 즉 지금까지는 1~2분이면 쉽게 해결이 되었다면, 이제는 3~4분을 투자해야 겨우 풀 수 있는 문제들이 나오는 것이지요. 그런데 이 시기의 아이들에게 3분 이상을 집중하고 앉아 있기란 쉬운 일이 아닙니다. 머리가 슬슬 아프고, 배가 아픈 것도 같고, 갑자기 화장실이 가고 싶거나 물을 마시고 싶은 충동이 스멀스멀 끼어들기 충분한 시간이지요. 바로 이런 마음들을 이겨내고 엉덩이를 붙이고 앉아 있어야지만 인내심을 키울 수 있는 겁니다. 더불어 3~4분을 이겨낸다는 것이 힘든 일이라는 점을 충분히 알아줘서 잘해낸 아이에게는 칭찬과 보상을 아낌없이 주는 것도 중요합니다. 스톱워치로 3분을 설정해놓고 이보다 빨리 포기하려는 아이에게는 인내심을 키울 수 있게 훈육하고, 반대로 이 시간을 넘게 노력한 아이에게는 충분한 보상을 주는 것이 인내심을 잘 키워주는 방법입니다.

두 번째 변수는 성실한 태도입니다. 성실함은 참되고 정성스러운 마음입니다. 무엇인가를 배우는 상황에서 이런 태도는 매우 중요합니다. 그런데 너무 지나쳐도 너무 부족해도 문제가 될 수 있지요. 즉 3, 4학년 아이들이 너무 완벽하게 성실해도 건강한 상황은 아닙니다. 이 시기는 장난도 치고 싶고 지금 배우는 것이 왜 필요한지도 모르는 때입니다. 이런 발달 단계에서 공부에 대해 한결같은 성실함을 보인다는 것은 100퍼센트 아이 내부의 동기라고 보기 어렵습니다. 외부 상황이 반영된 결과라고 볼 수 있지요. 반대로 아이에게 이런 외부 압박을 주고 싶지 않아 이 시기에 배워나가야 할 성실한 태도조차 잃어버리게 그냥 두는 부모들도 있습니다.

그렇다면 어느 정도의 수준이 가장 적당할까요? 아이의 말이나 감정보다는 학습 결과로 판단하시는 것이 좋습니다. 말이나 감정은 주관적인 부분이 많이 들어가지만 학습 결과는 어느 정도 객관적이기 때문이지요. 단순히 시험 점수를 의미하는 것은 아닙니다. 아이가 수학 문제를 푸는 상황이라면 적어도 40분 정도는 집중해서 앉아 있고 그렇게 푼 문제들이 70퍼센트 정도가 맞았다면 적당히 성실한 태도로 볼 수 있습니다. 물론 문제의 수준도 너무 심화 문제나 기초가 아닌 평균 수준이어야 하겠지요. 책을 읽는 경우도 마찬가지입니다. 40분 정도 집중해서 읽고 나중에 그 내용을 물었을 때 70퍼센트 정도 이해하고 있다면 적당합니다. 여기까지 보면 인내심과 별다른 차이가 없어 보이는데, 성실함은 여기에 가장 큰 차이가 하나 더 있습니다. 공부하는 내용에 대해 받아들이는 자세까지 포함해야 합니다. 이는 채점한 점수를 보고 아이가 보이는 반응으로 알 수 있습니다. "아, 이건 문제가 너무 이상했어. 이런 문제를 내는 게 어디 있어?"라는 식으로 외부 요인 탓으로 돌리는 경우엔 그 횟수를 먼저 살펴봐야 합니다. 문제 탓, 선생님 탓(선생님이 설명을 제대로 안 해주셨어), 상황 탓(시험 볼 때 너무 추웠어, 의자가 불편했어, 배가 아팠어 등)을 하는 경우가 전체의 50퍼센트를 넘는다면 이건 꾀를 피우는 것으로 보는 것이 맞습니다. 하지만 전체의 50퍼센트가 넘지 않는다면 이것은 순수하게 아이가 힘든 상황을 표현하는 것이므로, 담백하게 그 내용을 받아주시는 것이 맞습니다.

아이가 5, 6학년인 경우

사실 이번 질문은 이 시기 아이들의 속마음을 이야기하고 싶어서 가져온 질문입니다. 그만큼 이 시기에 하는 말을 왜곡해서 받아들이는 경우가 많기 때문이지요.

사실 고학년이 되면 어느 정도 공부 수준이 판가름이 나 있습니다. 그리고 공부를 진짜 못하는 아이들은 '잘하지 못할 것 같다'는 말조차 하지 않습니다. 그들의 관심은 이미 공부에 있지 않기 때문이지요. 그래서 이 말은 오히려 공부를 꽤 하는 아이들 입에서 가장 많이 나옵니다. 공부를 꽤 하고 있는데 왜 못할 것 같다고 말하는 걸까요? 기본적으로 이 아이들의 마음속에는 공부를 잘하고 싶다는 욕구가 깔려 있기 때문입니다. 공부를 잘하고 싶고, 지금까지도 잘해왔는데, 앞으로 내가 할 공부의 양을 보니 어마어마합니다. 그들은 똑똑하기 때문에 중학교, 고등학교를 넘어 대학까지 가기 위해 자신이 해야 할 노력과 시간들의 견적이 쭉 나오는 것이지요. 또 나보다 잘하는 친구들의 모습도 보입니다. 이런 모든 것들이 갑자기 인지되다 보니 아이는 자연스럽게 위축될 수밖에 없는 것이지요. 바로 이런 상태의 마음을 '잘하지 못할 것 같다'는 말로 표현하는 겁니다. 그러니 이 아이들에게 '괜찮다' '할 수 있다' 같은 위로는 전혀 도움이 되지 않습니다. '진짜 엄마라도 그런 마음이 들겠다. 이게 어디 쉬운 일이야? 너무 힘들어 보이는 일 맞다'라고 그 감정을 수용해주시는 것이 오히려 위로가 되지요. 이렇게 부모에게 감정의 위로를 받은 아이들은 크게 심호흡을 하고 다시 한 발짝 걸어나갈 힘을 얻게 됩니다. 때로 아이들에게는 괜찮다는 말보다 '그래, 니 말이 맞다'라는 위로가 오히려 진짜 괜찮은 마음을 가지는 데 큰 힘이 되기도 합니다.

한 줄 상담소

'공부를 못할 것 같다'는 말처럼 부모의 마음을 철렁이게 하는 말도 없지요. 그래서 아이들은 더욱 이 말을 자주 사용하기도 합니다. 이 말에 담긴 진짜 의미를 알아야 제대로 된 대응을 할 수 있습니다. 단순하게 '아이의 공부 자존감이 너무 낮구나' 하고 걱정하기보다는 아이의 학습량이 인지 발달에 맞는지, 공부에 필요한 인내력과 성실함을 제때에 길러주지 못한 것이 문제인지, 반대로 공부를 진짜 잘하고 싶은데 현실에서 느끼는 힘듦 때문에 그렇게 표현하는 건지를 알아보세요. 그래야 제대로 된 도움을 줄 수 있을 테니까요.

27

시험 성적에 집착하는 아이, 무슨 말을 해줘야 할까요?

스스로 공부를 잘하는 아이입니다. 남들이 들으면 괜한 걱정이라 생각할 수도 있지만, 아직 어린데 너무 잘하려고만 하는 것 같아 고민입니다. 공부 못해도 된다고 건강이 우선이라고 나가서 놀라고 하는데도 말을 듣지 않습니다. 순위에서 밀리지 않기 위해, 평가를 잘 받기 위해 매 순간 전전긍긍하는 아이가 걱정입니다.

성적이 중요한 아이의 속마음

시키지 않아도 알아서 공부하고 심지어 잘하기까지 하는 아이, 어쩌면 대부분의 부모들에겐 부러움의 대상일 수 있습니다. 하지만 정작 성적 때문에 전전긍긍하는 아이를 보는 부모 마음이 편치만은 않습니다. 중고등 학생이라면 모를까 아직 한창 자랄 나이에 있는 초등생인 경우는 더욱 그렇지요. 마음 한편이 짠하기도 합니다. 이대로 두고 보자니 괜찮을지 걱정스럽지요.

학교에서도 이런 친구들을 종종 봅니다. 얼핏 보기엔 모범생이고 문제 될 것이 없어 보이지만, 사실 이들의 속마음은 아이답게 건강하기만 한 것은 아닙니다. 기본적으로 이런 아이들은 타고난 기질들이 있습니다. 또래에 비해 인지 발달이 빠른 편이죠. 말도 빨리 익히고 주변 사람들의 눈치도 빨리 봅니다. 거기에 덧붙여 타인에게 인정받고 싶은 욕구도 강한 편입니다. 어떤 말이나 행동을 했을 때 주변 사람들이 좋아하는지를 본능적으로 알아차립니다. 그러다 어느 순간 알게 되지요. 공부를 잘한다는 것이 이 사회에서 어떤 의미를 갖는지를요. 다행히 인지 능력이 빠른 편이라 어렸을 때는 조금만 노력해도 남들보다 쉽게 높은 성적을 받을 수 있었고, 그때 쏟아진 주변의 찬사를 아이는 또렷이 기억합니다. 그것을 놓치고 싶지 않지요. 행여 다른 친구에게 그 찬사가 가버릴까 봐 전전긍긍하는 마음도 생기게 됩니다. 심지어 이런 마음을 대놓고 드러내는 것이 적절하지 않은 처세임도 알게 됩니다. 그래서 어른들의 눈에는 그렇게 유별나게 욕심을 내는 것 같지도 않고, 내가 잘되는 것도 중요하지만 친구가 잘되는 것도 기뻐할 줄 아는 모습으로 느껴집니다.

다만 부모는 아이의 진짜 마음을 아는 것이지요. 그러니 고민이 되는 겁니다. 아이가 공부를 잘한다고 뿌듯해하는 부모보다 아이의 진짜 속마음을 느끼고 염려하는 부모가 훨씬 더 훌륭하다고 꼭 말씀드리고 싶습니다. 물론 아이의 기질을 잘 살리면서도 걱정스러운 부분을 덜어내주는 과정이 필요합니다. 사실 타고난 기질은 바꾸기 어렵습니다. 그러니 아이가 잘하고자 하는 마음, 인정받고 싶어 하는 마음까지 바꾸려는 것은 좋은 방법이 아닙니다. 바꾸려 한다고 해서 쉽게 바뀌는 마음도 아니고요. 다만, 너무 전전긍긍하고 과한 에너지를 쓸 때 브레이크를 밟으며 자기를 조절할 수 있는 능력은 길러주는 것이 좋습니다.

예를 들어 시험 전날, 밤을 새우려고 한다거나 예민해져서 짜증을 낸다면 혼을 내서라도 강하게 훈육하는 것이 필요합니다. 대부분 '시험 보기 전이라 예민해져서 그러겠지' 하고 넘어가기 쉽지만 어쩌면 그것이 문제였을 수 있습니다. 아이에게 진짜로 시험이 제일 중요하다는 것을 역으로 가르친 결과가 되었으니까요. 지금 우리가 아이에게 가르치고 싶은 것은 시험의 결과가 아니라 조금 천천히 가더라도 다른 중요한 것들(건강, 친구와의 놀이 등)을 챙기게 하고 싶은 마음입니다. 그렇다면 바로 그런 순간에 역으로 행동하는 것도 보여줘야 합니다.

"아무리 내일이 시험이라고 해도 잠을 자는 것이 더 중요해(건강이 더 중요해). 중요한 시험이었으면 미리미리 공부를 해두었어야지. 이렇게 전날 몰아서 하는 것은 좋은 방법이 아니야. 내일 시험을 망치더라도 할 수 없어. 잘못된 공부 습관을 바꾸는 게 좋겠어. 네가 고3 수험생이라면 모르겠지만, 아직 초등학생인데 이렇게까지 하는 것은 얻는 것보다 잃는 것이 더 많다고 엄마는 생각해. 지금 불 끌 거니까 그만하고 자."

불까지 꺼주는 것이 중요합니다. 말이 아니라 행동으로도 보여줘야 아이도 부모 마음이 진짜라는 것을 배우게 됩니다.

시험 보기 전 예민해져서 짜증을 내는 아이에게는 이렇게 합니다.

"지금 말버릇이 그게 뭐야? 아무리 시험 전이라 할 게 많아 힘들어도 그렇지 그런 말이나 행동은 용납할 수 없어. 공부 잘하는 것보다 인성이 더 중요한 세상이야. 그렇게 버릇없이 구는 건 엄마가 그냥 참아줄 수 없어."

물론 아이도 반항의 의미로 밥을 먹지 않거나 다른 방법(대부분 부모가 가장 마음 약해지는 영역의 것)으로 분노를 표출할 수 있습니다. 그것까지도 담담하게 두고 보는 것이 중요합니다. 밥을 안 먹는 것이 안쓰러워(더군다나 시험 전날에) 먼저 아이와의 관계를 풀려고 한다면 제대로 된 훈육과 메시지는 전달되기 어렵습니다.

아이와 학습 대상 분리시키기

이런 아이들이 고학년이 되거나 상급 학교에 진학해서 진짜 어려운 과제를 받게 되면 흔하게 보이는 현상이 있습니다. 이 아이들이 지금까지 잘할 수 있었던 것은 빠른 인지 발달이 큰 몫을 했다고 앞에서도 말씀드렸습니다. 제가 '머리가 좋다'고 하지 않고 '인지 발달이 빠르다'고 표현한 이유를 이제 설명해드릴 차례입니다. 인지 발달이 빠른 아이들은 초등학교 공부에 매우 유리합니다. 대부분의 공부가 언어로 이루어져 있기 때문이지요. 수학이든 과학이든 일단은 언어로 접하게 됩니다. 당연히 신체보다는 인지가 빠른 아이들이 유리할 수밖에 없습니다. 그랬던 공부가 점점 학년이 올라가면 진짜 학문의 모습을 갖추게 됩니다. 더 이상 언어로는 해결하지 못하는 부분이 등장하게 되지요. 이제는 논리력, 추리력, 공간이해력 등 진짜 능력들이 발휘되어야 할 시점이 옵니다. 이 순간을 접하면 아이들은 큰 혼동을 겪게 됩니다. 지금까지 방법으로는 안 된다는 것을 알게 된 거지요. 열심히 노력하는 것만으로는 2퍼센트 부족한 부분이 생기는 겁니다. 대부분은 이럴 때 자기 탓을 하게 됩니다. 뭔가 부족해서라거나, 더 노력하지 않아서라고 생각하지요.

바로 이 지점이 부모의 교육이 한 번 더 필요한 순간입니다. 여기서 중요한 것은 못하는 것을 아이가 자기 탓으로 돌리지 않게 하는 것입니다. 사람에 따라 타고난 능력이 다르기 때문에 잘하는 부분이 있으면 못하는 부분이 있기 마련입니다. 그것을 받아들일 줄 아는 것도 매우 중요합니다. 자기 탓을 하게 되면 더욱더 궁지로 몰려 헤어나오기 어렵습니다. 하지만 내 탓이 아니라 그저 어려운 과제일 뿐이라고 받아들인다면 다음에 더 노력할 수 있는 여지가 남게 되지요.

예를 들어 과학의 전기 부분을 어려워하는 아이에게는 이렇게 말해줍니다.

"뭐야? 도대체 전기 이 녀석 뭔데 우리 딸을 이렇게 괴롭히는 거지? 야~ 그런데 전기는 정말 눈에 보이지도 않으니 이해하기 어렵겠다. 이 문제는 엄마 아빠도 못 풀겠네. 우리 딸 정말 어려운 걸 배우는구나. 대단한걸."

이 대화에서 중요한 것은 과학을 못하는 아이에게 집중하지 않는 겁니다. 그저 학습 대상인 그것, 전기가 문제이지요. 아이가 노력하지 않아서가 아니라, 전기가 너무 어려운 것이 문제였던 것이지요. 이렇게 학습 대상과 아이를 분리시키는 과정이 중요합니다. 그래야 아이도 힘을 얻어 훗날 어려운 과제를 다시 한번 뛰어넘을 에너지를 비축하게 됩니다.

열심히 노력하면 무엇이든 할 수 있다?

무엇이든 열심히 노력하면 된다는 말은 아이에 따라 가려서 할 필요가 있습니다. 사실 세상의 모든 일이 열심히 노력만 한다고 되는 것은 아닙니다. 물론 아무것도 하지 않고 놀려고만 하는 아이에게는 이런 말이 필요합니다. 하지만 이미 충분히 열심히 하고 있는 아이에게 이 말은 오히려 독이 될 수 있습니다. 열심히 노력했는데도 안 되는 상황이 생기면 결국 자신의 노력이 부족하다고밖에 생각할 수 없으니까요. 누구나 타고난 재능이 다른 법인데, 자신은 열심히 노력해도 안 되는 일을 맨날 놀기만 하던 아이가 쉽게 해내는 것을 보면 엄청난 혼동에 빠져듭니다. 대부분 자포자기하거나 분노의 감정으로 표출되지요.

스스로 알아서 열심히 하는 아이가 있다면 "세상일이 반드시 열심히 한다고 다 이루어지는 것은 아니야" "이미 충분히 열심히 하고 있는 네가 엄마는 자랑스러워. 고맙다"라고 말해줄 수 있어야 합니다.

말뿐 아니라 행동으로 보여줄 수 있는 부모가 가장 지혜로운 부모이고 더불어 그것이 내 아이를 가장 건강하게 키우는 방법입니다.

한 줄 상담소

'최선을 다해 열심히 노력하면 된다'라는 말이 오히려 독이 되는 아이들이 있습니다. 물론 80퍼센트의 아이들에게는 꼭 필요한 말이지만요. 혹시 우리 아이가 나머지 20퍼센트는 아닌지 살펴볼 필요가 있습니다. 너무 성적에 연연하지 않게 아이를 다잡아주는 것도 필요합니다. 틀린 문제에 대해 자신이 노력하지 않아서라고 자책하는 아이라면 공부가 심화되었을 때 어려움을 겪을 확률이 더 높습니다. 이럴 때는 학습 대상을 아이와 분리해주는 작업도 필요합니다. 공부를 못하는 것이 아이의 노력 부족일 수도 있지만 그 밖의 많은 변수와 상황 탓도 있다는 것을 알려주는 것이 필요하지요.

28

실수를 두려워하는 아이에게 용기를 줄 수 있을까요?

선생님들은 문제 될 것이 없는 모범생이라고 하시는데, 집에서는 학교 일을 잘 말하지 않아요. 엘리베이터에서도 막 떠들다가 누군가 타면 입을 다물어버려요. 공부할 때도 조금이라도 틀릴 것 같으면 절대로 하지 않아요. 실수하는 것이 두려운 건지 너무 완벽하게 하려는 건 아닌지…… 속마음을 잘 말하지 않는 아이가 걱정됩니다.

두 가지 기질이 균형을 잡아가는 과정

아이가 속마음을 시원하게 터놓고 이야기하지 않으면 부모 입장에서는 불안한 마음이 들기 마련입니다. 속상한 일이 생겼는데도 도움을 요청하지 않고 혼자 끙끙 앓을까 봐 걱정되기도 합니다. 상황이 이렇다 보니 선생님들의 평가들도 부모 마음에는 꼭 좋지만은 않습니다. 친구들에게 양보만 하고 늘 모범생으로 굴려면 얼마나 참는 것이 많았을까 싶지요. 더구나 아이는 남의 눈치도 잘 보는 것 같습니다. 아이답게 종알종알 떠들어대야 하는 시기에 누군가 나타나면 금세 입을 다물어버리는 것도 신경이 쓰입니다.

아이의 이런 특성들이 어떤 사인을 나타내는지 알기 위해서는 몇 가지 정보가 더 필요합니다. 만약 아이가 집이나 부모 등 편한 상대와 있을 때는 종알종알 말을 잘하는데 낯선 사람과 있을 때 변하는 것이라면, 예민한 기질일 수 있습니다. 부모는 어떤 반응을 보일지 예상이 되니까 편한데, 타인은 예상이 안 되니 불편한 것이지요. 타인의 반응이 예상되지 않는다고 해서 모든 아이들이 긴장하고 입을 다무는 것은 아닙니다. 여기서 두 번째 특성을 살펴볼 수 있는데 바로 불안함입니다. 타인의 반응이 자신이 원하는 방식이 아닐까 봐 불안한 겁니다. 엘리베이터에서 종알종알 떠드는 아이를 봤을 때 어른들이 보이는 반응은 크게 두 가지이지요. '어머, 어쩜 이렇게 말도 잘하니?'라고 귀여워해주거나, '공공장소에서 왜 이렇게 시끄럽게 떠들지?' 하며 불편해할 수도 있지요. 아이는 후자의 반응이 너무 불안한 겁니다. 신기하게도 아이들은 전자의 반응을 받으려고 애쓰는 경우와 후자의 반응이 겁나서 입을 다물어버리는 경우 두 가지로 구분됩니다. 이건 부모의 양육 태도나 환경과는 무관한 듯 보입니다. 타고난 기질이 불안함에 더 치우쳐져 있는 아이들이 있는 것이지요. 불안감이 높아도 예민하지는 않아서 그게 잘 인지되지 않으면 괜찮은데, 이 아이처럼 두 가지가 결합해버리면 시소가 많이 기울어지게 되는 것입니다.

가만히 보면 이 기질들은 경험이 쌓일수록 좋아지는 특성이 있습니다. 낯선 사람과의 관계도 데이터가 쌓여야 슬슬 자신감을 가질 텐데 아직 초등학교 시기라 그게 어려우니 불안해서 입을 다물고 숨는 것밖에 방법이 없는 것이지요.

이런 기질의 아이들은 시간이 지나면 해결되는 경우가 많습니다. 적어도 초등 고학년은 되어야 달라져서 중학생 정도가 되면 나름의 자리를 잡아갑니다. 그사이 부모가 해줄 수 있는 최고의 방법은 '괜찮아' 하며 여유로운 마음으로 기다려주는 일이지요.

지금처럼 부모가 아이의 행동을 문제라고 바라보게 되면, 가뜩이나 불안하고 예민한 아이의 마음에 부담만 더 줄 뿐입니다. 낯선 사람과의 경험이 많이 쌓여야 된다고 해서 일부러 그런 자리를 많이 마련하는 것 또한 역효과가 나기 쉽습니다(의외로 이런 부모님들이 많이 있는데, 이럴 때가 저는 가장 안타깝습니다. 부모님도 열심히 하고 아이도 애를 쓰는데 효과는 오히려 마이너스니까요).

"지금 당장은 못할 것 같은 생각이 들어도, 불안한 마음이 들어도 괜찮아. 시간이 지나면 네가 가진 특성들이 큰 장점으로 발휘될 순간이 있을 거야. 그때까지는 엄마가 옆에서 지켜줄 테니까 걱정하지 말고, 네가 발을 딛고 나가고 싶은 순간이 오면 조심스럽게 시작해도 돼."

이런 마음으로 응원해주는 것이 필요합니다.

실제로도 아이의 이런 특성들은 나중에 큰 장점으로 발휘됩니다. 장점이 발휘되기 가장 쉬운 영역이 바로 공부이지요. 이 친구들을 보면 학교 선생님이 내주는 일은 무슨 일이 있어도 다 해가야 직성이 풀리는 성향을 보입니다. 선생님께 칭찬받고 싶어서가 아니라 혼날까 봐 두려운 마음 때문이지요. 어떤 때는 밤을 새워가며 징징 울면서라도 다 해가고야 맙니다. 독하다는 생각이 들 때도 있지만, 속마음을 살펴보면 불안한 마음을 이기기 위해 나름대로 고군분투하고 있는 것입니다. 시간이 지나면 이런 노력들이 결실을 보게 됩니다. 선생님이 내준 과제를 한 번도 버리지 않고 다 해가는 과정에서 아이의 실력도 당연히 상승하게 되지요. 이렇게 모범적인 태도를 보이는 아이에게 선생님들이 내리는 후한 평가는 덤이 됩니다. 그뿐인가요? 타고나기를 예민하기 때문에 학습 중에 나오는 미묘한 단어 뜻의 차이나, 시험 등의 평가에서 실수를 유발하기 위해 만들어놓은 함정에도 쉽게 걸려들지 않습니다. 당연히 높은 성적으로 이어질 수밖에 없지요.

이제 조금이라도 못하는 게 있으면 절대로 안 하려고 하는 아이의 마음도 설명할 수 있습니다. 예민한 기질 탓에 잘하는 수준이 어느 정도인지도 금방 눈치채고, 자신이 거기에 얼마나 못 미치는지도 금방 압니다. 그런데 불안한 기질 탓에 조금이라도 잘하지 못하면 혼이라도 날까 봐 남들의 반응이 두렵기만 합니다. 반드시 해야 하는 상황이 아니라면 굳이 나섰다가 손해 볼 일들이 더 많으니 하고 싶은 마음이 들지 않지요. 그러니 반드시 해가야 하는 숙제는 죽어라 하면서도, 반드시 할 필요는 없는 교내 대회, 반장 선거, 새로운 시도 등은 절대로 안 하려고 하는 것입니다.

여기서 한 가지 더 알아두어야 할 것은 아이가 안 하려고 한다고 해서 포기하거나 체념한 것이 아니라는 것입니다. 아이도 잘하고 싶은 마음이 있습니다. 꼭 하고 싶은 일은 남들 안 보는 곳에서 혼자 연습을 합니다. 실수해도 불안하지 않을 장소에서 말이죠. 그러다 완벽하게 숙지가 되면 당당하게 도전을 합니다. 이게 아이가 가진 저력이지요. 천천히 가야 할 아이에게 너무 줄을 당기지 말고 아이의 남다른 기질을 긍정적인 방법으로 이끌 수 있는 지혜로운 부모가 되어야겠습니다.

한 줄 상담소

못하는 것을 안 하려는 행동은 자칫 자신감이 없어 보이기 쉽지만 사실은 정반대인 경우가 많습니다. 초등생의 발달 수준에서는 '자신이 남들보다 못한다는 것을 아는 것' 자체가 꽤 높은 인지 능력이기 때문입니다. 그리고 못하는 걸 안 하려는 행동은 반대로 잘하는 것만 보여주고 싶다는 마음이기도 합니다. 인지 능력도 빠르고 잘하고 싶은 마음도 강하니, 나중에 무엇이든 성공하고 잘해낼 확률도 매우 높지요. 그때까지 부모가 너무 다그치지 않고 '괜찮다'는 마음으로 기다려주는 것이 필요합니다. 조금 늦게 가지만 완벽하게 가려는 아이들에겐 기다려주는 것이 최고의 힘이 됩니다.

29

선행학습 꼭 시켜야 할까요?

선행학습이 꼭 필요하지 않다고 생각해 학원은 따로 보내지 않았습니다. 하지만 아이가 고학년이 되니 주변에 학원을 안 다니는 아이가 없고, 다들 선행학습을 해오니 아이가 학교 공부를 따라가는 데 점점 어려움을 느끼는 것 같습니다. 뒤처지지 않고 따라가려면 어느 정도의 선행학습은 필요한 걸까요?

사교육에 대한 이중적인 마음

사교육의 영향을 많이 받는 현재의 교육 현실에 대해 저도 교사의 한 사람으로서 안타까운 마음과 책임을 느낍니다. 사교육 이야기를 할 때면 항상 두 가지 입장에서 고민을 하게 됩니다. 공교육 교사로서의 입장과 현실을 직시하는 교육자로서의 입장이 충돌하기 때문이지요. 사실 교사의 입장에서는 사교육 받지 마라, 공교육만으로도 얼마든지 공부 잘할 수 있다고 말하는 것이 맞다는 것을 잘 알고 있습니다. 하지만 교육자의 양심에 비춰보면 현실은 그렇지 않다는 사실을 외면할 수 없습니다. 학원에서 선행학습을 해온 아이들이 학교 공부에서도 선두자리를 차지합니다. 미리 배웠으니 어쩌면 당연한 결과이지요. 그래서 이 질문에 대한 답을 저로서도 꽤 오랜 시간 고민해왔습니다. 교사이기에 앞서 아이를 기르는 학부모 입장이다 보니 내 아이가 다른 아이보다 뒤처지게 하고 싶지는 않았으니까요. 지금부터 드리는 답은 긴 시간 아이들을 살펴보고 실제 아이를 키우면서 얻은 경험에서 나온 것이라는 점을 먼저 말씀드리겠습니다.

결론부터 말씀드리면 아이의 공부에 사교육을 활용하되, 단 사교육에 끌려다니지 말고 주도적인 입장을 유지하라는 것입니다. 아이의 기질에 따라 또 배우는 과목과 단원에 따라 상대적으로 아이가 어려움을 겪는 부분이 있을 겁니다. 바로 이런 부분을 찾아서 선별적으로 사교육을 활용하라는 것이지요.

사교육으로 선행학습을 시작했을 때의 문제점

그런 점에서 처음부터 사교육으로 선행학습을 시작하는 것에 대해서는 저는 반대입니다. 그 이유는 다음과 같습니다.

첫째, 사교육에 끌려다니는 입장이 되기 쉽기 때문입니다. 한번 사교육에 발을 담그고 나면 학원을 끊는 것이 생각보다 어렵습니다. 학원의 마케팅은 대부분 부모의 불안에 기반을 둡니다. 이러저러한 말들을 듣고 있다 보면 나만 뒤처져 있는 것 같지요. 더구나 사교육을 통해 효과를 본 경우라면 더더욱 그런 마음이 강해질 수밖에 없습니다. 그러다 보면 지금 아이의 상태를 고려하기보다 학원에서 짠 커리큘럼대로 아이를 끼워 맞추려는 노력을 더 많이 하게 됩니다. 바로 그런 과정 때문에 나중에 문제가 발생하기 쉽습니다.

둘째, 성적은 오를지 몰라도 아이의 공부 자존감은 오히려 하락할 수 있습니다. 이런 현상은 학교 현장에서 가장 많이 봐왔고 제가 가장 안타까워하는 부분입니다. 분명 공부를 잘하는 아이인데 이상하게도 공부 자존감이 낮습니다. 계획된 시험은 잘 보지만, 새로운 것에 도전할 때는 남들보다 움츠러들고 안 하려고 하는 경향이 있습니다. 지금 자기가 성적이 좋은 것은 학원에서 미리 배웠기 때문이라고 생각하기 때문입니다. 진짜 실력이 아니라고 생각하지요. 그리고 학원을 끊으면 성적도 떨어질 것이라고 생각합니다. 제가 보기에는 스스로 잘할 수 있는 능력이 아주 많은 똑똑한 아이인데도 그런 생각에 휩싸여 있는 경우가 많습니다.

셋째, 무의미한 반복으로 공부에 대한 부정적인 정서가 늘어날 수 있습니다. 학원에선 대부분 같은 내용을 여러 번 반복시킵니다. 미리 윗학년 과정을 공부하게 하고 그것을 다시 반복시키지요. 성적은 오를 수 있을지 몰라도 공부가 매우 지겹다고 느끼는 경우가 많습니다. 공부가 지겹고 힘든 것이라는 부정적인 정서를 갖게 되는 것이지요. 이렇게 쌓인 감정들이 사춘기가 되면 폭발하는 경우가 많습니다.

넷째, 학원을 많이 다니는 아이일수록 정답이 없는 열린 문제에 취약합니다. 자기 생각을 말하는 것에 대해 어려움을 느끼는 것이지요. 물론 열린 문제에 대해서도 학원에서 배워온 경우는 잘합니다. 하지만 당장은 잘하는 듯 보여도 한 번만 더 심층 질문을 해보면 금방 실력이 드러납니다. 아이들이 갈수록 자기 생각에 취약해진다는 것은 교육 종사자라면 누구나 느끼고 있는 문제이기도 하지요.

다섯째, 지식에 대해 잘못된 생각을 갖게 됩니다. 학원을 다니다 보면 모든 문제에 정답이 존재한다고 생각합니다. 지식을 맞고 틀리고의 과정으로 생각합니다.

사교육 지혜롭게 활용하는 법

사교육의 문제점을 살펴봤으니 이제는 지혜롭고 주도적으로 활용하는 방법을 살펴보겠습니다. 공부는 양보다 질이 중요합니다. 초등 저학년까지는 선행학습을 한 아이들의 성적이 더 잘 나오겠지만, 사춘기에 접어드는 고학년이 되면 변수가 생깁니다. 공부가 너무 지겨워 사춘기 반항과 함께 오기도 하고, 창의적 생각을 묻는 교육과정에서는 오히려 맥을 못 추기도 합니다. 그러니 처음부터 사교육으로 선행학습을 시키기보다는 어려움을 느끼는 과목이 있을 때 선별적으로 사교육을 통해 보충해주는 것이 좋습니다.

물론 뒤늦게 학원을 고르려면 많은 제한에 부딪치게 됩니다. 기존의 아이들과 진도가 맞지 않아 받아줄 수 없다고 하거나, 수준별로 형성된 학급 중 가장 낮은 반에 들어가야 한다는 말을 듣기도 하지요. 기분 좋은 일은 아닙니다. 자존심이 상하기도 하지요. 그런데 조금만 시야를 넓혀보면 대형 학원이 아닌, 수준에 맞춰 아이를 보살피는 곳도 얼마든지 있습니다. 사실 초등학교 때까지는 특별한 교육과정이 아이의 수준을 향상시키는 데 크게 차이를 만들지 않습니다. 즉 유명 브랜드의 학원이라고 해서 반드시 아이들의 성적이 향상되는 것은 아니라는 뜻입니다. 물론 더 잘 가르칠 수는 있겠지만, 잘 가르친다고 아이들이 모두 다 받아들이는 건 아니지요. 특히 정서가 더 중요한 초등 시기의 아이들에겐 각자의 눈높이를 맞춰주는 교육이 더 중요합니다. 공부 내용 또한 깊이 있는 내용이 아니니 전공을 한 선생님보다 우리 아이와 얼마나 잘 맞는 선생님인가가 더 중요하다는 말이지요. 이런 점은 소수의 아이들이 다니는 작은 학원일수록 더 맞을 수도 있습니다.

그렇다고 우리 아이의 말을 다 들어주는 친절한 학원을 고르라는 뜻은 아닙니다. 공부는 어느 정도의 강제성이 들어가야 잘할 수 있습니다. 무조건 친절하기만 해서는 안 되지요. 아이에게 부정적인 학습 정서를 심어주지 않으면서도 잘 이끌어줄 수 있도록 줄다리기를 하는 것이 중요합니다. 놀이나 게임만 하고 싶어 하고 공부는 절대 하기 싫어하는 아이들에겐 조금 무섭게 아이를 압도하면서 이끄는 분위기가 잘 맞을 수도 있습니다. 반대로 예민하고 세심한 성격이고 자존심이 강한 아이에게는 아이 기분을 잘 파악해서 융통성 있는 교육 과정을 펼치는 곳이 더 잘 맞지요. 사람과의 관계를 좋아하고 이야기하기를 좋아하는 아이에게는 따뜻하게 교감해줄 수 있는 곳이 필요합니다. 물론 한 번에 아이와 잘 맞는 곳을 고르기는 어려운 일입니다. 따라서 학원을 고르는 일은 아이와 함께하는 것이 좋습니다. 고학년이라면 친구들이 어떤 학원에 다니는지 먼저 조사해보고 아이와 함께 고르는 방법도 추천합니다. 이런 과정을 통해 아이 스스로 생각하고 판단하는 힘도 길러 나갈 수 있으니까요.

사교육에 문제가 많은 것이 현실이지만 조금만 관점을 달리해 이런 시스템을 잘 활용한다면 아이의 교육에 긍정적인 면으로 얼마든지 바꿔서 받아들일 수 있습니다. 공부하다 부족한 부분이 있을 때 손쉽게 그 부분을 보충할 수 있는 시스템이 있다는 것은 그리 나쁜 일만은 아니니까요.

한 줄 상담소

선행학습이 당장 아이의 성적을 오르게 할 수 있을지는 몰라도 눈에 보이지 않는 부작용도 많습니다. 남들을 따라 보내기보다는 아이에게 부족한 부분이 생겼을 때 선별해서 사교육으로 보충해주는 방법을 추천합니다. 초등학교 공부는 조금 늦더라도 얼마든지 따라잡을 수 있고, 유명 학원의 교육 시스템보다 아이 개개인을 위한 맞춤형 교육이 더 효과가 있는 시기입니다. 뒤처질지 모른다는 불안만 잘 컨트롤한다면, 훨씬 더 지혜롭고 절약적으로 사교육을 활용할 수 있습니다.

30

아이와 싸우지 않고 공부를 가르칠 순 없을까요?

아이에게 공부를 가르치다 보면 자꾸만 언성이 높아지고 화를 내게 됩니다. 나중에는 아이와 유치하게 싸우고 있는 제 모습을 발견하기도 하지요. 공부도 즐거운 마음으로 해야 하는 건데, 아무리 마음을 먹어봐도 결국엔 화를 내고 안 좋은 쪽으로 감정이 치닫게 되어 걱정입니다. 어떻게 하면 감정을 잘 다스리며 공부를 도와줄 수 있을까요?

공부할 때 아이의 표정에 대하여

안타깝게도 그런 방법은 없습니다. 많은 부모들은 아이가 공부도 열심히 했으면 좋겠고, 공부할 때 표정도 밝았으면 하는 바람이 있는 것 같습니다. 밝은 표정으로 공부하는 아이들이 있긴 하지요. TV 학습지 광고 속 아이들입니다. 늘 바른 자세로 책상에 앉아 공부하고, 모르는 것은 손을 번쩍 들고 질문합니다. 심지어 저녁밥이 늦어서 시간이 잠시 비거나 할머니 집에 갔을 때도 하루 한 장 학습지를 스스로 척척 꺼내서 풀기까지 합니다. 현실에선 볼 수 없는 모습이지요.

공부는 아이들에게 매우 힘든 일입니다. 당연히 하다 보면 짜증이 나지요. 힘든 감정을 하소연하기 가장 쉬운 대상이 누구일까요? 부모입니다. 그러니 공부를 시키다 아이와 싸우고 있다면 적어도 좋은 부모라는 것은 확신할 수 있습니다. 그 감정을 부모에게 표현하지 못하고 참고 있는 아이들이 정신적으로는 더 건강하지 않을 수 있습니다. 저도 이런 고민에 빠진 적이 있습니다. 직업이 교사이다 보니 누구보다 잘 가르칠 자신도 있었지요. 하지만 아이와 싸우고 있는 제 모습을 보고 문득 깨닫게 되었지요. '아! 이 아이에게 나는 선생님이 아니고 엄마구나.' 그 후 아이의 학습은 선생님의 몫으로 남겨두기로 했습니다. 대신 저는 아이의 마음 건강에 더 집중하기로 했습니다. 마음이 건강해야 공부도 잘할 수 있으니까요. 어쩌면 그것이야말로 부모가 아이의 공부를 가장 잘 도와주는 길일 수도 있습니다.

요즘은 조금만 찾아봐도 학습의 방법들이 많이 있습니다. 부모는 아이가 꾸준하게 할 수 있는 시스템을 만들고 유지하는 것에 집중해야지 직접 가르치려고 하는 것은 바람직하지 않습니다.

공부할 때 아이의 자세에 대하여

공부할 때 아이와 많이 다투는 것이 또 하나 있는데 바로 아이의 자세입니다. 공부를 제대로 하려면 조용한 공간에서 바른 자세로 앉아 집중하는 모습이 정석이지요. 그런데 요즘 아이들은 그렇지 않습니다. 삐딱한 자세로 앉거나 엎드려서 하는 일도 다반사이지요. "똑바로 앉아라. 바른 자세로 앉아야 공부도 잘되지" "그렇게 앉아 있으면 척추가 휜다. 척추옆굽음증에 대한 뉴스 지난번에 봤잖아"라고 말해 봤자 소용이 없습니다. 오히려 잔소리로 받아들입니다. 자기도 그걸 몰라서 그러는 게 아니니까요.

똑바른 자세를 유지하는 데도 많은 에너지가 듭니다. 가뜩이나 힘든 공부를 하는데 자세까지 신경 쓰기는 힘든 일이지요. 또 때로는 힘든 공부를 하고 있는 것에 대한 반항 심리로 일부러 더 삐딱하게 앉아서 하기도 합니다. 두 가지 경우 모두 부모가 자세를 바로 하라고 말하는 순간, 잔소리로 받아들이는 것은 매한가지이지요.

아이의 공부 자세도 조금 시간을 두고 살펴본 후 해결 방법을 정해야 합니다. 반항심에 일부러 그러는 것이라면 오히려 자세에 대해서는 무관심한 반응을 보이는 것이 맞습니다. 부모가 반응이 없어야 반항에 쓰는 도구도 없어지게 될 테니까요. 하지만 너무 삐딱한 자세라서 건강이 걱정될 수준이라면 자세에 대한 부분에 따로 보상을 두어 훈육하는 것이 필요합니다. 예를 들어 30분 공부하는 것에 대해 스티커 1장을 주기로 했다면, 자세까지 똑바로 앉아서 했으면 1장을 더 주는 식으로요. 즉, 공부를 하는데 반듯한 자세가 당연히 따라와야 한다고 여기는 것이 아니라, '힘든 공부를 하느라고 고생했는데, 자세까지 똑바로 앉아서 했으니 정말 기특하다'라는 메시지를 전달하는 것이지요.

공부할 때 주변 환경에 대하여

자세뿐 아니라 공부할 때 딴짓을 하는 아이의 행동도 걱정거리입니다. 귀에 이어폰을 꽂고 음악을 들으며 공부하거나 TV를 켜놓고 공부하기도 합니다. 그뿐인가요? 시도 때도 없이 울려대는 휴대폰과 카톡 소리에 어렵게 잡은 집중력이 금방 흐트러지기도 일쑤이지요. 도대체 이래서 어디 제대로 공부에 집중이 될까요?

저도 이렇게 시끄러운 환경에서 공부하는 아이들이 잘 이해되지 않았습니다. 그래서 나름대로 실험을 해보았습니다. 집중이 잘 안 될 것 같은 환경에서 공부한 아이들의 시험 결과를 분석해본 것이지요. 신기하게도 음악을 틀거나 TV를 보면서도 공부를 잘하는 아이들이 꽤 많다는 것을 알 수 있었습니다. 아이들에게 어떻게 그럴 수 있느냐고 물어보면 대부분 '별로 신경 쓰이지 않는다'고 말합니다. 가만 살펴보니 오히려 이런 환경들이 더 오랫동안 책상 앞에 앉아 있도록 돕는 측면도 있다는 것을 알 수 있었습니다. 공부하다 에너지가 떨어졌을 때 귀에 들려오는 음악이 다시 흥을 돋워주기도 하는 것이지요. 물론 이건 아이에 따라 개인차가 많이 있습니다. 시끄러운 환경에서는 집중이 안 된다는 아이들도 여전히 많습니다.

따라서 공부할 때 주변 환경에 대한 영향도 아이의 기질에 따라 수용해주는 것이 중요합니다. 아이가 원한다면 일단 허용을 하고, 그 시간에 이루어진 공부가 학습 결과에 영향을 미치지 않는다면 수용해주는 것이 좋습니다. 요즘은 가정에 방음이 되는 독서실 책상을 들여놓는 경우도 있는데 이것은 중고등 아이들이 요구한 경우에 들어주는 것이 맞습니다. 초등학생 아이들은 독립된 공간에서 있는 것 자체를 심리적으로 불안정하게 여기는 경우도 많습니다. 공부 환경도 아이의 기질과 상황을 봐서 보다 폭넓은 시각으로 이해하는 것이 필요합니다. 괜히 불필요한 것으로 아이와 언쟁할 필요는 없으니까요.

한 줄 상담소

요즘은 부모에게 아이 교육에 있어서 너무 많은 것을 요구하는 것 같습니다. 심지어 아이의 학습도 부모의 몫으로 돌리고 있으니까요. 하지만 남들이 하는 대로 다 따라야 하는 것은 아닙니다. 학습을 직접 가르치기보다는 공부하면서 생기는 정서적인 부분들을 보살피는 것이 더 중요합니다. 힘들다는 투정을 받아주는 것이 수학 문제를 직접 가르쳐주는 것보다 길게 봤을 때 아이의 학습 성장에는 더 효과적입니다. 아이는 부모를 선생님으로 생각하지 않는데, 부모가 직접 가르치려고 하니 당연히 갈등이 생길 수밖에 없는 것입니다.

31

아이와 문제집 채점으로 밀당하는 게 힘이 듭니다

아이에게 공부를 직접 가르치지는 않지만, 숙제로 푼 문제집의 채점 정도는 도와주고 있습니다. 아이가 채점해달라고 매번 요구하기도 하고, 틀린 문제를 제대로 이해하고 넘어가는 것도 중요하다고 생각해서, 귀찮지만 꾸준히 채점을 해주고 있습니다. 그런데 어떤 때는 절반 이상을 틀려놓고는 배운 내용이 아니라 그렇다고 합니다. 분명 앞에서 다 배운 내용인데도 말이죠. 문제를 풀기 싫어 대충 둘러대는 말인 것 같은데 어떻게 해야 할지 고민입니다.

채점은 공부인가 아닌가?

아이들에 따라 채점을 대하는 태도는 좀 다릅니다. 문제를 푸는 것까지는 공부이지만 채점을 하는 것은 부모나 선생님이 해주어야 하는 일로 생각하는 경우가 많지요. 저학년인 경우, 어느 정도 이런 시각으로 채점에 접근하는 것이 맞습니다. 문제를 푸느라 힘들었는데, 채점까지 하라고 하면 아이 입장에서도 속상하고 짜증 나는 일이니까요. 그런데 부모가 채점을 해주다 보면 은근슬쩍 어려운 문제는 잘 모르겠다는 핑계로 넘어가기 일쑤입니다. 한두 개 정도는 그럴 수 있지만 절반이 넘어간다면 좀 살펴봐야 할 부분이지요.

첫째, 문제의 수준이 진짜 어려운지 살펴봅니다. 혹은 문제의 양이 많았는지도 살펴봐야 합니다. 풀어야 할 양이 많으면 뒷부분에서는 에너지가 떨어져서 아는 문제도 틀리는 경우가 있으니까요. 문제의 수준과 양을 객관적으로 판단하기 위해서는 선생님의 조언을 받거나, 아이가 해왔던 공부의 양과 수준을 토대로 살펴봐야 합니다.

둘째, 문제의 수준이나 양이 적절한데도 많이 틀리는 경우라면 채점을 통해 은근슬쩍 공부를 미루는 것일 수 있습니다. 이럴 때는 채점 결과까지 공부에 넣는 것이 좋습니다. 70점 이상을 맞아야 공부를 한 것으로 인정하고 스티커 보상 등을 해주는 것이지요. 책상에 앉아 있는 시간이 중요한 것이 아니라 얼마나 머릿속에 배운 내용을 넣었느냐에 달렸다고 이야기해주어야 합니다.

채점을 통해 상호작용을 원하는 경우

아이들이 문제집 채점을 원하는 데는 또 다른 마음이 하나 더 있습니다. 바로 내가 열심히 공부한 것에 대해 부모가 알아줬으면 하는 마음이지요. 기질적으로 사람과의 상호작용을 좋아하는 아이들은 특히 더 그렇습니다. 사실 힘든 공부를 하는데 부모가 채점을 해주면서 적당한 피드백을 주는 것이 공부에 대한 긍정적인 상호작용을 일으켜주는 것도 사실입니다. 공부도 사람이 하는 일이라 지능뿐 아니라 정서적인 에너지에도 많은 영향을 받습니다.

아이의 기질을 살펴봐서 이 경우에 해당한다 판단된다면 되도록 부모가 채점을 해주는 것을 권장합니다. 다만 채점을 해주는 목적이 상호작용이라는 것을 잊지 말아야 합니다. 즉 채점 결과에 대한 피드백이나 틀린 문제를 설명해주는 일에 대해서는 다소 소극적인 자세를 취하는 것이 좋습니다. 다들 처음엔 이런 긍정적인 상호작용으로 시작했다가 점점 문제를 설명해주면서 화가 치솟고 부정적인 피드백을 주고받곤 하니까요.

채점을 해주고 모르는 문제에 대한 설명은 정답지를 보고 스스로 이해하거나, 선생님에게 가서 물어보도록 합니다. 부모는 잘 풀어낸 문제에 대해서 '잘했다'라고 말하거나, 결과와 상관없이 문제를 푸느라 애쓴 부분에 대해서 '고생했다'고 말해주면 되는 것이지요. 물론 채점 결과와 이런 부분을 따로 떼어낸다는 것이 다소 무리가 있는 일이긴 합니다. 하지만 아이가 상호작용을 원하는 기질인데 채점 때문에 자꾸 언성이 높아진다면 이 둘을 따로 떼어 분리해야 하는 시점이라는 것을 깨닫고 노력을 하는 것이 필요합니다.

채점을 스스로 했을 때 좋은 점

사실, 문제를 풀고 나서 채점을 하는 것도 공부의 연장선입니다. 채점을 통해 몰랐던 것을 이해하고 제대로 알고 넘어가게 되는 것이니까요. 따라서 상호작용을 원하는 기질의 아이라도 고학년이 되면 슬슬 채점까지 아이에게 넘겨주는 것이 맞습니다. 상호작용은 이제 공부가 아닌 다른 영역에서 이루어지도록 해야지요. 아이가 좋아하는 취미 생활(축구나 야구 관람, 아이돌에 대한 이야기, 요리 만들기 등)을 함께해주는 것으로 옮겨가는 것이 좋습니다.

어떤 분들은 해답지를 따로 보관하셨다가 문제를 다 푼 후에야 주곤 하는데 고학년에는 이런 방법을 추천해드리고 싶지 않습니다. 아이에게 공부에 대한 과정보다는 결과를 중요하게 여기도록 교육하고 있는 것과 마찬가지니까요. 공부는 결과보다는 과정이 더 중요합니다. 때에 따라서는 문제를 풀다가 모르는 부분이 있으면 해답지를 열어보고 이해하는 것도 필요합니다. 채점할 때까지 시간을 끌다 보면, 내가 뭘 궁금해했었는지도 날아가버리기 쉬우니까요. 알고 싶은 것을 바로 이해하고 넘어가는 것도 공부에서 중요한 부분입니다. 대신 이럴 경우엔 공부를 했는지 안 했는지에 대한 판단을 채점한 결과로 하지 말고, 아이가 푼 문제집에서 몇 가지 문제를 따로 골라내어 다시 한번 풀어보게 하면 됩니다. 그 문제들을 다시 정확하게 풀어낸다면 공부를 다 한 것으로 인정해주는 것이지요. 사실 이렇게 하는 것이 해답지를 따로 두었다가 채점하는 것보다 훨씬 더 효과적입니다.

저학년일 때는 다소 어려울 수 있지만 고학년이라면 이런 방법을 활용하는 것이 필요합니다.

학교에서도 보면 고학년까지 부모가 채점을 해주고 결과에 대해 피드백을 주는 아이들일수록 당장의 시험 성적은 높을지 몰라도, 다른 영역에서의 사고 융통성은 또래에 비해 현저하게 떨어지는 것을 볼 수 있습니다. 모든 일에 대해 결과를 더 중요하게 생각하고 '맞다, 틀리다'는 식의 인식이 고정되기 때문이지요. 정답이 없는 열린 사고를 요구하거나 틀린 것이 아니라 다른 것이라는 인식이 필요한 학습 영역에서 어려움을 겪는 경우가 종종 있습니다. 고학년 자녀의 채점을 대신해주는 일은 더 이상 학습에 도움이 되지 않는다는 것을 기억하면 좋겠습니다.

한 줄 상담소

이제는 학교 교육과정도 많이 변하고 있습니다. 정답을 맞히는 문제 풀이 방식보다는 정답 없이 열린 사고를 유도하는 문제들을 훨씬 더 선호하지요. 문제집 위주의 학습을 하고 그 채점 결과에 피드백을 많이 받은 아이들일수록 '모든 문제에는 정답이 있다'는 고정관념에 사로잡혀 사고의 융통성을 발휘하는 부분에서 현저히 떨어지는 능력을 보이곤 합니다. 아이가 공부할 때 상호작용을 원하는 기질이라면 저학년 때까지만 한정적으로 채점해주는 것을 권장합니다. 고학년부터는 아이 스스로 채점을 하고 해답지를 통해 잘 모르는 것을 이해하고 넘어갈 수 있게 하는 것이 더 바람직합니다.

32

다 아는 내용인데 왜 시험만 보면 틀리는 걸까요?

설명할 때는 다 이해를 하고 다시 물어도 대답을 잘하는데, 이상하게 문제집으로 풀거나 시험만 보면 실수를 합니다. 틀린 문제를 다시 풀어보라고 하면 모르는 부분이 없는데도 말이죠. 실수도 실력이라고 하는데 어떻게 도와주면 좋을까요?

실수와 실력을 구분하는 방법

위 사연은 제가 교사 생활을 하면서 학부모들에게 가장 많이 들었던 질문 중 하나입니다. 그 말은 우리 집뿐 아니라 많은 아이들이 이런 실수를 하고 있다는 뜻이지요. 사실 아는 문제에서 실수하는 것은 모든 아이들이 거쳐야 하는 과정 중 하나입니다. 알고 있는 것과 그것을 실천으로 옮기는 과정에는 많은 간극이 존재하니까요. 원리나 개념을 이해하는 것과 문제 속에서 적용해내는 것은 전혀 다른 문제이지요.

중요한 것은 틀린 문제를 대하는 태도입니다. 다 알고 있는데 실수로 틀렸다고 해버리면 더 이상의 노력은 필요하지 않습니다. 그냥 실수일 뿐이니까요. 하지만 실수도 실력이라고 인정해버리면 문제가 달라집니다. '다 알고 있으면서 왜 틀렸어?'라는 말은 아이에게 '실수했구나'라는 피드백을 주게 됩니다. 실수라는 피드백을 받은 아이는 '지금 받은 점수는 내 실력보다 낮은 점수'라는 오해를 갖게 되지요. 당연히 억울하게 느껴집니다.

이런 태도는 앞으로 실력을 더 높이는 데 전혀 도움이 되지 않습니다. 사소한 문제에서 실수를 많이 하는 아이일수록 그 실수까지도 실력으로 보는 피드백을 주는 것이 중요합니다.

실수를 실력으로 가져오는 방법

어떻게 하면 실수를 실력으로 가져올 수 있을까요?

틀린 문제에 대해 그 내용이나 원리까지 아이가 이해하지 못하고 있다는 피드백을 주는 것이 효과가 있습니다. "아! 이 문제를 틀리다니… 아직 나눗셈을 잘 이해하지 못했구나" 하고 안타까워하는 것이지요. 이 첫 반응이 중요한데 실력이 없다고 무시하거나 얕보는 감정이 들어가지 않게 하는 것이 포인트입니다. 그저 안타까워하는 마음이 가장 좋습니다. 그럼 아이는 억울하다는 반응을 보이지요. "나눗셈 다 알고 있거든요. 이거 마지막에 덧셈 잘못해서 틀린 문제란 말이에요."

두 번째 단계는 그 억울함을 모른 체하는 겁니다. "그러니까, 야~ 덧셈도 아직 익숙하지 않은 거구나. 큰일인걸" 하고 안타까워하는 거지요. 이 단계에서 억울해하는 아이라면 작전은 성공입니다. 그 억울한 마음이 결국 실수를 줄여주는 원동력이 될 테니까요.

사실 억울함을 실력으로 가져오는 전략은 다른 방법에도 많이 활용할 수 있습니다. 예를 들어 글씨를 못 쓰는 아이인 경우, 평소에 글씨를 또박또박 쓰라고 잔소리하는 것보다 시험 문제를 채점할 때 조금만 이상하게 써도 아예 틀렸다고 해버리는 겁니다. 2번이 정답인데 3번처럼 쓴 글씨가 있다면 틀렸다고 그어버리는 것이지요.

"이거 제가 2번이라고 쓴 거란 말이에요!"

"그랬어? 내 눈에는 3번으로 보여서."

"잘 보세요. 이게 어떻게 3번이에요?"

"그러게 글씨가 정확하지 않으니 잘 모르겠네. 시험 채점할 때는 원래 채점자가 보이는 대로 하는 거야. 네 글씨체까지 파악해서 이해해줄 수는 없어. 억울하면 다음엔 2번을 정확하게 쓰던가."

또 아주 작은 실수에도 세모를 주지 않는 방법도 있습니다. 요즘은 서술형 문제도 많은데 정답은 아니지만 비슷하게 쓴 경우 세모로 부분 점수를 주기도 하거든요. 문제집으로 연습할 때는 세모를 주기보다 아예 틀렸다고 채점하는 것도 전략입니다. 세모를 주면 절반은 알고 있다고 생각할 수 있기 때문이지요. 오히려 조금 알고 있는 부분을 하나도 인정해주지 않으면 억울한 마음이 생겨 다음에는 더 정확하게 아는 것을 표현하려고 노력하게 됩니다.

실수에 대해 자책하는 경우

위의 전략을 사용할 때 조심해야 할 점이 있습니다. 아이가 억울함이 아닌 다른 감정을 표출한다면 이 전략을 사용하면 안 됩니다. 가끔 아이가 실수에 대해 먼저 자책하는 경우가 있습니다. 자책을 한다는 것은 자신의 실수까지 실력으로 받아들이고 있다는 뜻입니다. 이럴 때 위의 전략은 오히려 아이에게 독이 됩니다. 이런 아이들이 실수를 하는 이유는 위와 정반대입니다. 지나치게 강박적으로 문제에 집중해야 한다는 마음이 문제이지요. 그러다 보니 쉬운 문제도 어렵게 해결하려 드는 경향이 있습니다. 단순하게 생각하면 쉽게 답을 맞힐 수 있는데 어렵게 생각하다 보니 꼬이는 것이지요. 이런 친구들은 남들이 틀리는 어려운 문제는 다 맞혀놓고 정작 아주 쉬운 문제를 틀립니다. 얼핏 보면 실수처럼 보이지만 위의 경우와는 정반대의 마음에서 생기는 일이지요.

이 아이들에게는 괜찮다는 위로가 필요합니다. 자신을 너무 힘들게 하지 말라는 조언도 필요하지요.

"문제를 풀다 보면 누구나 실수를 할 수 있어. 그 실수까지 자책하는 것은 너무 완벽하게 모든 것을 하겠다는 욕심이야. 괜찮아. 실수 좀 하면 어때? 그게 훨씬 더 인간적이지. 대신 어려운 문제는 다 맞았잖아. 그게 중요한 거야. 넌 충분히 실력 발휘를 했어."

스스로를 자책하는 아이들은 이런 말을 해주어도 행동이 쉽게 바뀌지 않습니다. 그래서 긴 시간 반복해서 일관된 모습을 보여주는 것이 중요합니다. 자신의 실수에 대해 스스로 관대한 마음을 가질 수 있게 되다면 그때야말로 실력에 날개가 달리게 될 것입니다.

한 줄 상담소

다 알고 있는 내용인데 시험만 보면 틀리는 일이 반복된다면 실수에 대한 아이의 반응을 먼저 체크해야 합니다. 다 아는데 실수해서 틀렸다고 억울해한다면, 실수도 실력이라고 말해줍니다. 집중하는 능력도 중요한 학습 전략이니까요. 실수에 대해 자책하는 모습을 보인다면 괜찮다고 위로해줍니다. 자책을 한다는 것은 이미 실수도 실력으로 받아들였다는 뜻이고 오히려 시험 볼 때 지나치게 긴장하는 것이 문제일 수 있기 때문입니다.

33

학원 숙제를 안 해가는 아이, 어쩌면 좋을까요?

학원 숙제를 잘 안 해갑니다. 숙제를 안 해오니 다른 아이들보다 진도도 늦어서 자꾸만 나머지 공부를 하게 되는 것 같습니다. 야단도 쳐보고 보상 방법도 써보는데 잘 고쳐지지 않네요. 어떻게 하면 좋을까요?

먼저 숙제의 양을 살펴볼 것

사실 이건 비밀인데요, 공부를 가르치는 입장에서 우위를 점할 수 있는 가장 손쉬운 방법이 사실 숙제입니다. 일단 아이가 숙제를 해오지 않았다고 하면 학부모는 거의 아이의 잘못으로 받아들입니다. 아이도 기본적으로 자신이 잘못했다는 생각을 하지요. 숙제의 양이 어느 정도인지 그 숙제가 아이의 수준에 맞는지까지 살펴보는 사람은 드뭅니다. 어찌 보면 숙제에 대해서는 교사에게 절대적인 권위가 주어진 듯합니다. 그런데 가만히 살펴보면 교사에 따라 숙제의 양과 질이 엄청나게 차이가 많습니다. 도저히 아이가 할 수 없는 어마어마한 양이나 꼭 하지 않아도 되는 일이 숙제로 나가기도 합니다.

무조건 아이 잘못으로 규정하기보다는 먼저 이 부분을 짚어봐야 합니다. 아이에게 적절한 숙제인지는 어떻게 알 수 있을까요? 같은 양의 숙제를 군소리 없이 잘해오는 아이도 있는데 말이죠. 다른 아이들은 다 해왔는데 우리 아이만 안 해왔다는 말을 듣는다면 할 말이 없어지지요.

먼저 숙제를 안 해오는 장이 어디인지를 살펴봐야 합니다. 학교 숙제의 경우라면 조금 상황이 다릅니다. 일단 학교 선생님은 굳이 숙제로 관계의 우위를 점할 필요가 없는 경우가 더 많습니다. 또 다양한 아이들의 실력 편차가 존재하기 때문에 중간 수준의 숙제가 나가는 경우가 대부분이고요. 따라서 아이가 숙제를 안 해온다는 말을 학교 선생님에게서 듣는다면 일단은 아이의 훈육으로 가닥을 잡고 가야 합니다. 학교 선생님 중에도 숙제를 많이 내줘서 아이들이 힘들어하는 경우가 있긴 한데, 이런 경우는 대다수의 아이들이 해당되므로 금방 알 수 있습니다. 또한 아이의 훈육으로 가닥을 잡을 부분도 아니지요. 이런 상황이라면 아이의 편을 들어줘야 합니다. 숙제가 얼마나 많고 힘이 드는지 투덜대는 아이의 말을 들어주고 정말 힘들겠다고 감정을 수용해주는 거지요. 이것만 해주어도 숙제를 못 해갔을 때 아이가 갖는 죄책감을 덜 수 있습니다. 또 학년이 올라가 선생님이 바뀌면 자연스럽게 해결될 일이니 조금 참고 견딤의 시간을 갖는 것도 나쁘지 않지요. 또 다수의 아이들이 함께 겪는 일이니 심리적 지원군도 있어 괜찮을 거고요. 다만 아이의 힘듦을 덜어주기 위해 선생님과 직접 대치하는 부분은 좀 더 생각해봐야 합니다. 부모의 이런 행동은 당장 아이에게 도움이 될 수 있을지 몰라도 긴 안목으로 보면 나쁜 영향을 미칠 수도 있습니다. 아이가 자칫 숙제를 안 하는 행동까지 남 탓으로 돌리려 할 테니까요. 어찌 되었건 숙제를 해가지 않은 책임감은 아이 것이 맞습니다. 제가 막으려고 하는 것은 그 책임감이 스스로에 대한 자책으로 넘어가는 길목입니다. 선생님과의 직접 대치는 길목 번지수가 잘못된 지점일 수 있습니다.

학교가 아닌 학원 숙제라면 상황이 좀 다릅니다. 일단 우리 아이만 숙제를 안 해오는 상황이라면 다른 아이들의 수준이 너무 높을 수도 있습니다. 물론 높은 수준의 아이들과 함께 배우며 실력을 올리는 것도 중요하지만, 공부에서 실력보다 더 중요한 것은 학습 정서입니다. 내가 남들보다 뒤처진다는 인식이 매번 반복되는 상황에서는 금방 자신감을 잃기 쉽지요. 공부 자신감을 유지하는 것은 당장 성적을 올리는 것보다 더 중요합니다. 따라서 아이가 어느 정도 잘하고 있다는 느낌을 받을 수 있는 수준의 학원으로 옮기는 것도 생각해볼 수 있습니다.

수준도 적당하고 숙제의 양도 그리 많지 않다면 아이의 훈육 문제로 가닥을 잡아야 합니다. 다만 숙제를 시키기 위해 아이와 갈등을 빚는 상황은 추천해드리지 않습니다. 사실 학원을 보내는 이유에는 학습 문제에 있어서 심리적인 갈등을 빚지 않기 위한 금액도 포함되어 있습니다. 숙제에 대한 훈육도 학원 선생님께 전권을 일임해야 하지요. 숙제를 해가지 않으면 학원에 남아 다 하고 오게 하는 것도 방법입니다. 또 선생님이 야단을 쳐도 지지를 보낼 수 있습니다. 학습에서 어느 정도 괴롭고 힘든 시간을 견디는 것은 누구에게나 필요한 과정이니까요.

습관의 문제인지 관계의 문제인지 살펴보기

숙제에 대한 훈육으로 가닥을 잡고 가다 보면 한 가지 부딪치는 문제가 더 있습니다. 바로 선생님과의 관계이지요. 숙제를 해오도록 독려하고 야단을 치는 과정에서 반드시 선생님과 갈등이 생길 수밖에 없습니다. 선생님의 말에 상처 입기도 하고 다른 친구들이 다 보는 앞에서라면 모욕감을 느낄 수도 있습니다. 부모는 바로 이 부분을 잘 살펴야 합니다.

선생님께 일임했는데도 문제가 해결되지 않는다면, 하나는 아이의 습관이 형성되지 않았기 때문일 수 있고, 두 번째는 관계의 문제일 수 있습니다. 관계의 문제에는 선생님과의 관계 그리고 친구들과의 관계도 해당되지요. 그런데 부모가 이 둘을 구분하기는 어려울 수도 있습니다. 밖에서의 일을 잘 말하는 아이라면 구분이 쉬운데, 그렇지 않은 경우도 많으니까요. 이럴 때는 학원 또는 학교 선생님과의 상담을 활용하면 좋습니다. 상담을 할 때 이 두 가지 문제를 말하고 우리 아이가 어디에 해당하는지 모르겠다고 구체적으로 조언을 구하는 거지요. 대부분 선생님들은 부모가 잘 모르는 아이의 사회적 모습에 대해 알고 있습니다. 선생님의 조언을 무조건 따르기보다는 여러 조언을 종합하여 총체적으로 아이를 판단해야 합니다. 왜냐하면 학교 선생님과 학원 선생님의 조언이 반대인 경우도 있기 때문이지요. 두 장소에서의 조언이 전혀 반대라면 그 또한 의미 있는 데이터입니다. 아이가 과연 어떤 상황에서 어떤 기질의 선생님과 어떤 관계를 맺고 있는지를 알 수 있을 테니까요.

처음엔 안갯속처럼 답답할 수 있지만, 더듬고 두드려보는 과정에서 조금씩 내 아이에 대해 알아가는 기회가 됩니다. 이렇게 한번 얻는 정보들은 아이의 다른 면을 훈육할 때도 많은 도움이 되지요. 현명한 부모가 되는 시작점은 어쩌면 안갯속을 헤매는 일에서부터일지도 모릅니다.

한 줄 상담소

숙제는 아이가 해야 하는 기본적인 일로 생각되지만 숙제의 양이 지나치게 많은 것이 문제인 경우도 많습니다. 우리 아이가 숙제를 매번 안 하는 것이 성실하지 않기 때문인지 숙제의 양이 힘에 부치는 것인지부터 파악해야 합니다. 또 학교와 학원에 따라서도 숙제 대처 방법이 다르지요. '숙제는 당연히 해가는 것'이라는 생각에서 벗어나 '아이가 어떤 상황에서 어려움을 겪고 있는지'부터 파악하는 것이 중요합니다.

34

아이가 학원에 안 가고 엄마하고만 공부하겠다고 합니다

6학년인데 아직도 공부를 엄마하고만 하려고 합니다. 성적도 좋은 편이고 매일 스케줄 짜주는 대로 잘 따라오긴 합니다. 점점 학년이 올라가니까 엄마가 봐줄 수 없는 부분도 늘어서 학원 다니며 도움을 받자고 하는데도 싫다고 하네요. 고학년이면 혼자서 알아서 해야 하는데 항상 할 것을 말해줘야지만 하니, 자기주도적으로 하는 아이들도 많던데…… 좀 걱정이 됩니다.

엄마와 공부하고 싶은 아이의 진짜 속마음

고학년인데도 엄마와 공부를 하고 싶어 하는 아이, 다른 집에서는 부러워할 수도 있을 것 같습니다. 보통 이 시기는 부모와 같이 잘해오던 아이도 혼자 하겠다고 하고, 방문을 콕 닫아버리는 것이 고민이니까요. 더구나 엄마와 같이 놀고 싶다는 것도 아니고, 남들 다 하기 싫어하는 공부를 하겠다고 하니 부럽기까지 합니다. 그런데 일반적인 아이들의 상황과 거꾸로 가는 이런 측면이 아이의 진짜 속마음을 들여다볼 수 있는 힌트가 되는 것 같습니다.

사춘기 아이들이 부모와의 대화가 줄어드는 것은 진짜 자신만의 생각과 논리가 생기고 감정들이 들쑥날쑥해지기 때문입니다. 부모와 대화해봤자 돌아오는 소리가 무엇인지 예상되기 때문이지요. 물론 부모가 이런 부분을 잘 다루고 아이를 수용해준다면 아이와의 관계는 잘 유지할 수 있겠지만, 그런 경우에도 아이가 부모와 공부를 하고 싶어 하지는 않습니다. 공부는 부모와의 친밀도와는 상관없이 어쨌든 힘들고 어려운 분야이니까요.

아이가 엄마와 공부를 하고 싶어 한다는 것은 공부를 하고 싶어서가 아니라 공부를 빌미로 엄마와의 관계를 계속 유지하고 싶어 하는 것으로 느껴집니다. 아이가 부모에게서 바라는 정서적인 친밀감이 충족되지 않았다는 것의 방증이지요. 마음으로는 엄마가 나만 봐주고 '그랬구나' 하며 머리를 쓰다듬어주면 좋겠는데, 머리로는 그런 행동들이 걸맞지 않다는 것을 아는 겁니다. 그럼 '내가 뭘 해야 엄마가 나를 봐줄까?' 생각하게 되지요. 바로 공부입니다. 다른 때는 날 쳐다봐주지 않다가 공부를 하겠다고 하면 옆에 앉아서 같이 대화도 하고 바라봐주니 그게 좋은 것이지요.

엄마가 쳐다보지 않는다는 것이 반드시 부모가 차갑기 때문만은 아니라는 것을 짚어드립니다. 그보다는 상황으로 인한 원인이 훨씬 많습니다. 맞벌이라 직장 일과 집안일에 너무 바빠서일 수도 있고, 동생이 많아서 상대적으로 큰아이에게 돌아오는 정서의 양이 적어서일 수도 있습니다. 또는 아이가 기질적으로 원하는 정서의 양이 많을 수도 있습니다.

그러니 학원도 안 가고 엄마하고만 하겠다는 것입니다. 그러니 하라고 한 것만 하고 알아서 더 하지는 않는 것입니다. 그런 행동들엔 아이가 원하는 피드백(엄마와 함께 시간을 보내는 것)이 없기 때문이지요. 혼자서 알아서 하면 엄마가 믿고 맡겨버릴 수 있으니 오히려 더 안 하려고 할 겁니다. "이건 다 했는데, 또 뭘 해야 하지?" 해야 엄마가 옆에 있는 시간이 길어집니다. 다음에 또 뭘 해야 하는지 살펴보고 알아보려면 한참 시간이 걸리니까요.

자기주도학습의 원동력

다 큰 아이의 정서적인 요구는 어떻게 충족해주어야 할까요? 어린아이처럼 대하면서 '우쭈쭈'를 해주어야 할 필요는 없습니다. 설령 부모가 그렇게 접근해도 '갑자기 왜 이러세요?' 하며 밀어내기 십상이지요. 정서적 요구가 필요하다는 것을 인지하더라도 사춘기 아이들은 그 방법을 찾는 것 또한 힘이 듭니다. 해답은 아이에게 있습니다. 아이가 원하는 방법으로 충족해주어야 하지요. 몇 가지를 시도해보고 반응을 보이는 것을 찾아야 합니다.

먼저 아주 어린 아이에게 해주듯이 스킨십을 원하는 아이도 있습니다. 덩치가 큰 아이라 하더라도 살짝 안아준다거나 '우쭈쭈' 해주는 것에 별로 거부감을 표현하지 않는다면 시도해볼 만합니다. 더러 너무 지나친 스킨십보다는 살짝만 표현되는 방법을 좋아하는 아이도 있습니다. 예를 들어 머리를 쓰담쓰담 해준다거나 어깨를 살짝 쳐주면서 "잘했어" 하는 식의 방법이지요. 스킨십을 싫어하는 아이도 있습니다. 이런 경우엔 아이와 눈을 맞추는 방법을 시도해보시기 바랍니다. 아이와 눈을 맞추고 아이를 빤히 쳐다봐주는 것만으로도 정서적 충족을 느끼는 경우도 있습니다. 또는 아이의 말에 맞장구를 쳐주는 방법도 있습니다. 아이가 말을 하면 '그건 이렇고 저건 저래서 그래' 하고 교육적으로 더 많은 것을 알려주려고 하거나 '그런 생각보다는 이렇게 생각하는 것이 더 좋지 않을까?'라고 잘못되거나 부족한 부분을 고쳐주려고 하기보다는 '그랬구나' '네 생각이 옳아'라고 고개를 끄덕이며 말해주는 것이지요. 이때 중요한 것은 아이의 말이 옳고 그른 것이 아니라 말을 통해 전해지는 정서를 부모가 수용하는 것입니다. 사춘기 아이들은 이런 방식으로 부모와의 부족했던 정서를 충족하는 경우도 많습니다.

정서적인 충족이 부족했다고 해서 마냥 그것을 채우는 것에만 신경을 쓸 수는 없습니다. 이 시기에는 공부도 중요하고 자기주도학습을 기르는 것도 중요하니까요. 따라서 두 가지 방법을 동시에 사용해야 합니다. 정서적인 요구를 충족해주면서 다른 한편으로는 공부 힘도 길러주어야 합니다. 그러기 위해서는 정서적인 충족과 공부를 분리할 필요가 있습니다. 앞에서 말한 방법들은 다른 일상에서 사용하시고 공부하는 순간만큼은 엄격한 훈육을 해야 합니다. 공부 스케줄을 짜는 것, 앞으로 할 일을 정하는 것도 아이에게로 넘겨야 합니다. 만약 아이가 스스로 할 수 없다면 그 힘을 기를 때까지 학원을 보내거나 온라인 학습 등 다른 프로그램의 도움을 받는 것이 좋습니다.

아이가 싫다고 해도 부모가 필요하다고 판단되면 그 이유를 설명하고 바로 실천에 옮겨야 합니다.

"엄마는 공부에 대해서는 자기주도학습을 기르는 것이 중요하다고 생각해. 지금이 그걸 길러야 하는 시기이고. 엄마가 너를 사랑하는 만큼 이 부분도 양보할 수 없어."

대신 삶의 다른 순간에서는 아이와 꾸준히 대화하고 눈 맞추며 정서적인 소통을 이어가는 시간도 잘 배치해둬야 합니다. 자기주도학습의 원동력은 바로 여기에서 나옵니다. 자신이 사랑받고 있다는 느낌, 또 어떤 일을 스스로 할 때 부모가 더 좋아해준다는 생각에서 공부도 스스로 하고 싶은 마음이 드는 것이지요. 그 과정을 통해 성취하는 기쁨까지 맛보게 되면 그다음부터는 눈덩이 굴러가듯 자연스럽게 아이 스스로 성장해갑니다.

한 줄 상담소

고학년 사춘기 시기인데도 부모와 함께 공부하고 싶어 하는 아이는 없습니다. 이런 행동은 공부를 빌미로 부모와 정서적인 유대를 더 하려는 욕구가 반영된 것이지요. 이런 욕구는 평소 아이의 기준만큼 부모와의 유대감이 충족되지 않았다는 방증이기도 합니다. 정서적인 유대는 매우 주관적이라 객관적인 기준이 존재하지 않습니다. 아이가 충분하다고 느끼는 것이 중요하지요. 아이의 정서적인 유대를 충족해줄 수 있는 방법을 찾아 함께하면서, 학습은 아이의 일로 분리하는 과정이 필요합니다.

35

아이가 수포자가 될까 봐 겁이 납니다

1, 2학년까지는 무리 없이 공부를 잘 따라갔는데 3학년이 되면서부터 수학이 어렵다는 소리를 자주 합니다. 수포자가 되는 시기가 초등학교 4학년이라고들 하던데 수학을 좋아하게 하는 방법이 없을까요?

수포자의 시작은 두 자릿수 나눗셈부터

저는 초등학교 4학년부터 수포자가 시작된다는 말에 동의하지 않습니다. 공부라는 것이 원래 어렵고 막막하다가도 원리만 이해하면 금방 다시 실력이 오르기도 하는 건데, 기복이 가장 심한 시기인 초등학생에게 '포기'라는 단어를 붙이는 것 자체가 어불성설이라고 생각합니다. 하지만 이런 말이 나오게 된 배경이 어느 정도는 이해가 됩니다. 그 답은 수학 교육과정에 있습니다.

초등1학년까지는 덧셈과 뺄셈을 배웁니다. 받아올림이나 받아내림이 없는 연산만 해당하지요. 그러다 2학년이 되면 받아올림과 받아내림이 있는 덧셈과 뺄셈을 배우게 되고 더불어 곱셈을 배우기 위한 구구단을 공부하게 됩니다. 3학년에는 본격적으로 곱셈 공부를 시작하고 더불어 기본적인 나눗셈 개념을 배우게 되지요. 이때까지는 사실 순조로운 과정입니다. 배움이 올라가는 격차가 심하지 않지요. 곱셈도 구구단만 외운다면 그리 어렵지 않고, 나눗셈도 기본적인 한 자릿수로만 나오기 때문입니다. 문제는 4학년이 되면서 나오는 두 자릿수 나눗셈입니다. 어른들의 눈에는 자릿수만 하나 더 늘어난 것처럼 보이지만, 실제 아이들은 급격하게 수학이 어려워진 걸로 체감합니다. 한 계단씩 오르고 있었는데 갑자기 열 계단을 오르라는 말로 느껴지는 거지요.

비밀은 바로 나눗셈을 푸는 과정에 있습니다. '세 자릿수 ÷ 한 자릿수'를 계산하는 것과 '세 자릿수 ÷ 두 자릿수'를 계산하는 데 드는 에너지는 두세 배 이상 차이가 납니다. 두 자릿수 나눗셈을 완성하기 위해서는 수많은 곱셈과 덧셈, 뺄셈식이 들어가야 하기 때문이지요. 그 많은 사칙연산을 한 번도 틀리지 않으면서 각각의 자릿수에 맞게 여기서 올림한 수가 있고, 받아내린 수가 있다는 것까지 기억해야 하기에 만만한 작업이 아닙니다. 사칙연산이 익숙한 어른들에게는 암산으로 쉽게 넘어가는 부분도 아이들은 마디마디에서 끙끙대며 실수할 수 있습니다. 처음 풀 때는 3분 넘게 걸리는 게 일반적입니다.

그런데 문제는 그것을 바라보는 부모나 교사의 체감 온도가 다르다는 데 있습니다. 부모나 교사는 마치 한 계단만 오르면 되는 일처럼 쉽게 여기고 채근하는 것이지요. "아니, 구구단 다 외우고 3학년 때 나눗셈도 다 배웠는데 이걸 왜 자꾸 틀려?" 하는 식으로요. 쉽게 풀어야 할 것 같은데 그렇게 되지 않으니까 '아, 난 수학에 소질이 없나 보다' '난 수포자야' 하는 식의 반응을 보이는 겁니다.

모든 배움의 과정에는 넘어가기 쉽지 않은 마디가 있습니다. 아이에 따라 그 마디는 다를 수 있습니다. 마디를 넘어가느라 힘에 겨워 잠시 쉬고 있는 건데 뒤처질까 걱정하는 것은, 아이에게 '이미 늦었어'라는 암묵적인 메시지를 줘, 결국 포기로 가는 지름길을 열어주는 일인지도 모릅니다. 잘할 수 있게 도와주려다 엉뚱한 지름길을 열어주는 셈이지요. '수포자'라는 말은 학업을 다 끝낸 사람이 결과를 놓고 할 때나 어울리는 말입니다. 아직 학업을 수행 중인 아이들에게 이 말은 어울리지 않습니다. 아이가 수학을 어려워한다면 잠시 어떤 마디에 걸려 있는 것이라 생각하고 도와줄 방법을 찾는 행동이 필요하겠습니다.

배움의 마디에 걸린 아이를 도와주는 방법

마디에 걸린 아이는 일단 지쳐 있습니다. 수학 문제는 쳐다보기도 싫고 스스로가 한심하다는 생각에 풀이 죽어 있습니다. 이런 순간에는 잠시 쉬게 해주는 것이 좋습니다.

"수학책 덮고 우리 같이 스케이트 타러 갈까? 게임이나 할까?"

수학으로부터의 탈출을 도와주는 것이지요. 그렇게 아이가 기분이 좋아진 후에 다시 시작해야 합니다.

"자, 도대체 나눗셈의 어떤 부분이 우리 아들을 괴롭힌 거야? 한번 볼까?"

아이가 문제를 푸는 과정을 함께 지켜봐주세요. 자주 실수하는 부분이 보일 겁니다. 나눗셈에서 흔히 막히는 마디는 다음과 같습니다.

첫째, 곱셈 실수입니다. 나눗셈의 기본은 곱셈인데 구구단이 익숙하지 않아 자꾸 실수를 하는 것이지요. 구구단을 외우는 것과 나눗셈에서 능숙하게 활용하는 것 사이에는 큰 격차가 있습니다. 곱셈에서 실수를 한다면 구구단을 생각하지 않고 바로바로 답이 나올 수 있도록 연습이 필요합니다.

둘째, 계산은 다 해놓고 마지막 덧셈 또는 뺄셈이 틀리는 경우입니다. 아깝기 그지 없는 상황이지요. 아쉽지만 마지막까지 실수하지 않는 것도 수학 실력입니다. 이런 경우에는 문제를 풀 때 중간을 끊어주는 것이 효과적입니다. 두 자릿수를 나눌 때 십의 자리를 먼저 나눈 후, 잠시 숨을 돌리는 것이지요. 그런 후 일의 자리를 마저 나누게 하면 실수를 줄일 수 있습니다. 처음엔 시간이 오래 걸리겠지만 익숙해지면 금방 한번에 쭉 이어서 풀 수 있는 능력이 생깁니다. 잦은 실수는 연습이 부족했기 때문에 생기는 것입니다.

셋째, 받아올린 수나 받아내린 수를 잊어버리는 경우입니다. 이 수를 한쪽에 적어두고 놓치기도 하고 머릿속에만 담아두다가 놓치기도 하지요. 이럴 때는 나눗셈 문제 풀이 과정이 네모 박스로 만들어져 있는 문제로 연습하면 좋습니다. 받아올림과 받아내릴 수를 쓸 수 있는 작은 네모들이 있는 문제들로 연습하다 보면 수를 잊어버리는 실수를 줄일 수 있지요.

초등학교에서 배우는 수학 개념은 누구나 이해할 수 있는 수준의 것입니다. 이해를 못 해서나 능력이 모자라서가 아니라 계속 이끌어 갈 힘이 없어 포기하는 것입니다. 수학 공부의 마디에 걸린 아이에게 이겨내는 법을 깨우쳐주는 일은 인생의 다른 마디에서도 헤쳐나가는 방법을 간접적으로 알려주는 것과 같습니다. 한창 성장하고 배우고 있는 우리 아이들에게 더 이상 '수포자'와 같은 말을 갖다 붙이는 일이 없었으면 하는 바람입니다.

한 줄 상담소

4학년은 수학 공부를 시작도 하지 않은 시기입니다. 수학이 뭔지 배우지도 않았는데 '수포자'라는 말은 어울리지 않지요. 아이들은 그저 배움의 마디에 걸려 있을 뿐입니다. 높은 개념을 배울 때마다 아이에 따라 그 계단을 올라가는 데 드는 에너지가 다릅니다. 4학년은 수학 교육과정상 그 배움의 마디에 걸려 있는 아이들이 좀 많은 시기일 뿐입니다. 힘들어서 안 하겠다고 말하는 아이에게 '포기'라는 말 대신 "원래 남들도 다 힘들어하는 곳이야. 좀 쉬었다가 다시 도전해보자"라고 말해주면 좋겠습니다.

36

자기주도학습을 위한 동기 부여 방법에는 뭐가 있을까요?

공부는 스스로 알아서 하는 것이라고 생각합니다. 공부하라는 잔소리로 아이와의 관계를 망치고 싶지는 않은데, 그렇다고 그냥 두자니 알아서 하기는커녕 노는 것만 좋아하고 점점 더 게을러지기만 하는 것 같아 걱정입니다. 어떻게 하면 아이에게 적절한 학습 동기를 키워줄 수 있을까요?

내적 동기가 찾아오는 순간

학습 동기는 크게 내적 동기와 외적 동기로 나눌 수 있습니다. 내적 동기는 아이 스스로 인생에 대한 목표 의식을 가지고 공부가 꼭 필요하다는 인식을 통해 이루어집니다. 공부하지 않으면 좋은 대학을 갈 수 없고 그러면 아무래도 직장이나 직업에 대한 선택의 폭이 좁아지지요. 운동, 음악, 그림 등 자신이 하고 싶은 일이 있을 때 그것을 제대로 배우기 위한 절차를 밟기 위해서도 어느 정도의 공부는 반드시 필요합니다. 이렇게 아이에게 이야기하고 설명을 해도 그때뿐 아이가 스스로 동기를 갖고 움직이지는 않지요. 그도 그럴 것이 초등생 시기는 인지 발달이 이루어지고 있는 상황이라 인생에 대한 조망도 좁을 수밖에 없습니다. 아무리 어른들이 미래에 닥칠 이런저런 이야기들을 해줘도 마음에 와닿지 않지요.

하지만 그중 아주 소수지만 내적 동기를 갖고 공부를 하는 아이들도 있습니다. 어느 한 분야에 재미를 느꼈을 때이지요. 책인 경우도 있고, 퍼즐이나 그림 그리기, 어려운 수학 문제를 풀어낸 후 느끼는 성취감일 수도 있습니다. 어떤 분야이든 학습 과정에서 흥미와 재미, 성취감을 느꼈을 때 아이들은 강한 내적 동기를 갖게 됩니다. 주의할 점은 최소 4~5학년 이상은 되어야 한다는 것입니다. 그전에는 내적 동기처럼 보여도 사실은 외적 동기가 더 강하게 작용했을 확률이 높습니다.

아쉽게도 이런 내적 동기를 부모가 길러줄 방법은 그리 많지 않습니다. 내적 동기는 우연히 찾아오는 경우가 많기 때문이지요. 뭔가를 하다가 '어라? 이거 재미있네?'라고 느끼거나, 주위를 빙 둘러봤는데 '이걸 나만큼 잘하는 사람은 없구나' 하는 것을 느끼는 겁니다. 중요한 것은 이런 생각을 순전히 '스스로의 힘으로' 해야 한다는 것입니다. 부모가 옆에서 "봐, 이거 재미있지?" "이거 네가 제일 잘한다고 말했잖아"라고 말하는 순간, 그건 내적 동기가 아닌 외부 정보로 바뀌게 됩니다. 아이에게는 그 정보를 받아들일지 말지의 고비가 하나 더 존재하게 되는 것이지요.

하지만 혼자 힘으로 그 사실을 깨닫는다면 문제가 완전 달라집니다. 제가 현장에서 만난 많은 아이들은 스스로 깨달음을 얻었을 때

가장 학습 동기가 높았습니다. 어른이 볼 때는 아주 단순하고 말도 안 되는 내용이더라도, 아이는 처음 경험하는 것이라 그 짜릿함을 잊을 수 없지요. 그 지적 경험의 강렬함이 내재화되면서 강한 내적 동기가 만들어지는 것입니다. 그러니 어찌 보면 내적 동기를 위해 부모가 해줄 수 있는 최선은 지나치게 많은 정보를 주기보다는 우연히 찾아오는 깨달음의 순간을 진득하게 기다렸다가 "와~ 그런 생각을 했어? 대단한데"라고 말해주는 것일지도 모릅니다.

외적 동기를 길러주는 방법

내적 동기를 위해 부모가 해줄 수 있는 것이 없다고 해서 실망하기는 이릅니다. 이번에 살펴볼 외적 동기는 순전히 부모에 의해 좌우될 수 있는 영역이기 때문입니다. 외적 동기란 말 그대로 외부 자극에 의해 아이의 동기가 발현되는 것을 말합니다. 어떤 자극이 공부를 하게 하는 동기가 될까요? 우리가 흔히 알고 있는 보상 체계가 여기에 해당합니다. 숙제를 하면 스티커를 준다거나, 게임을 하게 해주는 것이 여기에 해당하지요. 그런데 이런 보상 체계에 대해 회의감을 갖는 분들이 많이 있습니다. 공부는 스스로 하는 것인데, 외부 보상에 의존하다가 보상이 사라지면 어떻게 될까? 아이가 스스로 하는 힘이 보상 체계 때문에 망가져버리지는 않을까 걱정하지요. 물론 저도 처음엔 칭찬 스티커 등을 도입하는 것에 부정적이었습니다. 하지만 심리학과 교육학 분야의 공부를 더 하고, 실제 아이들에게 적용해보면서 나름의 방법을 찾게 되었습니다. 부정적인 영향 없이 외적 동기를 제공하는 원리는 다음의 두 가지로 정리할 수 있습니다.

첫째, 초등생 시기가 내적 동기의 발현이 어려운 것은 인정하지만, 언제 올지도 모를 내적 동기만을 마냥 기다리며 교육에 손을 놓고 있는 것 또한 올바른 방법은 아닙니다.

둘째, 보상을 받기 위해 공부하는 아이로 키우는 것이 싫다면, 학습의 결과가 아닌 노력하고 애쓴 과정에 대해 보상이 이루어지도록 해야 합니다. 어차피 공부를 잘하기 위해서는 적당한 인내심과 성실함이 중요하기 때문이지요. 이 인내심과 성실함을 키우는 과정으로 외적 보상을 한정해서 실시합니다. 공부에 대한 내적 동기는 중고등학교 때 올 수도 있지만, 초등 시기에 그 동기를 추진하고 밀고 나갈 행동력을 키워놓지 않으면 추진력을 잃게 될 테니까요. 이런 원리를 바탕으로 칭찬을 하거나 적당한 보상을 주는 방법으로 외적 동기를 길러준다면 긍정적인 방법으로 아이의 학습 동기를 키워줄 수 있습니다.

한 줄 상담소

초등생 아이가 스스로 학습 동기를 찾아 알아서 공부하기를 바라는 것은 알맞지 않습니다. 공부를 하기 위해 필요한 힘을 길러주는 것에 더 노력해야 할 시기이지요. 스티커와 같은 보상 제도도 학습 결과보다는 아이가 얼마나 시간과 노력을 들였느냐에 초점을 맞추는 것이 좋습니다. 시험 점수보다는 시험을 위해 얼마의 시간 동안 노력했느냐에 초점을 맞추어 보상해주는 것이 필요합니다. 초등 시기에 길러진 인내심과 성실함의 행동들은 나중에 아이가 진짜 학습 동기를 갖게 되었을 때 훨씬 더 추진력을 발휘할 수 있는 힘이 됩니다.

37

사춘기가 되어 공부를 안 할까 봐 걱정입니다

사춘기가 되면 반항도 많이 하고 부모 뜻대로 되지 않는다고들 합니다. 다른 것은 다 괜찮은데 사춘기의 반항심으로 공부를 하지 않으려 할까 봐 걱정입니다. 사춘기를 겪으면서도 학업에 영향을 주지 않도록 하는 방법은 없을까요?

사춘기가 가져오는 긍정적인 효과

여기저기서 사춘기에 대해 부정적인 말들만 들으니 우리 아이만은 사춘기가 오지 않고 지나갔으면 좋겠다고 말하는 분들도 있습니다. 하지만 이 생각은 정말 위험합니다. 사춘기 없이 지나갔으면 좋겠다는 말은 아이가 자기 감정에 충실하기보다는 주변이나 어른들의 시선에 순응적인 모습으로만 커갔으면 좋겠다는 말로 들리기 때문이지요. 이 책의 곳곳에서 아이들이 스스로의 감정에 충실한 것이 얼마나 큰 힘을 발휘하는지에 대해 이야기하고 있으므로, 여기서는 생략하겠습니다. 대신 사춘기에 폭발적으로 일어나는 감정의 힘이 학습에 어떻게 작용하는지 설명하겠습니다.

사춘기는 인지 발달의 완성과 함께 찾아옵니다. 지금까지는 선생님이나 부모의 말에 대해 스스로 판단할 능력이 없었지요. 그래 책에 쓰여 있으니까, 어른이 말하니까, 그렇겠구나 하고 받아들였습니다. 학습에서도 마찬가지지요. 순응적으로 받아들이는 것을 잘하는 아이일수록 공부도 잘했습니다. 무조건 빨리 받아들이고 외우는 것이 중요했으니까요.

하지만 사춘기가 되면 상황이 달라집니다. 어느 순간 '정말 그럴까?' 하는 생각이 고개를 듭니다. 사고력과 논리력이 발달할수록 더욱 그렇지요. 이제부터는 주어지는 지식에 대해 자기 점검을 합니다. 납득되지 않으면 토를 다는 것이지요. "꼭 그렇지 않을 수도 있잖아요?" "진짜 그런지 선생님이 해봤어요?" 하는 식으로요. 지금까지는 지식을 받아먹기만 했다면 자기 손으로 지식을 주워 담는 시기가 온 것이지요. 받아먹는 지식보다 주워 담은 지식이 훨씬 더 강력한 힘을 지닙니다. 상한 곳은 없는지 진짜 담을 만한지 스스로 검증한 것들이기 때문에 쉽게 잊히지도 않고 어디서나 쓸 수 있는 강력한 무기가 됩니다. 받아먹은 지식은 금방 까먹기도 하는데 말이죠.

사춘기의 이런 학습적 특성을 이해한다면 아이의 반항적인 질문과 태도들을 조금 다른 시각으로 볼 수 있습니다. 어쩌면 아이는 공부를 안 하려는 것이 아니라, '아, 진짜 이상하잖아' '왜 내가 이걸 외워야 하는 거야?' '근데 이거 진짜 확실한 지식은 맞아? 금방 또 새로운 연구가 나와서 뒤바뀌는 건 아니야?' 하는 마음들이 치솟고 있을지도 모르니까요.

아이들의 삐딱한 태도가 공부에 대한 자기 생각이 생겼기 때문인 것까지는 이해하겠는데 그래도 문제는 남습니다. "어차피 AI가 나오면 다 필요 없어질 지식을 내가 왜 외우고 있어야 하는데?"라면서 공부하지 않는 아이는 어떻게 하면 좋을까요? 이에 대한 해답 또한 사춘기의 특성에서 찾을 수 있습니다. 이제부터는 부모도 더 이상 어린 자녀가 아닌 하나의 인격체로 존중해주는 자세가 필요합니다. 아무리 얼토당토않는 말이라도 아이의 생각을 존중하는 것부터 시작하는 것이지요.

"그러네. 나중엔 이런 거 외우는 사람은 없을 거야. 인공지능이 다 알아서 처리해줄 테니까. 그렇지?"

"내 말이요. 그러니까 공부 안 해도 되죠?"

"공부를 앞으로 살아가는 데 필요한 지식을 얻는 것으로만 생각한다면 그렇지. 하지만 지금 이걸 외우는 것은 당장 시험도 봐야 하고 대학도 들어가야 하니까 필요하지."

"아 진짜~ 그러니까 학교에서 다 쓸데없는 것을 가르치는 것이 문제예요. 교육제도가 문제라고요!!"

"맞아. 교육제도가 문제야. 그건 엄마도 인정! 하지만 교육제도를 탓하면서 아무것도 하지 않겠다는 것은 인정 못 해. 앞으로 쓸데없어질 지식이라고 해도 지금 너에게 주어진 과제라면 열심히 하는 것이 맞아. 자신에게 주어진 일을 성실하게 하는 것을 배우는 것이 지금

네 나이에는 중요하니까. 그걸 연습하는 과정이라고 생각해."

아이의 논리를 수용해주면서도 이런 단호한 태도를 취한다면 아이도 막연한 반항심을 키우지는 않을 겁니다. 또 이렇게까지 말했는데도 하지 않겠다고 하는 것은 막무가내로 떼를 부리는 행동이니 사춘기의 인격적인 존중은 아직 받을 준비가 안 되어 있는 것입니다. 이런 태도에 대해서는 단호하게 훈육하는 것이 좋습니다.

많은 부모들이 단호한 태도가 아이에게 상처를 주지 않을까 걱정합니다. 아이가 상처를 받는 지점은 자신의 감정이나 생각을 수용해주지 않았을 때입니다. 따라서 지금 공부를 하기 싫은 아이의 감정과 왜 해야 하는지 이해할 수 없는 아이의 생각을 다 수용해주었는데도 억지를 부리는 것이라면, 그다음에 행해지는 훈육에 대해서는 아이도 상처받지 않습니다. 아이들도 영민해서 당장은 속상해서 문을 쾅 닫고 들어갈지언정, 마음속 깊은 곳에서는 자기가 잘못했다는 걸 알 테니까요. 단지 그걸 표현하지 않는 것뿐입니다.

자녀와 나누는 논리적 대화의 즐거움

자녀의 사춘기가 힘들기만 한 것은 아닙니다. 반항적인 태도와 하기 싫은 행동들에 대한 부분만 잘 협상한다면, 아이와 나누는 대화가 점점 즐거워질 수 있습니다. 어느 순간 진짜 친구처럼 대화를 나눌 만큼 커 있는 아이를 발견할 테니까요. 학습을 할 때도 마찬가지입니다. 때로는 부모가 사춘기 때 했던 생각들을 아이가 똑같이 하고 있는 것을 발견할 수도 있습니다. 그때의 경험을 이야기해주고 함께 나눌 수도 있지요. 어떤 때는 교과서에 나온 그림이나 문제집의 문제 하나로도 논리적인 대화를 이어나갈 수 있습니다.

"와~ 엄마 때는 교과서에 나오는 여자는 항상 집안일을 하는 모습이었는데, 요즘 교과서는 남자가 주방일을 하는 삽화도 있네."

"당연하지. 요즘은 교과서 삽화에서도 남녀평등이 중요하다고."

"아~ 남녀평등. 그게 삽화에서 반영되는구나. 하긴 무심코 보는 그림에서도 잠재적인 교육이 이루어질 테니까. 넌 이 그림을 보고 교과서 만드는 사람의 의도까지 파악한 거야? 대단한걸?"

"엄마, 내가 또 재미있는 그림 보여줄까?"

아이의 생각에 살짝 칭찬을 얹으면 아이는 신이 나서 자신이 발견한 세상의 논리들을 끄집어내기 시작합니다.

"어, 보여줘. 교과서도 그런 시각으로 보니까 나름 재미있네."

"여기 봐. 아이들이 노는 모습에는 꼭 휠체어를 탄 친구도 있다."

"우와~ 그렇네. 그럼 이건 장애인 평등 교육을 반영하고 있는 건가?"

"맞아, 그런데 내가 학교에서 본 장애인 친구들은 평등한 생활을 하지는 않았어. 아무래도 그림이 좀 더 이상적인 것 같아."

"현실과 다르다, 이 말이지? 중요한 발견인데."

요즘은 자신의 생각을 논리적으로 표현하는 것이 점점 더 중요해지는 시대입니다. 학습에서도 무조건 암기하는 것보다는 상황을 살짝 비틀어서 볼 줄 아는 힘이 중요하지요. 하지만 학교 교육을 순종적으로 열심히 받아온 아이들은 아이러니하게도 이런 힘이 부족합니다. 자신의 생각을 말했는데 잘못된 부분을 지적받는 것이 익숙하다 보니 자꾸만 정답을 외우려고 하는 것이지요.

아이와의 대화에서 '네 생각이 옳다'는 잠재적인 피드백을 한다면, 아이의 학습 능력에도 많은 영향을 미칠 수 있습니다. 사춘기 자녀를 공부하게 하는 힘에는 이렇게 상황을 비틀고 뒤집어서 일깨워주는 위트가 필요합니다. 어디까지 공부했는지 검사하고 확인을 하던 모습에서, 함께 생각하고 의견을 나누며 배워가는 학습 동반자의 모습으로 부모도 변신할 때입니다.

한 줄 상담소

'사춘기' 하면 대부분 반항적인 행동을 떠올리기 때문에 얌전히 앉아서 공부하는 모습과는 멀어진다고 생각하는 경향이 있습니다. 어느 정도는 맞는 말이지만 반드시 그런 건 아닙니다. 말과 행동은 거칠어져도 그때부터가 진짜 공부가 시작되는 시기이기도 합니다. 진짜 자기감정이 생긴다는 것은 자기의 논리대로 세상을 보고 지식을 받아들인다는 뜻이니까요. 아이가 사춘기 없이 지나갔으면 하는 마음보다는 '아이가 사춘기이니 나도 이제 부모 모드를 바꿀 때가 되었구나' 라고 생각하는 것이 더 바람직합니다.

38

코로나19로 아이의 학습 능력이 떨어질까 봐 겁이 납니다

코로나19로 등교하지 못하는 시간이 너무 길어져서 걱정입니다. 학교에서 하는 원격 학습만으로 진도를 제대로 따라갈 수 있을까 걱정도 되고, 코로나 시기에 학생들의 학업 능력이 많이 떨어졌다는 기사들을 보면 남의 일 같지가 않습니다. 아이가 제대로 하고 있는 건지 알 수가 없네요.

프로젝트 학습 활용하기

아무 준비 없이 갑자기 투입된 원격 학습이다 보니 아이도 학교도 서로 준비가 되지 못했던 것이 사실입니다. 시간이 지나면서 학교의 원격 학습의 질도 높아지고 있지만 아무리 질 좋은 학습 자료를 활용한다고 해도 대면으로 교류하면서 이루어지는 학습을 따라가기 어려운 것이 사실입니다. 특히 저학년일수록 그런 현상은 더욱 두드러지지요. 어쩔 수 없다면 주어진 상황에서 최선을 다하는 것이 필요합니다. 원격 수업 기간에도 아이의 학업 능력을 키워줄 수 있는 다양한 방법들을 살펴보겠습니다.

등교 수업으로 바쁠 때는 오히려 하기 어려운 학습 방법이 하나 있습니다. 아이의 창의성, 자기주도성을 키울 수 있는 좋은 방법이지만 꽤 많은 시간과 집중력을 발휘해야 하고 자칫 학교의 학습 주제를 벗어나는 경우도 많아 평소엔 활용이 어려운 것이지요. 바로 프로젝트 학습법입니다. 아이가 좋아하거나 관심 있는 분야를 정해서 자료도 찾아보고 궁금했던 것을 아이 스스로 해결해나가는 과정을 담을 수 있어 요즘 교육과정에서도 많이 반영하려고 노력합니다.

프로젝트 학습을 초등학교 교실에서 팀을 이루어 진행할 때 어려운 부분이 있습니다. 모둠원끼리 의사소통, 역할 분담, 선호하는 주제 등이 달라 갈등을 겪는 경우가 많기 때문입니다. 물론 갈등의 과정에서 배워나가는 점들도 많지만, 그러다 보면 에너지가 분산되어 학습 과제의 몰입도가 떨어지는 경우도 종종 봅니다. 하지만 개인별로 진행할 때는 이런 문제를 줄일 수 있습니다. 주제도, 방법도 마음대로 정할 수 있기 때문이지요. 또 결과물의 완성도를 높이는 데 너무 에너지를 쏟을 필요도 없습니다. 온전히 주제에 집중하여 창의성과 자기주도성을 발휘할 수 있습니다. 그럼 이제 가정에서 할 수 있는 프로젝트 학습의 예를 살펴볼까요?

먼저 주제를 아이 스스로 정하게 합니다. 예를 들어 게임을 좋아한다면 특정 게임을 주제로 잡을 수 있습니다. 게임 캐릭터의 유래, 게임에 도입한 역사적 시대 상황 등을 찾아보게 하는 거지요. 모든 게임은 가상의 공간에서 펼쳐지지만 창작자들은 현실 세상에서 모티브를 찾아 기획합니다. 바로 그 연결 지점을 찾아보는 것이지요. 또 게임 회사에 대한 정보도 찾아볼 수 있습니다. CEO의 인터뷰를 통해 언제 어떤 계기로 게임을 만들게 되었는지, 제작 기간과 비용은 얼마나 들었는지, 어떤 과정을 통해 만들어졌는지 알 수 있지요. 컴퓨터 프로그램에 관심이 있다면 실제 게임 제작 과정을 배워보게 하는 것도 도움이 됩니다. 반대로 게임하는 걸 더 좋아한다면 유튜브에서 게임 영상을 찾아 차이점과 공통점 등을 분석해보게 할 수도 있습니다. 아이돌이나 애니메이션 만화를 좋아하는 경우도 마찬가지입니다. 스포츠를 좋아하는 아이라면 운동선수에 대한 인터뷰를 모아보게 할 수도 있습니다. 대부분 학교에서는 프로젝트 학습으로 활용하기 어려운 주제들이지만, 사실 아이들의 자기주도성을 가장 쉽게 끌어올리기 위해서는 이런 주제들이 가장 좋습니다. 주제가 게임이고 아이돌이면 어떤가요? 그것을 통해 세상을 배우고 자기주도적인 학습과 연결 지을 수 있는 것이 중요하지요.

프로젝트 학습이라고 해서 반드시 결과물을 보고서 형식으로 만들어야 할 필요는 없습니다. 물론 그럴 수 있다면 더 좋겠지만 저학년이거나 보고서로 만드는 것에 어려움을 느끼는 아이라면 다른 방법으로 대체도 가능합니다. 말하기를 좋아하는 아이라면 자신이 하루 종일 찾아본 것들을 부모에게 이야기하는 방식으로 표현하게 해도 좋습니다. 그림을 좋아한다면 가상의 게임 세상이나 캐릭터를 그려보게 할 수도 있지요.

만들기를 좋아하는 아이라면 포트폴리오 형식의 학습도 가능합니다. 아이가 만든 작품들을 사진으로 찍어 모아두는 것이지요. 작품을 보관하기는 어려워도 사진으로 찍어두면 나중에 아이의 자산이 됩니다. 동물이나 식물을 좋아하는 아이라면 직접 키우면서 매일매일 변화를 기록하게 하는 것도 좋습니다. 객관적인 사실뿐 아니라 느낀 감정에 대한 기록도 좋습니다. 길게 쓸 필요 없이 단 한 문장으로 표현하는 것도 괜찮습니다. 중요한 것은 매일 쌓아나가 어느 순간 자신의 결과물에 스스로 뿌듯함을 느낄 수 있게 하는 것이지요.

이런 학습 과정들은 당장의 학교 성적과는 거리가 멀 수 있습니다. 하지만 학습의 힘을 길러주는 효과가 있습니다. 이 힘은 시간이 지날수록 빛을 발하는 특징이 있지요. 요즘은 교육과정이 많이 바뀌어서 외워서 푸는 문제보다는 자기 생각을 표현하는 서술형 문제들이 점점 많아지는 추세입니다. 스스로 좋아하는 주제를 정해서 탐구하고 정리해보는 경험들은 남들보다 빨리 달라진 교육과정에 적응할 수 있는 힘을 길러줄 것입니다.

놓치면 따라가기 어려운 수학, 기본 실력 다져두기

학업 능력이 떨어져도 대부분의 과목들은 금방 따라가기 쉽습니다. 초등학교 교육과정은 학년 편차가 크지 않기 때문이지요. 그런데 그게 어려운 과목이 하나 있습니다. 수학입니다. 어른들의 눈에는 큰 차이가 없어 보여도 아이들은 연산 문제의 자릿수 하나가 늘어나는 변화에도 문제가 어렵다고 느끼곤 합니다. 코로나 시대, 다른 과목들은 조금 쉬어가도 괜찮지만 수학만큼은 해당 학년에서 배워야 하는 개념을 제대로 알고 있는지 확인해주실 필요가 있습니다.

학년별로 기본적으로 알아둬야 할, 다음 학년으로 올라갔을 때 어려움을 느끼지 않을 정도의 기본 실력을 정리해서 살펴보겠습니다.

1학년의 경우 덧셈과 뺄셈 연산을 배웁니다. 단, 받아올림이 없는 기본 연산입니다. 숫자도 1학기 때는 50까지, 2학기 때는 100까지의 수를 배우기 때문에 그보다 더 큰 수가 나오는 연산은 1학년 범위를 벗어납니다. 기본적으로 수를 읽고 쓸 줄 알고 간단한 덧셈과 뺄셈 문제를 풀 수 있는 실력이면 충분합니다.

2학년부터는 받아올림이 있는 덧셈과 뺄셈을 공부합니다. 또 곱셈이 처음 등장하지요. 따라서 두 가지 과제를 확인해두어야 합니다. 첫째, 덧셈과 뺄셈 연산 실력이 튼튼한지 살펴봅니다. 둘째, 구구단을 외울 수 있도록 합니다. 이 시기에는 수학을 어렵다고 느끼지 않게 해주는 것도 중요합니다. 무조건 연산을 풀게 하기보다는 덧셈과 뺄셈을 활용한 다양한 놀이 위주의 활동을 추천합니다. 놀이 공부를 통해 최대한 재미있고 다양하게 연산 문제를 접하게 하는 것을 추천해드립니다.

3학년에는 나눗셈이 등장합니다. 나눗셈은 단순한 사칙연산 중 하나이지만 아이들은 덧셈, 뺄셈, 곱셈을 배울 때와는 확연히 다른 느낌을 받습니다. 다른 연산들은 간단하게 답이 나오지만 나눗셈은 한 문제를 풀기 위해 서너 개의 덧셈, 뺄셈, 곱셈을 해야 하기 때문입니다. 그래서 구구단이 완벽하지 않으면 나눗셈에서 어려움을 겪게 됩니다. 구구단 노래나 게임 등을 통해 눈 감고도 답이 술술 나올 수 있게 연습해두는 것이 필요합니다. 3학년 때의 나눗셈은 두 자릿수를 넘어가지 않으니 이것도 유의합니다. 너무 어려운 문제를 미리 접해서 좌절의 경험을 만들지 않아야 합니다.

4학년에는 세 자릿수÷두 자릿수 나눗셈이 등장합니다. 한 문제 안에 대여섯 개의 덧셈, 뺄셈, 곱셈이 등장하기 때문에 처음으로 수포자가 발생하는 시기입니다. 나눗셈 개념을 익히는 공부 방법도 다양하게 있습니다. 구체물을 이용한 활동 놀이로 나눗셈 익히기 활동을 반복해두기를 권장합니다. 요즘은 유튜브나 블로그에 재미있고 다양한 학습 방법들이 많이 소개되고 있으니 조금만 검색해도 좋은 정보를 많이 접할 수 있습니다. 또 4학년에는 분수 개념이 처음 나옵니다. 다만 분모가 같은 분수만 나오기 때문에 이 시기에는 대분수와 가분수로 바꾸는 개념을 확실하게 연습해두는 것이 필요합니다.

5학년이 되면, 분모가 다른 분수 계산식, 약분과 통분이 등장합니다. 전 단계의 사칙연산이 제대로 되어 있지 않으면 문제를 풀 수 없지요. 또 분모가 다른 분수가 등장하면서 분수의 계산에서도 어려움을 느끼기 시작합니다. 이 시기부터는 본격적인 학습 과목으로 진입하기 때문에 더 이상 놀이 수학으로 접근하는 건 효과적이지 않습니다. 이제는 문제를 많이 풀면서 진짜 수학의 기본기를 다지는 연습이 필요합니다.

6학년은 분수의 나눗셈이 1, 2학기에 반복해서 나오면서 5학년 때 부족했던 부분을 계속 이어서 공부할 수 있는 기회를 제공하지요. 특히 이 시기에는 5학년 때 배운 약분과 통분을 잊어버려 어려워하는 경우가 많습니다. 분수의 나눗셈 계산을 어려워한다면 약분과 통분 공부를 복습해보도록 합니다. 더불어 직육면체의 부피와 겉넓이, 원의 넓이를 구하는 문제도 등장하니 관련 공식을 잘 외워두는 것이 필요합니다.

어렵고 힘든 코로나 시기, 아이들이 조금 쉬어가는 시간으로 생각해도 별 무리는 없습니다. 다만 최소한의 필요한 것들만 챙겨주면서 잠재적 학습의 힘을 기르는 시기로 활용하면 좋겠습니다.

한 줄 상담소

코로나19는 갑자기 닥친 재난입니다. 우리 아이만 학습이 뒤처지지 않을지 걱정스럽겠지만 사실 모든 아이들이 똑같이 어려움을 겪고 있습니다. 초등학교 학습은 조금 쉬어가더라도 따라가는 데 큰 무리는 없습니다. 다만 수학 정도는 기본 개념을 익혀 다음 학년에서 어려움이 없도록 짚어둘 필요가 있지요. 조금 쉬어가는 김에 평소에는 시간이 없어 해볼 수 없었던 프로젝트 학습 등을 시도해보는 것도 좋습니다. 아이가 좋아하는 주제로 접근한다면 창의성과 자기주도력을 기르는 데 좋은 기회가 될 수 있습니다.

39

원격 수업 준비는 어떻게 해야 할까요?

원격 학습은 온전히 집에서 아이를 관리해야 해서 그에 따른 어려움이 많습니다. 아이가 아침에 늦잠을 자는 일도 많고, 수업을 듣게 하고 과제를 해서 올리는 일도 신경써야 하는 부분이 되어버렸어요. 평소에는 점심을 급식으로 해결했는데 이제는 아이의 세끼 식사까지 챙겨야 하니 힘든 점이 한둘이 아닙니다. 나도 모르게 자꾸 아이에게 그 감정을 쏟게 되고 돌아서서 후회하는 악순환이 반복되네요.

친한 친구와 함께 수업 듣게 하기

코로나 시기의 원격 수업은 부모들에게 더 많은 부담을 안겨준 것이 사실입니다. 저도 아이들과 원격 수업을 준비하다 보면 이런 과정들이 고스란히 느껴집니다. 아무래도 학교에 간다는 부담감이 없고 생활 패턴이 불규칙해지다 보니 아침에 늦잠을 자는 아이들이 많습니다. 쌍방향 수업을 할 때도 화상 수업 방에 들어오지 않은 아이에게 일일이 연락하는 것이 일이지요. 아이와 연락이 되지 않으면 할 수 없이 부모에게 연락할 수밖에 없는데, 부모 입장에서도 매번 선생님의 연락을 받는 것이 부담스러울 수 있지요. 그래도 원격 수업은 학교에 가는 것과 마찬가지로 꼭 챙겨야 하는 부분이니 최대한 아이와 갈등을 줄이면서 학습 습관을 잡는 방법들을 알아보겠습니다.

스스로 아침에 일어나 세수하고 옷 입고 수업 준비해서 책상 앞에 앉는 것이 쉬운 일은 아닙니다. 저학년일수록 더욱더 그렇지요. 이럴 때 친구 찬스를 활용해보길 권합니다. 아이와 친한 같은 반 친구를 한 명 섭외하여 아침마다 집으로 초대해 원격 수업을 같이 듣게 하는 것입니다. 물론 양쪽 부모 모두 동의해야 하고, 마스크 착용과 거리두기 등 방역 지침도 지켜야 합니다. 그렇게라도 아침에 친구와 만나기로 약속을 해두면 아이의 일정은 완전히 달라집니다. 늦잠 자는 모습을 친구에게 보여주고 싶어 하는 아이는 없으니까요. 공부하면서 서로 모르는 것을 알려줄 수도 있고 친구와 함께이니 즐거운 마음도 들어 좋지요. 물론 감염에 대한 문제가 조금 걸리지만, 학습에 미치는 효과를 생각한다면 단 한 명의 친구이고 방역 지침을 잘 지키는 조건하에서 시도해볼 수 있는 방법입니다.

양보다는 질로 평가하고 보상하기

다른 방법으로는 아이가 스스로 한 부분에 대해 보상을 주는 것이 있습니다. 보상을 위해서는 먼저 아이가 가장 힘들어하는 부분이 무엇인지 파악해야 합니다. 아침에 일어나는 것을 힘들어하는지, 늦잠을 자는 것이 문제인지, 혼자서 잘 일어나긴 하는데 책상에 앉는 것이 어려운지 등 문제 행동을 세분화해서 살펴볼 필요가 있습니다. 가장 실천이 안 되는 행동을 하나 골라 잘했을 때 스티커 등으로 보상을 하는 것이지요. 그렇게 모은 스티커로는 원하는 장난감을 사거나 게임 시간을 확보할 수 있습니다.

원격 수업은 선생님이 옆에서 지켜보는 것이 아니라서 얼마든지 딴짓이 가능합니다. 컴퓨터로는 동영상을 틀어놓고 손으로는 휴대폰 게임을 할 수도 있습니다. 또 클릭만 해놓고 다 봤다고 할 수도 있습니다. 이럴 경우는 "다 본 것이 맞아?" "딴짓하지 않았어?"라며 잔소리를 하기보다 학습 내용으로 확인하는 것을 추천합니다. 공부한 내용을 설명해보게 하는 거지요. 또는 들은 내용을 바탕으로 퀴즈 문제를 몇 개 만들어보라고 합니다. 아이가 만든 문제를 부모가 풀어본다면 아이에게는 더 자극이 되어 좋습니다. 사실 문제를 맞히는 것보다 출제하는 것이 더 고난도의 작업입니다. 퀴즈 문제를 내려면 당연히 학습 내용을 꼼꼼하게 볼 수밖에 없지요.

또 국어, 수학, 과학 등 주요 과목은 한 단원이 끝날 때마다 문제집의 단원평가 등을 활용하여 시험을 보는 방법도 있습니다. 일정 점수를 못 넘으면 다시 복습하게 하는 것이지요. 매일매일 학습한 내용을 체크하는 것이 아니라 이렇게 큰 단원을 주기로 중요한 내용을 이해했는지만 체크하는 것으로도 부모의 에너지를 많이 줄일 수 있습니다.

학습을 떠나서 코로나 시기에는 아이에게도 집안일을 어느 정도 분담시키는 것이 필요합니다. 가족들이 집에 머무는 시간이 길어지면서 자연스럽게 늘어난 집안일에 대해 설명합니다. 가족회의를 거쳐 각자 역할 분담을 하는 거지요. 초등생이라도 할 수 있는 집안일은 많습니다. 쓰레기 분리수거 하기, 화분 물 주기, 신발장 정리, 장난감 정리, 설거지하기, 빨래 널기 등 아이의 의견을 반영해서 할 일을 정해주는 것이 필요합니다.

해야 할 일이 있어야 집에서도 늘어지지 않고 하루의 시간을 긴장감 있게 사용할 수 있습니다. 이런 습관이 자연스럽게 원격 학습 시간에도 영향을 미치게 되는 것이지요.

한 줄 상담소

선생님 없이 집에서 혼자 하는 원격 학습은 아무래도 집중력도 떨어지고 제대로 하지 않은 경우도 많습니다. 이럴 때는 같은 반 친한 친구를 한 명 섭외해서 함께 수업을 듣도록 하는 방법을 추천합니다. 다만 감염의 위험이 있으므로 양쪽 부모의 동의가 있어야 하고, 함께 공부할 때도 마스크 착용과 거리 두기로 방역 지침을 지키도록 합니다. 또 제대로 듣지 않은 것 같은 원격 학습 내용은 때마다 제대로 들었냐고 잔소리하기보다 큰 단원 단위로 퀴즈 문제를 내게 하거나 간단한 단원 평가를 해서 일정 점수를 넘으면 학습 내용을 인정해주는 방법으로 양보다는 질로 판단하는 것이 효과적입니다.

3부

학교 생활

40

초등1학년이 되면 꼭 휴직해야 하나요?

맞벌이 가정이라 아이의 초등학교 입학을 앞두고 이런저런 고민이 많습니다. 주변에서는 중요한 시기라고 엄마가 도와줘야 한다고 하는데, 정말 학교 입학을 하면 부모의 도움이 많이 필요한가요? 휴직을 하는 게 아이에게 도움이 되는지 궁금합니다.

잘 못 챙겨줄까 걱정되는 마음

요즘은 초등학교 입학을 앞두고 부모들이 휴직을 하는 것이 대세인 듯합니다. 제가 보기에는 아이의 입학에 부모의 손길이 꼭 필요해서라기보다는 육아휴직을 권장하는 사회적 분위기가 더 많이 반영된 것이라 생각됩니다. 사실 예전에는 학교에서 필요한 준비물들을 부모가 직접 챙겨서 보내줘야 하는 경우가 많았습니다. 도화지, 찰흙, 수수깡 등의 준비물을 사기 위해 아침부터 문구점이 북적대곤 했지요. 하지만 지금은 상황이 많이 달라졌습니다. 대부분의 학습준비물은 학교에서 준비해줍니다. 물론 모든 것을 준비해주는 것은 아니고

학교나 담임선생님에 따라 품목이 다르긴 합니다. 하지만 풀, 가위, 색연필 등 개인 소장 물품을 학기 초에 구비해두면, 학기 중에 자잘하게 준비해야 할 것들은 그리 많지 않습니다. 혹시 필요한 것이 있더라도 알림장이나 주간 학습안내를 통해 안내하기 때문에 맞벌이 부모라고 해서 챙겨주지 못할 정도는 아니지요.

물론 꼭 학습준비물이 아니더라도 학교 생활을 하다 보면 이런저런 돌발변수들이 생깁니다. 아침까지 멀쩡하던 날씨가 돌변해 갑자기 비라도 내리면 남들은 다 우산을 챙겨 들고 마중 나오는데 우리 아이만 비를 맞고 오는 것은 아닌지 걱정스럽기도 합니다.

하지만 정작 그런 날 학교에서 아이들의 모습을 보고 조금 마음을 놓은 부분이 있습니다. 갑자기 비가 오면 대부분의 아이들이 우산이 없는 경우가 많습니다. 그런데 반대로 아침에 비가 왔다가 그친 경우 학교에는 여기저기 주인을 잃은 우산들도 흔하게 굴러다닙니다. 여분의 우산으로 서로 챙겨주기도 하고 집 가는 방향이 같은 아이들끼리 씌워주기도 합니다. 이렇게 우산을 같이 쓰면서 없던 우정이 싹트기도 하지요. 또 비상시를 대비해서 아이 사물함에 접는 우산을 넣어두는 것도 방법입니다.

어제까지 따뜻해서 짧은 소매 옷을 입혀 보냈는데, 오후에 갑자기 찬 바람이 불면서 쌀쌀해지는 경우도 있지요. 그런 날은 내내 마음이 편치 않지만 정작 생각만큼 아이가 종일 추위에 떨 일은 드뭅니다. 일단 교실 안은 아이들의 체온으로 언제나 온기가 넘쳐납니다. 바깥 날씨와 상관없이 적당한 체온을 유지할 수 있지요. 집에 갈 때가 문제인데, 신기한 것은 아이들은 어른처럼 기온에 민감하지 않다는 겁니다. 어떤 아이들은 부모가 따뜻하게 입혀 보내줘도 외투를 벗어두고 가기고 하고, 옷을 챙겨서 가지고 온 엄마를 부끄러워하면서 얼른 가라고 손짓을 하기 일쑤입니다. 엄마에게 챙김을 받는 모습이 자칫 친구들에게 아기처럼 보일까 봐 걱정이 되는 거지요. 물론 모든 아이들이 그런 것은 아닙니다. 특히 저학년의 경우는 엄마가 학교에 오는 것을 좋아하는 아이들도 있습니다. 지원군이 생겼다고 여기는 것이지요. 하지만 한 가지 확실한 것은 엄마가 오는 것을 좋아하는 아이일수록 또래에 비해 더 어린 부분이 있습니다. 엄마가 오는 것을 부끄러워하는 아이일수록 학교 생활을 의젓하게 하고 또래 관계에서도 리더의 모습을 보이는 경우가 많지요.

학교는 아이들의 사회생활이 시작되는 곳입니다. 어느 사회생활이나 실수는 있게 마련이지요. 그 실수를 부모가 만회해줘 버릇하면 아이의 사회생활은 그만큼 더뎌지게 마련입니다. 추워서 고생한 경험이 있어봐야 아침에 학교 갈 때 날씨도 한 번 더 살펴보는 아이로 성장하는 법일 테니까요.

정보에 늦어 뒤처질까 하는 마음

초등1학년은 아이들뿐 아니라 부모들의 커뮤니티도 처음 생성되는 시기입니다. 입학식이나 학부모총회 등에서 만난 학부모들끼리 연락처를 주고받고 SNS 단체방이 열리게 되지요. 이 단체방에 초대를 받지 못하면 이런저런 정보에서 소외될 수밖에 없고 그러다 보면 우리 아이만 뒤처지는 것은 아닐까 조바심이 생길 수 있습니다. 개인정보 취급 때문에 학교 차원에서 부모들의 연락처를 공유하지 않다 보니 이런 사적인 모임이 더 중시되는 경향도 있습니다. 물론 수십 명의 아이들이 함께하는 사회이다 보니 이런저런 정보들로 넘쳐나기 마련입니다. 오늘 학교에서 누가 혼이 났는지, 숙제는 어떤 식으로 챙겨서 보내면 좋은지, 아이 담임선생님의 취향에 이르기까지 여러 가지 것들을 함께 공유하지요.

하지만 조금만 생각해보면 이런 소소한 정보들이 아이의 학교 교육에까지 영향을 미치는 경우는 미비합니다. 더구나 요즘은 인터넷의 발달로 학교에서도 교육에 필요한 중요한 정보들은 모두 부모님께 휴대폰으로 직접 전송합니다. e알리미, 클래스팅 등 활용되는 앱만 해도 무궁무진하지요. 과거에는 학부모 모임에서 중요한 정보가 전해졌을지도 모르지만, 사이버 세상이 되면서 정보의 공개는 더 투명하고 평등해진 측면이 많습니다. 특히 공적인 부분의 정보 공개는 더욱 그렇습니다. 학교에서 이루어지는 모든 공문들은 특별한 사안이 아니면 반드시 대국민정보공개를 원칙으로 하고 있으니까요. 누구나 마음만 먹으면 학교에서 이루어지는 모든 정보를 쉽게 접할 수 있습니다.

물론 소소한 정보에서 우리 아이만 늦는 경우가 생길 수는 있습니다. 중요한 것은 그렇다고 해서 우리 아이가 반드시 뒤처지는 것은 아니라는 점입니다. 아이가 뒤처지는 데에는 수백 가지 이유가 있습니다. 그게 엄마의 정보 공유 때문이라면, 못 해준 경우는 죄책감을 갖게 될 것이고, 잘 챙겨준 경우라도 '엄마가 이렇게 열심히 했는데 넌 왜 그런 거니?' 하며 아이 탓을 하게 되겠지요. 두 가지 모두 아이의 건강한 성장에는 도움이 되지 않습니다. 그 어떤 경우에도 부모가 정보에 늦어서 아이가 뒤처지는 경우는 없다는 점을 잊지 말았으면 합니다. 저학년 때는 다소 늦어질지 몰라도 고학년이 되면 상황은 쉽게 역전됩니다. 중요한 것은 아이 스스로 건강하게 학교 생활을 이끌어 갈 힘을 길러주는 것이지요. 그 힘을 기르기 위해서는 어쩌면 부모가 한발 늦게 다가가주는 것이 도움이 될지도 모를 일입니다.

친구를 많이 사귀게 해주고 싶은 마음

1학년은 스스로 친구를 사귀기 어려운 나이이다 보니 부모의 커뮤니티를 따라서 친구 관계가 형성되기 마련입니다. 가까운 공원이나 놀이터에서 부모들은 담소를 나누고 아이들은 신나게 노는 모습이 흔한 일상이지요. 하지만 저학년 아이들은 발달의 차이가 많이 나기 때문에, 단계가 맞지 않는 친구끼리 자주 만나는 것이 독이 되는 경우도 있습니다. 또한 1학년 때 관계가 고학년까지 쭉 지속되는 것도 아닙니다. 아이들의 진정한 친구 관계는 3, 4학년 이후에 본격화되지요. 이때는 부모끼리 아무리 친해도 스스로 성향에 맞는 친구를 사귀기 시작합니다. 따라서 지금 당장은 우리 아이가 부모들의 친구 모임에 끼지 못한다고 해도 저학년의 특성에 의한 일시적인 현상이라고 이해하는 것이 중요합니다.

물론 아이의 기질에 따라 친구들 무리에 끼지 못하는 것을 속상해하는 아이도 있습니다. 이런 경우는 부모가 노력해서 도와줄 필요가 있습니다. 휴직을 해서 부모가 모임에 참여할 수 있다면 좋겠지만, 그렇지 못한 경우라면 주말 등의 시간을 활용해서 학급의 친한 친구들을 두세 명 집으로 초대하는 방법도 있습니다. 아이가 직접 놀고 싶은 친구를 초대하게 하는 것이지요. 전화도 좋고, 학교에서 만나 말해도 좋고, 초대장을 주는 방법도 있습니다. 아이가 직접 친구를 초대하게 하는 것은 매우 중요한 사회생활의 연습이 될 수 있습니다. 부끄러워서 못 하겠다고 하는 경우엔 부모가 나서서 학급 친구의 부모에게 먼저 연락을 해 도와주는 방법도 있습니다. 대신 아이의 픽업이나 귀가 시간 등은 사전에 친구 부모에게 안내하는 것이 좋지요. 전체 학급의 부모 커뮤니티에 소속되지 못하더라도 기질 및 발달이 맞는 친구 두세 명만 교감해도 아이에게는 충분할 수 있습니다. 오히려 너무 많은 아이들과 놀다가 생길 수 있는 부작용도 줄일 수 있어 일석이조가 될 수 있지요.

아이의 친구 관계는 기본적으로 아이 스스로 이끌어가는 것이라 생각하고 부모는 조금씩 도와주는 것으로만 생각해야지, 친구 관계까지 부모가 이끌어준다는 생각은 자칫 건강한 아이의 성장에 도움이 되지 않을 수도 있다는 것을 잊지 말아야겠습니다.

한 줄 상담소

아이의 입학을 앞두고 휴직이나 퇴직을 고민하시는 분들이 많은 것 같습니다. 하지만 부모가 집에 있는다고 해서 아이의 학교 생활이 달라지진 않습니다. 사소한 정보에서는 뒤처질 수 있어도 아이가 필수적으로 꼭 알아야 할 정보까지 누락될 일은 없습니다. 또 엄마가 세세하게 챙겨주는 것이 사회생활을 막 시작한 아이들의 성장에 도움이 되지 않는 부분도 있지요. 게다가 3, 4학년이 되면 아이들도 스스로 친구를 사귀고 부모 도움 없이 성장할 힘을 갖게 됩니다. 초등 입학을 아이가 사회생활을 하는 시작으로 여기고 이제는 품 안에서 내려놓는 연습을 하는 시기로 여기길 바랍니다.

41

학부모회 활동이 아이에게 도움이 될까요?

맞벌이 부모입니다. 학기 초가 되면 학교에서 다양한 학부모 총회도 열리고 여러 학부모 단체의 구성원도 모집하는데, 언제나 참여할 수 없어서 마음 한편이 무겁습니다. 부모의 학부모 단체 참여 여부가 아이에게 어떤 영향을 줄까요?

아이에게 실이 되는 경우

대부분의 부모들은 학교 활동에 참여하면 아이의 기도 살려줄 수 있고 돌아가는 학교 정보도 쉽게 접할 수 있으니 여러 가지로 유익하리라 생각합니다. 틀린 말은 아니지만 학교가 아이의 온전한 사회생활의 영역이라고 생각할 경우 사실 부모의 학교 활동 참여가 아이에게 온전히 득이 되는 건 아닙니다. 사실 종종 아이에게 실이 되는 경우도 있습니다.

특히 이런 문제는 아이가 저학년인 경우 흔하게 나타납니다. 부모가 학부모 대표로 활동하고 학교도 자주 찾아오다 보니 선생님과도 꽤 친한 관계를 유지합니다. 당연히 선생님도 부모를 대하는 태도가 다를 수밖에 없고, 다른 부모들도 대표로서 존중을 해줍니다. 이 경우 아이는 부모의 지위와 자신을 동등하게 여기는 경향이 있습니다. 즉 학급에서 다른 친구들보다 자신이 우위에 있다고 생각하는 것이지요. 이런 친구들 중에는 선생님이 계시지 않을 때 교탁에 나가 선생님을 대신하여 아이들을 통제하려고 하곤 합니다. 요즘 초등 저학년에서는 반장 회장을 따로 뽑지 않는 경우도 많기 때문에 자연스럽게 학부모 대표의 자녀가 이 역할을 대신하기도 하는 거죠. 문제는 아이들이 선출하지 않은 리더가 스스로 나서서 리더의 역할을 하려 한다는 점입니다. "네가 뭔데 우리한테 이래라저래라냐?" 하고 친구들의 반대에 직면할 수 있습니다. 또는 그럴까 봐 교사가 먼저 나서서 아이의 역할에 제한을 두기도 하지요. 문제는 이럴 때 아이가 억울하다는 감정을 느낀다는 점입니다.

반대의 경우도 있습니다. 부모가 학교에 자주 오다 보면 자녀가 교실에서 겪은 억울한 상황에 대해 담임교사에게 자연스럽게 이야기하는 상황도 많아집니다. 다른 부모들은 바로 이 점이 가장 큰 장점이라고 생각하지만 아이의 성장에서 본다면 반드시 그런 것만은 아닙니다. 물론 아이에 대한 상담이 자주 이루어지다 보니, 아무래도 교사가 다른 아이들에 비해 아이의 입장을 더 많이 이해하게 될 수밖에 없는 것은 사실입니다. 하지만 교사에게 편파적으로 더 많은 이해를 받는 경험이 아이의 성장에 긍정적으로만 작용하는 것은 아닙니다.

자신의 감정이나 입장을 스스로 표현하고 타인에게 이해시키는 연습을 하는 곳이 바로 학교인데, 그 기회를 빼앗아버리는 상황이 될 수도 있는 거지요. 지금 당장은 아이가 더 이해받으며 학교 생활을 하는 것으로 보이겠지만, 아이의 건강한 성장에는 도움이 되지 않을 수 있습니다.

아이에게 득이 되는 경우

그렇다고 부모의 학부모 활동이 모든 아이에게 실이 되는 것은 아닙니다. 내성적인 성격에 소심한 기질로 친구들과 잘 어울리지 못하는 아이의 경우 심리적 지원을 받을 수 있습니다. 특히 내성적이면서도 기질이 착하고 자기감정을 잘 표현하지 않는 경우, 장난치고 싶어 하는 다른 친구들의 표적이 되기 쉽습니다. 살짝 괴롭히고 장난을 쳐도 선생님에게 이르거나 딱히 싫다는 표현을 하지 않으니 아무래도 더 쉽게 여겨지는 것이지요. 이런 장난들이 차츰 누적되다 보면 점점 그 정도가 심해질 수 있습니다. 특히 고학년 남자아이들의 경우는 살짝 도를 넘는 행동으로까지 번지기도 합니다.

이럴 때 부모가 자주 학교에 드나들고 선생님과도 친분이 있는 모습을 보이면, 다른 친구들 입장에서 아이를 만만하게 대하기 어려울 수 있습니다. 부모가 학교에 자주 온다는 사실만으로도 아이들에게는 암묵적인 권력이 될 수 있으니까요. 아무리 부모 스스로 아이의 교육과는 상관없이 학교에 순수하게 봉사하러 온다고 생각할지라도 아이들의 눈에 보이는 모습은 그렇지 않습니다. 따라서 학교 활동에 참여한다면 분명 우리 아이에게도 영향을 미칠 것이라는 걸 염두에 두고 아이의 건강한 성장을 우선으로 둔 선택을 해야겠습니다.

지혜로운 학부모회 활동이 되려면

사실 학부모회 활동은 교사에게도 필요한 일입니다. 학교 차원에서 이루어지는 각종 학부모회 모집에 우리 반만 지원자가 없다면 다소 곤란할 수도 있기 때문입니다. 또한 마을공동체와 함께하는 교육과정을 추진하는 요즘 추세 또한 학부모들의 학교 교육활동을 장려하는 분위기입니다. 따라서 아이의 학교 생활에 지장을 주지 않는 범위에서 학부모회 활동을 건강하게 할 수 있는 가이드라인을 몇 가지 제시하겠습니다.

첫째, 학부모회 활동은 아이와 별개로 순수하게 봉사하는 마음으로 임해주시기 바랍니다. 학교 활동을 통해 얻는 추가적인 정보 등도 보안을 유지하는 것이 좋습니다. 학교 테두리 안에 들어온 이상 학부모가 아닌 모든 아이들을 대하는 선생님의 마음으로 함께하는 것이 중요하지요.

둘째, 아이의 기질에 따라 학부모회 활동이 실이 되는 경우엔 활동을 자제하는 것도 좋습니다. 봉사활동을 원하신다면 자녀의 학교가 아닌 교육청 단위의 학부모 활동도 많으니 학교와 직접적인 관련이 없는 방법을 알아보는 것이 좋습니다.

셋째, 학부모회 활동을 하지 못한다고 해서 아이에게 피해가 가거나 정보를 늦게 접할 거라고 걱정할 필요는 없습니다. 요즘은 학교 내 모든 정보를 공시하게 되어 있습니다. 또한 엄마의 힘으로 친구들 사이에서 살린 기는 진짜 아이의 것이 될 수 없습니다. 저학년 때에나 한시적으로 나타나는 성향일 뿐이지요. 진정으로 아이가 기를 펴고 학교에서 당당하게 살아가길 원한다면, 부모의 도움이 아닌 스스로의 힘으로 그 방법을 찾도록 도와주는 것이 더욱 현명합니다.

한 줄 상담소

학부모회 활동이 아이에게 도움이 될 거라고 많이들 생각하시지만 학교 내부의 시선으로 보면 반드시 도움이 되는 것만도 아닙니다. 아이의 기질에 따라서 도움이 되는 경우와 그렇지 못한 경우가 존재하지요. 학부모회 활동을 못 한다고 해서 내 아이가 불이익을 받을 거란 생각은 현실적이지 않습니다. 더불어 순수하게 봉사의 의미로 학부모회 활동에 접근하는 것이 모든 아이들의 건강한 성장을 위해서도 도움이 됩니다.

42

아이가 수업 준비물을 잘 못 챙깁니다

아이의 알림장에 '신문 가져오기'가 쓰여 있어서 뭐 하는데 필요한 거냐, 몇 장이나 필요하냐고 물어봐도 잘 모르겠다고만 합니다. 선생님이 설명해주셨다고는 하는데, 무슨 내용을 말씀하셨는지는 기억하지 못하네요. 준비물을 챙겨줄 때마다 답답한 마음이 들고, 다른 아이들은 혼자 잘하는 것 같아 걱정도 됩니다.

아이가 선생님 설명을 안 듣는 걸까요?

보통 학교에서 알림장을 쓸 때는 선생님도 아이들에게 어떤 것이 필요한지 왜 가져오라고 하는지 설명을 합니다. 세세한 내용까지 알림장에 다 적을 수는 없기 때문이지요. 그렇지만 아이에 따라서 잘 기억하지 못하거나 집에 전달하는 과정에서 문제가 생기는 경우가 있습니다.

저학년이라면 자연스러운 현상이니 크게 걱정하지 않아도 됩니다.

저학년은 아직 인지 발달이 진행되는 과정이라 아이에 따라 수준 차이가 많이 납니다. 선생님 말을 토씨 하나 안 빼고 그대로 집에 와서 전달하는 아이들이 있는가 하면, 기억조차 못 하는 아이도 있습니다. 머리가 나쁘거나 지능이 떨어져서라기보다는 언어 쪽 인지 발달이 다소 늦어서 그럴 수 있습니다. 키 크는 속도나 이가 나는 시기에 차이가 있듯이 말이죠. 다만 알림장 내용도 제대로 적어오지 못한다면 문제가 됩니다. 대부분 학교에서 크게 제시해주기 때문에 내용을 받아 적는 것은 어려운 일이 아닙니다. 알림장의 내용을 설명하지 못하는 것은 괜찮지만, 내용조차 제대로 적혀 있지 않는다면 선생님과 상담해보길 추천합니다. 알림장 쓰는 시간에 집중을 못 해서 그런 것인지, 노력을 하는데도 따라가기가 어려운 것인지 원인을 알아야 합니다. 집중의 문제라면 가정의 도움이 필요합니다. 알림장을 잘 써오면 스티커로 보상을 해주며 긍정적인 방향으로 유도하고, 중요한 순간에는 꼭 집중해야 한다는 점도 알려주는 것이 좋습니다. 만약 노력해도 안 되는 부분이라면 학습 능력에 문제가 있을 수 있습니다. 추가적인 진단을 통해 아이가 부족한 부분을 연습할 수 있도록 도와줘야 합니다.

고학년이라면 선생님 설명을 제대로 안 들었을 확률이 높습니다. 상담을 통해 학교에서의 생활이 어떤지 체크해볼 필요가 있습니다. 추가적인 방법도 담임선생님과 함께 찾아보길 권해드립니다. 이런 문제가 단순히 알림장에만 한정되어 있지 않을 수 있기 때문입니다. 상담을 했는데 학교에서는 별문제를 보이지 않고 잘 따라오고 있다고 한다면, 부모와의 소통 문제일 수도 있습니다. 사춘기가 찾아오면서 알림장에까지 영향을 미치는 것이지요.

옆집 아이나 부모에게 물어봐야 할까요?

원인이 어찌 되었든 준비물을 잘 챙겨 보내야 아이가 공부를 하는 데 문제가 생기지 않을 테니까 부모 마음은 당장이 급합니다. 아이가 설명을 잘하지 못한다면 옆집 아이에게라도 물어서 제대로 챙겨줘야 하나 싶은 마음이 듭니다. 하지만 이런 방법은 당장의 문제를 해결하는 데는 도움이 될지 몰라도 긴 안목으로 보면 문제의 소지가 있습니다.

첫째, 아이 스스로 문제를 해결할 기회를 뺏는 결과가 됩니다. 학교 준비물을 챙겨가는 것은 아이가 해야 할 일입니다. 물론 부모가 도와줘야 할 부분도 있지만 어찌 되었든 그 주체는 아이가 되어야 한다는 뜻입니다. 신문지 가져오기에 대해 아이가 추가적인 설명을 못한다면 그냥 단순하게 신문지만 챙겨 보내시면 됩니다. 양이 모자라거나 크기가 안 맞아서 잘못 가져간 것이라면 그 또한 아이가 감수해야 할 몫이지요. 아이도 현실적인 부분에서 어려움을 겪어야 다음엔 잘해야지 하는 마음이 생깁니다. 엄마가 챙겨줘서 그 위기를 모면했다면, 다음에도 똑같은 문제가 반복될 뿐이지요.

둘째, 옆집 아이의 긍정적인 성장에 방해가 됩니다. 특히 저학년의 경우엔 대다수의 아이들이 선생님의 설명을 잘 전달하지 못하기 때문에 인지 발달이 빠른 아이가 유리할 수밖에 없습니다. 부모님들도 답답한 마음에 똘똘한 아이의 부모에게 전화를 걸어 물어보게 되지요. 문제는 이런 행동이 반복될수록 옆집 아이는 학교의 일을 집에 잘 전달하는 것이 중요하다고 느끼게 된다는 점입니다. 처음엔 알림장에 적힌 준비물에서 시작했지만 시간이 지날수록 불필요한 정보까지 전달하게 됩니다. 오늘 누가 선생님에게 혼이 났다거나 누가 숙제를 안 해왔다는 등의 정보들이죠. 물론 당장은 해당 부모에게도 좋은 정보가 될 수 있습니다. 아이의 숙제를 더 챙겨주고 혼난 부분을 수정해줄 수 있을 테니까요. 문제는 그사이에 이 똘똘한 옆집 아이가 느끼는 심리적인 상태입니다. 자칫 남들보다 우월하다는 생각을 갖게 되기 쉽습니다. 아이 덕분에 수혜를 입은 주변의 어른들이 "어쩜 이렇게 똑똑하니?"라는 칭찬을 해주고, 그게 일상이 되다 보면 자꾸만 그런 요구에 부응하는 데만 에너지를 소진하게 되지요. 정작 학교에서 집중해 공부해야 할 타이밍까지 놓치게 됩니다. 다들 수학 문제를 푸느라 집중하고 있는데, 저 멀리서 선생님이 다른 친구를 조용히 타이르는 소리만 들려도 고개를 들어 바라봅니다. 누가 혼나는지 살펴서 집에 전달해야 하니까요. 똘똘한 아이가 어이없게 실수하는 일들이 종종 발생한다면 대부분은 지나치게 주변 일에 신경을 쓰는 것이 원인인 경우가 많습니다.

한 줄 상담소

알림장에 적힌 준비물을 제대로 챙겨서 보내지 않으면 학교 공부에 지장이 생길까 봐 걱정이 되지요. 하지만 준비물을 챙기는 일도 아이 학습의 연장선으로 보는 것이 맞습니다. 물론 현실적으로 그렇지 못한 부분이 있는 것도 사실입니다. 담임선생님에 따라 상황이 많이 다르기도 하지요. 그래서 더욱 부모가 기본 원칙을 세우고 긴 안목으로 끌고 가는 것이 중요합니다. 준비물을 제대로 설명하지 못한다면 알림장에 적힌 내용대로만 챙겨 보내면 됩니다. 그 뒤에 올 사소한 문제들은 아이의 몫으로 남겨두세요. 그래야 문제들을 겪으며 아이도 스스로 성장해나갈 수 있습니다.

43

놀이만 하면 친구와 갈등이 생기는 아이, 이유가 뭘까요?

아이가 딱지놀이를 좋아합니다. 학교에 가져가서 놀고 싶다고 해서 보냈는데, 딱지놀이를 하다가 친구와 싸워서 혼났다는 이야기를 자주 합니다. 친구가 규칙을 안 지켜서 그렇다네요. 친구와 잘 이야기해서 규칙을 만들고 놀이를 하라고 하는데도 늘 비슷한 일이 반복되니 어떻게 해야 할지 고민입니다.

게임을 해서 딱지 따는 것을 좋아하는 경우

딱지놀이를 좋아한다고 말하는 아이들도 그 속내를 들여다보면 좋아하는 부분이 조금씩 다릅니다. 어떤 아이들은 딱지를 구실로 친구들과 소통하는 것 자체를 더 좋아하고, 어떤 아이들은 딱지치기 게임보다 딱지 모으는 것을 더 좋아합니다. 이렇게 아이들마다 원하는 것이 다르기 때문에 같이 놀이를 해도 즐거워하는 부분과 불안한 부분이 달라지게 되지요. 바로 이런 부분이 갈등의 시발점이 됩니다. 아이가 친구와 겪는 문제를 해결해주려면 먼저 이 원인부터 파악해야 합니다.

게임을 해서 딱지 따는 것을 좋아하는 아이들은 평소에도 딱지치기 연습을 열심히 합니다. 어떻게 딱지를 쳐야 잘 넘어가는지 연구도 하고, 게임에서 이기기 위해 좀 더 큰 왕딱지나 비싼 딱지를 사달라고 조르기도 합니다. 이렇게 승부욕이 넘치는 아이들은 갈등을 빚는 경우도 명료합니다. 게임에서 지고 자신의 딱지를 잃게 되었을 때 속상해하지요. 친구에게 이겨서 딱지를 많이 따고 싶은데, 마음처럼 쉽지 않으니 속상한 것이지요. 이럴 때 친구가 규칙도 지키지 않고 자기 마음대로 한다면 그야말로 분노가 치솟습니다.

이런 경우엔 집에서 아이와 딱지놀이를 함께해주면서 실력을 향상시켜주는 게 도움이 됩니다. 또한 게임을 하기 전 규칙을 명확하게 정하는 연습도 함께 합니다. 놀이 규칙은 상대방의 동의를 구하는 것이 중요합니다. 내가 이렇게 하자고 했다고 해서 그게 바로 규칙이 되는 것은 아니지요. 친구에게 물어보고 그 친구가 정확하게 답을 하는 것까지 들어야 규칙이 성립되는 것입니다. 어른들의 눈에는 너무 당연한 절차이지만, 아이들에게는 아직 쉽지 않습니다. 특히 저학년일수록 더 그렇지요. 자신이 말을 했으니까 규칙이 정해졌다고 생각하는 경우가 많습니다. 상대방 아이는 또 마음속으로 나름의 규칙을 정해버려서 갈등으로 번지는 경우가 많지요. 가정에서 아이와 놀이를 할 때 대화를 주고받으면서 명확하게 소통하는 법까지 연습한다면 학교에서 친구와의 갈등도 많이 줄일 수 있습니다.

딱지를 구실로 친구들과 놀고 싶은 경우

단순히 딱지 게임 자체가 갈등의 원인이 되는 경우는 사실 그 해결도 쉽습니다. 하지만 아이들은 딱지 자체에 집착하는 게 아닙니다. 대부분은 딱지를 매개로 하여 친구들과 노는 것이 즐거운 것이지요. 이런 아이들은 딱지 실력을 높이기 위해 혼자 열심히 연습하기보다는 집에서도 자꾸만 딱지를 함께 치자고 조릅니다. 딱지 실력도 그리 뛰어나지 않은 경우가 많지요. 게임에서 져도 조금 웃겨주거나 달래주면 금방 마음이 풀어집니다. 승부 자체보다는 함께한 시간이 즐거운 거니까요. 그런 아이들 중에서도 유독 딱지만 고집하는 경우가 있습니다. 학교에서 딱지치기가 유행을 하는 경우에 그렇습니다. 딱지를 가지고 가야 친구들 사이에 원활하게 낄 수 있으니, 딱지치기를 좋아한다고 많이 사달라고 조르는 것이지요. 이 아이들은 딱지치기를 할 때도 딱지보다는 친구에게 말을 하는 경우가 더 많습니다.

"야. 이렇게 쳐봐."
"아냐, 잠깐 이거 여기다 놓고 하면 될 것 같아."
"여기 치면 뒤집힐 것 같아."
"아니, 아니, 그렇게 말고. 그래, 거기. 우와."

그런데 정서적인 상호작용을 좋아하는 친구들이 승부욕이 강한 친구와 만나면 갈등을 빚기 쉽습니다. 이해를 돕기 위해 딱지놀이를 하는 모습을 잠깐 살펴보겠습니다.

강우_승부욕이 강한 아이. 신체 발달도 남달라서 딱지 실력도 매우 높음. 게임을 했다 하면 주로 딱지를 따는 편.

수민_정서적인 상호작용을 좋아하는 아이. 딱지 실력은 보통이지만 어떤 게임에도 빠지지 않고 참가하려고 함. 딱지놀이 내내 입도 쉬지 않고 움직임.

수민: 이번 판은 까판(아이들이 만든 신조어로 가짜로 연습하는 판. 딱지가 뒤집혀도 가져가지 않음)이야 알지? 야, 너희들 까판이 무슨 뜻인지 알지?

친구 1: 알았어. 야, 빨리 쳐.

친구 2: 잘했어. 야 우리 이번에는 찐판(까판으로 연습한 뒤에 돌입하는 진짜 판. 딱지가 뒤집히면 실제로도 가져감)으로 하자. 어때?

아이들: 좋아.

강우: (딱지를 치기 위한 자세를 잡고 집중하며) 그럼 이번엔 내 차례지?

수민: 야, 이번 판도 까판으로 하자. 응? 까판…….

(수민이가 말을 하는 중간에 강우가 이미 딱지를 내려침. 딱지 뒤집히고 강우가 수민이 딱지를 가져감.)

수민: 야, 이번 판은 까판인데 왜 가져가?

강우: 무슨 소리야? 내가 땄으니까 내 거야.

수민; 그런 게 어디 있어? 까판인데 가져가면 안 되지. 돌려줘.

강우: (딱지를 움켜쥐며) 싫어.

수민: (울먹이며) 선생님~ 강우가 내 딱지 안 돌려줘요. 규칙도 안 지키고.

강우: 아냐, 이번 판은 찐판이었잖아.

얼핏 찐판인지 까판인지 규칙을 명확히 하지 않아서 벌어진 갈등 같지만, 사실 원인은 다른 곳에 있습니다. 문제가 어디에 있는지 확인해보기 위해서는 아이들에게 규칙을 명확히 하는 법을 가르친 후에 다시 살펴보면 알 수 있습니다. 아무리 가르치고 주의를 줘도 얼마 후에 또 싸우고 우는 일이 반복된다면 원인이 다른 곳에 있다는 신호입니다. 정서작용이 중요한 수민이는 한번 정한 규칙을 끝까지 지키는 힘이 약하고, 승부욕이 강한 강우에게는 매번 뭐라고 말하는 수민이의 말을 끝까지 듣고 이해하는 힘이 약하기 때문입니다. 각자 자신이 원하는 것에만 집중하니 자꾸 갈등만 빚어지는 것이지요.

사실 이런 갈등은 주로 저학년에게 많이 발생합니다. 고학년만 되어도 아이들은 각자 원하는 지점이 다르다는 것을 어렴풋이 인지합니다. 그리고 자연스럽게 자신과 비슷한 성향의 친구들과 어울리게 되지요. 하지만 저학년은 아직 그런 능력이 부족하기 때문에 문제 해결을 위해서는 적절한 개입이 필요합니다. 가장 좋은 방법은 기질이 비슷한 친구들끼리 놀게 하는 것이지요. 원하는 것이 비슷한 친구들끼리는 갈등의 소지를 많이 줄일 수 있습니다.

저학년일수록 비슷한 성향의 친구들과 놀게 하는 까닭은 친구와의 관계에서 긍정적인 상호작용을 많이 할 수 있도록 도와주기 위함입니다. 갈등을 자주 빚는 아이들일수록 타인과의 관계에 대해 부정적인 정서를 더 많이 갖게 됩니다. 반면 긍정적인 상호작용의 경험이 축적된 아이들은 향후의 인간관계에서도 이런 정서의 힘이 긍정적으로 작용하게 되지요.

딱지 모으는 것을 좋아하는 경우

딱지 모으는 것을 좋아하는 아이들도 있습니다. 이 친구들은 하루 종일 딱지 가방을 메고 다니지요. 친구들 앞에서 우르르 딱지 가방을 쏟아서 보여주기도 하는데 그 안에는 빨간색, 파란색, 노란색 등 다양한 딱지가 가득 들어 있습니다. 우리 눈에는 그냥 딱지가 한가득 들어 있는 것 같지만 아이들 머릿속에서는 딱지의 개수가 다 입력되어 있습니다. 빨간색 15개, 파란색 11개, 노란색 왕딱지 1개 하는 식으로 말이죠. 이 친구들도 물론 딱지치기 놀이에 참여합니다. 다만 이 경우는 갈등 지점이 달라지지요. 이 친구들이 딱지를 잃었다고 억울해하고 우는 지점은 딱지를 잃어서도, 친구가 규칙을 어겨서도 아닙니다. 11개 있던 파란색 딱지가 9개가 되는 순간일 확률이 높습니다. 파란색 딱지를 한 개 잃어서 10개가 된 순간까지는 괜찮다고 스스로를 위로합니다. 하지만 10개에서 9개가 되면 상황이 달라지지요. 앞자리 수가 달라지니 상실감도 더 커집니다. 특히나 파란색은 제일 좋아하는 색이지요. 문제는 아이들도 자신이 왜 속상한지 정확히 파악하기 어렵다는 점입니다. 그래서 다른 때는 잘 놀다가도 그 심리적 지점에 다다르면, 괜한 트집을 잡고 친구가 내 딱지만 일부러 따먹는다고도 하고, 규칙을 어겼다고 우기기도 하는 것이지요. 이런 경우의 해결책은 잃은 딱지에 대해 다른 방법으로 보전해주는 시스템을 도입해두는 것입니다. 숙제를 하거나 심부름을 잘했을 때 보상으로 딱지를 살 수 있게 해주시면 좋지요. 학교에서 딱지를 잃어도 다시 채워둘 방법이 있으니 아이도 어느 정도 감정을 조절할 힘이 생길 수 있습니다.

똑같은 딱지놀이를 하는 아이들이지만 저마다의 속마음을 들여다보면 이렇게 이유가 천차만별입니다. 놀이로 친구와 자주 다툰다면 우리 아이는 어느 유형에 해당하는지를 먼저 살펴보고 그에 맞는 해결 전략을 찾는 것이 중요합니다.

한 줄 상담소

딱지놀이를 하다가 친구들과 갈등이 생겼을 때 겉보기엔 승부에 너무 집착해서 그런 것으로 보입니다. 실제 아이들도 다툰 이유에 대해 '상대가 규칙을 지키지 않아서'라고 말하지요. 하지만 겉으로 보이는 것이 전부가 아닐 때가 더 많습니다. 딱지놀이를 좋아하는 아이들도 정작 원하는 것은 다 다릅니다. 아이들의 속마음을 잘 살필 수 있어야 놀이할 때 갈등을 줄여줄 수 있습니다.

44

학교에 장난감을 가져가게 해도 될까요?

얼마 전부터 아이가 팽이에 푹 빠져 있습니다. 기회만 되면 팽이를 사려고 하고 집에서도 하루 종일 팽이 놀이만 합니다. 학교에 가져가서 친구들과 놀고 싶다고 하는데, 허락해줘도 될지 고민입니다. 공부에 방해가 될 것 같기도 하고, 다른 아이들도 이런 물건들을 가져오는지 잘 모르겠어서 고민스럽습니다.

자꾸만 졸라대서

아이들은 소소한 장난감이나 물건들을 학교에 가져오고 싶어 합니다. 블루마블, 물총 놀이, 게임기 등 종류도 다양하지요. 좋아하는 장난감을 갖고 놀고 싶은 마음은 너무나 당연한 것이니까요. 교사들도 이런 마음은 잘 알고 있습니다. 교사들이 제재를 가하는 시점은 장난감 때문에 아이들의 갈등이 빈번하게 유발되는 때입니다. 따라서 장난감을 보내고 싶을 때는 아이에게 담임선생님께 여쭤보고 허락을 받아오라고 하는 것이 가장 좋습니다.

"우리 반 애들은 벌써 다 가지고 온단 말이야. 주은이도 가져오고, 혁이도 가져오고."

"그래도 엄마는 학교에서의 일은 선생님의 허락을 받는 것이 맞다고 생각해."

아이 말처럼 선생님께 묻지 않고 장난감을 가져오는 아이들이 정말 많이 있습니다. 선생님도 어느 정도 묵인해주는 것도 사실입니다. 친구들과 사이좋게 놀고, 수업에 방해되지 않게 눈치껏 한다면 말이죠. 하지만 표현하지 않는다고 아이들의 행동을 다 좋게 보는 것은 아닙니다. 이럴 때 선생님께 가져와도 되냐고 묻는 아이가 있다면 선생님 입장에서는 그 아이에게 훨씬 더 긍정적인 주목을 하게 되지요.

장난감을 자주 가져오는 아이들일수록 가만히 보면 부모님이 아이의 성화를 못 이겨 그러는 경우가 많습니다. 팽이 때문에 친구와 자꾸 싸워서 상담 전화를 드리면 "저도 학교에 가져가면 안 된다고 말했는데, 자꾸만 가져가더라고요" 합니다. "아이 가방을 살펴보셨어요?" 하면 "네, 가방에도 넣지 말라고 말을 해요. 매일"이라고 하지요. 말로만 해서는 절대 훈육을 할 수 없습니다. 말로 해서 듣지 않는다면, 장난감 때문에 학교 선생님에게 전화까지 받았다면 다소 엄격하게 매일 아침 가방을 체크하는 것이 맞습니다. 물론 아이의 저항이 만만치 않을 겁니다. 그렇다 하더라도 "엄마도 너를 믿어. 그래서 지금까지는 그냥 둔 거잖아. 하지만 선생님께서 전화를 하셨다는 것은 엄마에게 도움을 요청하신 거야. 엄마도 어쩔 수 없어" 하며 행동으로 가방을 매일 살펴보아야 합니다. 부모의 이런 태도는 아이에게 많은 것을 가르칠 수 있습니다. '엄마는 기본적으로 너를 존중하지만, 아직 네가 어리기 때문에 사회적으로는 보호자의 책임도 함께 갖고 있다. 장난감을 가져가는 것은 네 자유가 맞지만, 학교에서 친구와 갈등을 겪으며 문제가 생겼을 때는 엄마가 단호하게 대처할 것이다'라는 사인을 주는 것이지요. 그리고 이런 사인은 말로 하는 것보다 행동으로 보여주는 것이 훨씬 더 효과적입니다.

친구들 사이에서 기죽을까 봐 걱정되어

앞에서 말한 교육 철학에는 동의하시면서도 정작 아이에게 단호하게 못 하는 분들의 마음속에는 또 다른 한 가지가 더 들어 있는 경우가 많습니다. 아이가 친구들 사이에서 기죽을까 봐 걱정되는 마음이지요. 남들은 다 좋은 장난감을 가져오는데 우리 아이만 없다면 얼마나 속상할까 싶습니다. 너무도 당연한 부모 마음이지요. 하지만 학교에서 살펴보면 기죽는 부분이 장난감의 가격과 꼭 일치하지는 않습니다. 아주 좋고 비싼 장난감을 가져와도 친구들에게 기가 죽는 경우도 있습니다.

동호: 얘들아, 정민이가 팽이 진짜 좋은 걸로 사왔대.
아이 1: 어디 어디? 우와 진짜 좋겠다. 우리 엄마는 이거 너무 비싸다고 절대 안 사줘.

아이 2: 야, 이거 사고 싶어도 못 사. 난 마트 다 돌아다녔는데도 없어서 인터넷으로 주문했어. 그런데 배송되려면 열흘이나 걸린대. 정민이 너 진짜 좋겠다.

정민: 응, 이거 우리 아빠가 사주셨어.

동호: 정민아, 나 이거 한 번만 돌려봐도 돼?

정민: 그래.

아이 1: 정민아, 나도 나도 한 번만 응?

아이 2: 우와~ 너 다음엔 내 차례야 알겠지?

어느덧 비싼 팽이는 정민이 손을 떠나 학급 아이들 모두의 손을 거치게 되고, 정민이는 혹시라도 망가질까 봐 노심초사합니다.

정민: 야~ 이제 그만해. 그렇게 던지면 부서진단 말이야.

아이 3: 뭐야? 아직 나는 못 했는데…… 정민이 너 왜 나만 못 하게 하는 거야?

정민: 아니, 그게 아니고 팽이가 고장 날까 봐 그러지. 나도 아직 제대로 못 갖고 놀았단 말이야.

아이 3: 야, 치사하다. 누구는 하게 해주고 누구는 못 하게 하고, 이렇게 차별하기냐?

친구들의 원성에 정민이는 이러지도 저러지도 못하고 오히려 기가 죽습니다.

기죽지 말라고 비싼 장난감을 학교에 들려 보내도 아이의 기질에 따라 반응은 천차만별이 됩니다. 비싼 장난감을 빌미로 친구들을 줄 세우는 아이도 있지만, 정민이같이 오히려 기가 죽는 아이도 있지요. 친구들을 줄 세우는 것도, 친구들에게 휘둘리는 것도 건강한 상황은 아닙니다. 학교에 보내는 비싼 장난감은 어떤 경우에도 아이에게 긍정적으로 작용하지 않는다는 것을 이해하는 것이 중요합니다.

한 줄 상담소

장난감을 학교에 보내도 되는지는 담임선생님께 물어보고 결정하는 것이 좋습니다. 물론 허락을 구하는 것도 아이가 직접 하게 해야 하지요. 간혹 아이가 기죽을까 봐, 혹은 아이의 성화에 못 이겨 그냥 보내는 부모님이 있는데 두 가지 모두 아이의 건강한 발달에는 도움이 되지 않습니다. 만약 장난감 때문에 갈등이 생겼다는 담임선생님의 전화를 받는다면 더는 학교에 그 장난감을 가져가지 않게 하는 것이 맞습니다. 사실 대부분의 장난감은 교실에서 온갖 갈등의 원인이 되기 때문이지요.

45

줄넘기 인증제 때문에 아이가 울면서 왔습니다

입학 전 한글 공부도 시키고 나름대로 준비한다고 했는데 줄넘기 인증제를 통과하지 못했다고 아이가 울면서 왔습니다. 다른 친구들은 모두 쌩쌩이를 넘는다는데 혼자만 뒤처져 속상해하더라고요. 괜찮다 연습하면 할 수 있다고 하는데도 속상해하는 아이 때문에 고민스럽습니다.

줄넘기 인증제에 대하여

줄넘기 인증제는 초등학교에서 흔하게 이루어지는 교육 활동 중 하나입니다. 공식 교육과정이 아니어서 모든 학교에서 필수로 하는 것은 아닙니다. 하지만 좁은 공간에서 여러 명이 운동할 수 있다는 장점이 있고, 미세먼지나 날씨로 인해 운동장 수업이 제한될 경우에도 활용하기 쉽습니다. 또한 부피도 작아 사물함 보관도 가능하니 학교에서 활용하기엔 안성맞춤인 운동이지요. 준비가 간단한 것에 비해 운동 효과는 탁월합니다. 특히 성장기에 있는 아이들의 키 성장에도 도움이 되고 심폐 근력도 키울 수 있습니다. 줄넘기에 익숙해진 아이들은 단체로 하는 긴 줄넘기에도 도전할 수 있는데, 이럴 때는 학급 전체의 단합과 결속력도 키울 수 있지요. 그래서 요즘은 음악 줄넘기 등 다양한 방법으로 즐기면서 할 수 있는 교육과정이 많이 개발되고 있습니다.

그냥 편하게 하면 되는 운동에 인증제를 도입하는 것은 아이들을 조금이라도 독려하고 동기부여를 하기 위한 방법이지요. 10급에서 시작해서 조금씩 성취 단계를 높여 이단 뛰기, 엇갈려 뛰기 등 다양한 기술을 연습하게 해서 1급에 도달하게 되면 인증서도 부여합니다. 줄넘기 인증제의 긍정적인 취지와는 달리 과하게 경쟁으로 생각하는 경우에 문제가 발생합니다.

학교에서 가르치는 모든 과정에는 어쩔 수 없이 경쟁이 따라오게 됩니다. 학교에서 유도하지 않아도 아이들 사이에서 자연스럽게 이루어지기도 하지요. 줄넘기 인증제를 잘하지 못했다고 해서 나무라는 사람도 없고, 성적에 반영되는 것도 아닌데 경쟁으로 받아들이는 경우가 생기는 겁니다.

더불어 줄넘기 같은 경우는 눈에 보이는 실력 차이보다 그 간극을 좁히는 데 드는 시간과 에너지가 매우 짧습니다. 당장은 줄넘기를 10번도 못 넘고 걸리기만 하는 아이와 쌩쌩이로 2단 뛰기를 30번이나 넘는 아이의 실력 차이가 하늘과 땅으로 느껴지지만 줄을 넘는 것만 익숙해지면 의외로 다음 단계로 넘어가기가 쉽습니다. 아이들을 지도하다 보면 일취월장하는 사례를 많이 봅니다. 특별한 기술이 필요한 것도 아니어서 그저 꾸준히 많이 연습한 것과 비례합니다. 줄넘기 연습 시간 자체가 운동의 효과도 될 수 있으니, 아이가 많이 속상해한다면 매일 30분씩이라도 함께 줄넘기를 하는 것으로 도움을 줄 수 있을 겁니다. 처음부터 잘하는 것보다 이렇게 속상해하다가 노력해서 친구를 뛰어넘게 되면, 높은 성취감까지 덤으로 얻을 수 있습니다.

우는 것, 배움에는 좋은 사인

줄넘기 인증제를 하다 보면 재미있는 현상이 하나 더 있습니다. 모든 아이들이 다 경쟁으로 인식하지는 않는다는 것이죠. 어떤 아이들은 누가 몇 등급인지를 매우 관심 있어 합니다. 줄넘기 결과를 적으려고 하면 순식간에 제 등 뒤로 와서 몰래 훔쳐보곤 합니다. 그러면서 친구들의 결과를 끊임없이 자신과 비교하지요. “누구는 잘해서 좋겠다. 나는 아직 5급밖에 안 되는데” 하면서 푸념도 하고 “선생님, 우리 반에서 1급 받은 아이도 있어요?”라며 물어대기도 합니다. 반면 어떤 아이들은 관심조차 없는 경우도 있습니다. 그저 묵묵히 자신의 줄을 돌리는 데만 집중할 뿐이지요. 또는 줄넘기에는 관심도 없고 자유롭게 움직일 수 있는 시간이 주어진 것만으로도 좋아서 이리저리 돌아다니며 즐기는 경우도 있습니다. 아이들의 기질에 따라 전혀 다른 결과를 보이는 것이지요.

그렇다고 모든 것을 경쟁 체제로 받아들이는 아이에게 문제가 있는 것은 아닙니다. 오히려 그런 태도를 보이는 아이들이 학습 결과면에서는 훨씬 성장한 모습을 보입니다. 남들의 줄넘기 급수에 관심을 보인다는 것은 나도 그들처럼 혹은 그들보다 더 잘하고 싶다는 마음의 반증이니까요. 선생님의 등 뒤에서 다른 친구의 급수를 확인하고는 이에 질세라 또 엄청 열심히 연습을 합니다. 그래서 결국 1급을 따내고 말지요. 모든 배움의 과정에는 이러한 열정과 지기 싫어하는 마음이 어느 정도 필요합니다.

아이가 줄넘기 때문에 속상해서 울고 왔다는 것은 배움에서는 좋은 사인입니다. 당장은 마음이 아프지만, 남들이 줄넘기를 잘하거나 말거나 전혀 관심 없는 아이보다는 성장할 확률이 더 높다는 뜻이니까요. 많은 부모들은 아이가 속상해서 울고 오면 '내가 미리 알고 시켜주지 않아서 그렇구나' 하고 마음 아파하시지만 실은 속상해하는 기회를 주는 것이 미리 시켜서 보낸 것보다 더 긍정적인 효과를 가져옵니다. 물론 지금 당장에는 미리 시켜서 보낸 아이의 결과가 높게 나오겠지요. 하지만 장기적인 안목으로 본다면, 스스로의 노력으로 그 간극을 메워본 아이가 배움의 힘은 훨씬 더 강합니다. 나중에 실패했을 때도 그것을 성공으로 끌어올릴 수 있는 탄성력이 강해지는 것이지요.

학교를 보내다 보면 줄넘기와 비슷한 경험들이 많이 생깁니다. 아이들은 우유갑 여는 걸로도 으스대며 잘난 척을 하니까요. 공부만 미리 가르쳐서 보낸다고 학교의 모든 활동에서 앞서 나갈 것이라 기대하면 안 됩니다. 학교는 아이들이 생활을 함께하는 곳이기 때문이죠. 수학 문제를 잘 푸는 아이도 아이들이 부러워하겠지만, 청소 시간에 빗자루질을 잘한다거나, 잠겨진 교실 창문을 열거나, 운동화 끈을 예쁘게 매는 등의 아주 사소하고 다양한 분야에서 아이들은 경쟁과 비교의 순간에 직면합니다. 그 모든 순간을 다 준비해서 다 잘할 수는 없습니다. 그럴 필요도 없고요. 그 순간들을 어떻게 받아들이고 어떤 식으로 배워나가느냐가 아이들의 성장을 이끄는 힘이 될 것입니다.

한 줄 상담소

줄넘기 인증제는 필수 교육과정은 아니지만 여러 학교에서 아이들의 건강을 위한 방법으로 많이 도입하고 있습니다. 열심히 한 아이들을 격려하기 위해 '인증제'를 도입한 건데, 이것이 경쟁으로 이어지면서 문제가 발생하는 경우가 종종 있지요. 아이가 줄넘기를 못해 우는 것이 부모 마음에 속상하시겠지만 사실 배움에 대한 매우 긍정적인 사인입니다. 남이 자기보다 못하는지 잘하는지 관심도 없는 아이보다, 잘하고 싶은 마음을 강하게 갖고 있는 것은 배움에 커다란 원동력이 되기 때문이지요. 미리 가르쳐 보내서 잘할 때보다 이렇게 못하다가 잘하게 되었을 때 갖는 자신감이 훨씬 더 건강하고 성장에 도움이 될 수 있습니다.

46

우유 급식은 꼭 신청해야 하나요?

아이가 학교에서 먹는 우유가 맛이 없어서 신청하기 싫다고 합니다. 다들 우유를 먹는데 혼자만 안 먹는 것도 그렇고, 영양 균형을 위해서도 먹는 게 좋을 것 같은데, 아이는 토할 것 같다면서 남겨서 선생님께 혼나는 것도 싫다고 하네요. 먹기 싫은 날은 집에 가져오면 될 것 같은데 그것도 허락을 받아야 된다고 하니 고민스럽습니다.

우유 급식을 대하는 아이들의 자세

우유 급식은 교사들에게도 골치 아픈 문제입니다. 학생들의 민원이 가장 많이 발생하는 영역이지요. "왜 학교는 맛없는 흰 우유만 주나요? 초코 우유와 딸기 우유도 넣어주세요"라는 소리가 가장 많이 듣는 항의입니다. 건강을 위해서 먹는 건데 색소와 당류가 함유된 우유를 매일 줄 수는 없으니 이 문제로 늘 마찰이 생깁니다. 또 우유가 쏟아져서 친구의 책과 공책, 가방과 옷을 버리는 일도 비일비재합니다.

사물함에 몰래 숨겨놓았다가 잊어버려, 더운 여름 그게 썩어 터져버리는 경우도 있습니다. 교실 어디선가 지독한 냄새가 난다 싶으면 십중팔구 누군가 숨겨놓은 우유 때문인 경우가 많습니다. 고학년이 되면 우유가 새로운 장난의 도구가 되기도 합니다. 몰래 교실 창밖으로 던져버리는 거지요. 아무도 맞지 않고 바닥에 떨어지면 청소만 하면 되니 그나마 다행입니다. 지나가던 아이가 맞거나, 학교 담을 넘어 주차된 차에 떨어지기라도 하면 골치 아파집니다. 차주는 학교에 찾아와 배상을 요구하는데, 그 많은 아이들 중 누가 창밖으로 던졌는지 알아내는 게 쉽지 않지요.

물론 학교에서 남은 우유를 집에 가져가게 하는 방법도 있습니다. 그런데 그게 또 쉽지만은 않습니다. 아이들의 가방 속에서 얌전히 있으리란 보장이 없기 때문이지요. 가방 속에서 터져버리면 그야말로 사태가 심각해집니다. 집에 가서 꺼내놓는 것을 깜박해 며칠째 가방 속에서 오가는 일도 발생합니다. 십중팔구 상했을 텐데 아이가 그걸 오늘 우유로 착각해서 먹기라도 하면 큰일이지요. 또 날씨가 더운 여름에는 하루 만에도 식중독 사고가 발생할 수 있습니다. 이런 문제로 집에 가져가는 것을 금지하는 학교도 꽤 있습니다.

학교에서 우유 급식을 시작한 역사는 꽤 오래전입니다. 못살던 시절 성장기의 아이들에게 균형 잡힌 영양을 공급하는 방안 중 하나였지요. 저렴한 가격에 우유를 공급하는 것은 국가 차원의 배려이기도 했습니다. 하지만 요즘은 생활 수준이 올라가면서 영양이 부족한 경우는 거의 없어졌지요. 최근에는 우유가 반드시 좋은 것만은 아니라는 학계의 소리도 점차 커지고 있습니다. 성장호르몬을 먹여서 키우거나 낙농업 환경 때문에 스트레스를 받고 자란 젖소들에게 나온 우유가 사람에게도 나쁜 영향을 미칠 수 있다는 분석이지요. 학교에서 실시하는 우유 급식에 대한 것은 여러 가지 이유로 사회적 재합의가 필요한 시점이라고 생각됩니다.

못 먹는 것인지 안 먹는 것인지 구별하기

사회적 합의가 필요한 것은 2차적 문제이고 당장 우리 아이의 우유 급식에 대한 부분은 해결이 필요합니다. 정답이 존재하지는 않지만, 저는 학교의 정책들을 우선적으로 따라가게 하는 것이 아이의 성장에 있어 가장 부작용이 없다는 입장입니다. 아이가 특별히 유제품에 알레르기가 있거나 소화에 문제가 있는 것이 아니라면 우유 급식은 다른 아이들과 함께 시작합니다. 학년이 올라가면서 여러 가지 힘든 부분을 토로한다면, 학기 초 우유 신청을 하지 않는 방법으로 쉬어갈 수도 있습니다. 만약 학기 초에는 우유를 먹겠다고 해서 신청했는데, 중간에 먹기 싫다고 한다면 그 이유를 살펴볼 필요가 있습니다. 선생님의 가치관에 따라서 교육 활동에도 경중이 생기기 마련인데, 어떤 선생님은 아이들이 골고루 먹어 영양을 균형 있게 섭취하는 것을 중요하게 생각하기도 합니다. 이런 경우 우유 급식에 대해 좀 더 엄격한 기준을 제시하지요. 반드시 정해진 시간에 남기지 말고 다 먹도록 하는 것입니다. 먹는 것을 좋아하는 아이라면 상관없지만, 조금 예민하고 비위가 약한 아이들은 이런 방식이 힘들 수 있습니다. 이럴 경우 먼저, 선생님께 양해를 구합니다. 아이가 먹기 싫어하는 날에는 집에 가져올 수 있도록 해달라고. 대신 우유가 상하는 것에 대해서는 가정에서 관리하고 책임지겠다고 해주시면 됩니다. 이 방법이 원활하지 않을 경우엔 우유 급식을 중단하는 방법도 있습니다. 이럴 때는 중단하는 사유를 서류로 제출해야 하는데, 우유에 대한 알레르기나 소화 불량, 체질 변화 등을 이유로 제시하는 것이 가장 원활합니다. 담임선생님의 확인서를 받아 서류가 제출되면 미리 지불했던 우윳값은 행정실을 통해 환불받을 수 있습니다.

또 다른 방법이 더 있는데, 다른 친구들은 어떻게 해결하는지 알아보는 것이지요. 선생님의 엄격한 방법 때문에 아이가 힘들어하는 거라면 다른 친구들의 상황도 마찬가지일 테니까요. 이 방법은 아이가 직접 조사하도록 하는 것이 중요합니다.

"그럼 다른 친구들은 우유를 다 마시는 거야? 남기지 않고?"

"나도 몰라."

"한번 잘 살펴봐. 엄마 생각엔 분명 남기는 아이들이 있을 것 같은데……."

사실 이미 다른 친구들은 나름의 방법으로 이 문제를 해결하고 있는데(몰래 화장실에 가서 버리기, 몰래 코코아를 가져와 타 먹기, 남았지만 다 먹은 척 우유 급식 통에 버리기, 선생님께 도저히 못 먹겠다고 말하고 남기는 것 허락받기 등) 우리 아이만 고지식하게 원칙을 준수하고 있는 것인지도 모릅니다. 물론 선생님이 하라는 대로 규칙을 준수하는 것은 중요한 일입니다. 그렇지만 토할 것 같은데도 억지로 먹는 것은 미련한 일입니다. '규칙 준수'와 '나를 보호하는 일'에는 마찰 지점이 생기기 마련입니다. 우유 급식에 대한 것은 이 부분에 해당하지요. 이 부분을 융통성 있게 해결해가는 방법을 훈육하는 셈입니다. 물론 이것은 아이들의 기질에 따라 다릅니다. 가르치지 않아도 이미 알아서 잘하고 있는 아이가 있는가 하면, 너무 고지식하여 아무리 말해도 안 되는 아이가 있습니다. 어쨌든 시도해봐야 우리 아이가 어느 정도인지 파악할 수 있습니다. 만약 저학년이고 이런 부분이 어려운 기질이라면 부모가 먼저 우유 급식 중지를 신청하는 것이 맞습니다. 하지만 고학년이라면 친구들이 어떻게 하고 있는지를 살펴보는 활동을 통해 융통성의 힘을 기를 필요도 있습니다.

한 줄 상담소

과거와 달리 요즘은 우유 급식이 꼭 필요하진 않다고 생각합니다. 아이가 먹기 힘들어한다면 신청하지 않아도 괜찮습니다. 다만 우유 급식도 중요한 학교 활동 중 하나이기 때문에, 단체 활동 속에서 융통성의 힘을 키우는 과정으로 활용할 필요도 있습니다. 우유를 힘들어하는 것이 체질적인 문제인지 다른 이유인지 살펴보고 해결 방법을 선택하는 걸 권합니다.

47

편식이 심한 아이, 학교 급식은 괜찮을까요?

비위가 약한 체질이라 편식이 심한 편입니다. 특히 향이 강하거나 간이 강하게 들어간 음식을 싫어하고 잘 못 먹습니다. 나물 반찬도 먹기 힘들어하는 경우가 많고요. 학교 급식이 걱정이 되는데, 선생님이 남기지 말고 다 먹게 하면 어쩌죠?

급식을 바라보는 두 가지 시선

급식을 바라보는 시선에는 교사와 부모 모두 두 가지 입장이 있는 것 같습니다. 먼저 교사의 경우는 편식하지 않는 식습관을 길러주기 위해 꼼꼼하게 급식 지도를 하며 아이가 남김없이 다 먹을 수 있도록 지도하는 스타일과, 먹는 것까지 이래라저래라 간섭하는 것이 아이들에게 더 스트레스가 될 것 같아 즐겁고 편안하게 먹도록 지도하는 스타일이 있습니다. 부모의 경우도 마찬가지입니다. 집에서는 채소도 안 먹고 편식이 심하니 학교에서라도 골고루 먹게 해서 선생님이 편식 습관을 고쳐주었으면 하고 바라는 스타일과, 아이가 먹기 싫은 음식까지 억지로 먹이는 것이 싫고 그러다 토하기라도 할까 봐 걱정되어 그냥 자유롭게 두었으면 하고 바라는 스타일이 있습니다. 이 네 가지 입장이 어떻게 조합하느냐에 따라 교사는 똑같이 가르쳐도 감사하다는 소릴 듣기도 하고 불만족스럽다는 소리를 듣기도 합니다. 그러다 보니 급식 지도에 어려움이 많은 것도 사실입니다.

그래서 이런 부분은 부모가 먼저 교사에게 의견을 표현해주는 것도 도움이 됩니다. 부모가 먼저 원하는 스타일을 표현해주는 것을 마음 편해하는 교사도 있습니다. 물론 선생님에 따라 개인차가 크지만 부모 입장에서는 선생님의 스타일을 모르니 아이의 급식에 대해 어떤 교육을 원하는지 자신의 생각을 정리할 필요가 있겠습니다. 아이의 기질과 음식에 대한 예민함의 정도, 그것을 아이가 적응하도록 할 것인지 아직은 그냥 둘 것인지를 생각해봅니다. 저학년이고 먹는 것에 예민한 편이라면 아이의 입장을 배려해주는 것이 맞습니다. 고학년이고 어느 정도 편식에 대해서도 스스로 조절할 수 있는 능력이 생겼다면 선생님의 지도 방식을 따르게 하는 것이 맞습니다. 후자의 경우라면 부모가 아이의 힘들었던 감정을 받아주고 다독여주는 것이 필요합니다. 하지만 전자의 경우라면 선생님에게 먼저 의견을 밝히는 것이 좋습니다. 이럴 때도 선생님의 지도 방식에 아이가 힘들어한다는 표현보다는 "아이가 체질상 예민하여 아직 특정 음식에 대해서는 힘들어하는 경우가 있습니다. 가정에서도 이런 부분을 꾸준히 지도하고 있으니 당분간은 너무 싫어하는 음식은 남기게 허락해주시면 감사하겠습니다" 정도의 표현이 가장 적절합니다. 요즘은 학부모의 민원과 의견을 중시하는 분위기라 대부분 수용될 수 있을 겁니다. 수업에 대한 교육권이라면 모르지만, 급식은 조금 더 폭넓은 시각으로 받아들이는 분위기니까요.

학교 급식을 대하는 아이들의 자세

사실 급식은 아이들에게도 매일매일 벌어지는 일상의 문제입니다. 학교 '짬밥' 좀 먹어본 아이들이라면 어느 정도의 대처법은 가지고 있다는 의미이지요. 이해하는 데 도움이 되도록 학교 급식에서 흔하게 발생하는 사례들을 살펴보겠습니다.

먼저 편식하던 아이가 자연스럽게 습관을 고치는 경우입니다. 평소 집에서는 절대 먹지 않던 나물 반찬, 생선 반찬이더라도 급식에는 골고루 나오게 되지요. 급식표에 나온 식단을 보면 걱정이 됩니다. 하지만 정작 급식 시간에는 그럴 걱정을 할 틈이 주어지지 않기도 합니다. 아이들에게 점심시간은 유일하게 주어진 긴 자유 시간이기도 하지요. 축구 한 판이라도 제대로 하려면 최대한 급식을 빨리 먹어야 하지요. 나물 반찬을 앞에 두고 먹을까 말까 고민하는 아이에게 친구가 다가와 말합니다.

"야, 빨리 먹고 나와. 옆 반이랑 시합해야 한단 말이야."

빨리 먹고 나가려면 남기는 음식 없이 다 먹어야 검사를 받을 수 있습니다. 에라 모르겠다 싶은 마음에 나물을 한입에 넣고 씹습니다. 처음엔 친구의 성화에 못 이겨 정신없이 넣었는데, 먹어보니 맛이 그리 나쁘지 않습니다. 어렸을 때 느꼈던 쓴맛도 안 나고 나름 고소하니 괜찮은 맛이지요. 그다음부터는 나물 반찬이 나와도 어렵지 않게 먹게 되는 겁니다.

또 옆에서 잘 먹는 친구들 덕분에 편식을 고치기도 합니다. 다섯 살 때 방울토마토를 먹고 토했던 기억 때문에 절대 먹지 않았는데, 급식에 나왔습니다. 걱정 섞인 소리로 말해봅니다.

"나 방울토마토 안 먹는데……."

그러자 옆에 있던 친구가 반색합니다. "뭐? 진짜? 그럼 나 줄래? 나 방울토마토 엄청 좋아해." 친구가 너무 좋아서 반짝이는 눈으로 바라보자 막상 주기가 아깝습니다. 다른 친구들을 돌아보니 다들 맛있다는 표정으로 먹습니다. '나도 한번 먹어볼까?' 하는 마음이 드는 거지요. 슬쩍 입에 넣고 깨물어봤는데 그리 나쁘지 않습니다. 그 모습을 지켜보던 친구들도 "어때? 맛있지?" 하고 아이의 반응을 묻습니다. 얼떨결에 고개를 끄덕이고 나니 방울토마토가 더 이상 싫지 않습니다.

수업과 선생님의 칭찬이 원인이 되기도 합니다. 싫어하는 반찬도 골고루 먹어야 건강하게 성장할 수 있다는 수업을 하면서 평소 자신이 싫어하거나 편식하는 음식들을 발표해보았습니다. 가만 보니 친구들도 편식하는 음식이 많은 것 같습니다. 그런데 급식에 진짜 그 음식이 나왔을 때 선생님이 용기를 내어 먹는 모습을 엄청 칭찬해주십니다. 기분도 좋고 이제는 꼬마가 아니라 어른이 된 듯한 기분도 들어 더 이상은 편식을 하지 않게 됩니다.

학교는 다양한 모습으로 아이들이 성장하는 공간입니다. 집에서는 마냥 어리기만 한 모습을 보이지만, 학교에서는 제법 늠름한 모습으로 변신합니다. 편식을 하는 아이가 걱정스럽더라도 급식에서는 멀쩡히 잘 먹고 있는지도 모를 일입니다. 사람은 커가면서 입맛이 바뀌기도 합니다. 급식에 대한 고민은 시간이 지나면서 자연스럽게 해결되는 부분이 많으니, 좀 더 여유로운 마음으로 지켜봐주는 것이 좋겠습니다.

한 줄 상담소

편식 없이 골고루 음식을 잘 먹는 아이라면 좋겠지만, 체질적으로 예민한 아이라면 학교 급식이 불편하거나 힘든 경우가 종종 발생합니다. 먹기 싫은 음식을 억지로 먹는 것과 편식 습관을 고치는 것 두 가지 문제가 충돌하게 되는데, 이 둘의 균형점을 잘 잡아주는 것이 필요합니다. 저학년이라면 담임선생님께 양해를 구하고 아이 편을 더 들어주고, 고학년이라면 조금씩 편식 습관을 고쳐가는 것으로 학교 급식을 활용하는 것이 바람직합니다.

48

아이가 선생님과 자꾸 갈등을 빚어요

기분을 맞춰주면 정말 잘하는 아이인데 그렇지 못한 상황에서는 스트레스를 많이 받습니다. 특히 선생님과 잘 맞지 않으면 더 견디기 힘들어합니다. 선생님과의 갈등 때문에 다니던 학원도 여러 번 옮겼습니다. 아이에게 어떤 조언을 해주면 좋을까요?

세 가지 성향의 아이 마음

유독 선생님과의 궁합을 중요하게 생각하는 아이들이 있습니다. 학원에서든 학교에서든 친구들보다는 선생님에게 더 집중하고 선생님의 말씀에 귀 기울여 행동하지요. 친구들과의 놀이에 빠져 있다가도 선생님이 들어오면 가장 먼저 알아채고 반응을 보입니다. 이런 아이들의 마음은 크게 세 가지로 나눌 수 있습니다. 하나는 인정받고 싶은 마음입니다. 선생님께 잘했다고 칭찬받고 싶은 마음이지요. 두 번째는 불안한 마음입니다. 무엇을 잘못했다는 지적을 받는 것이 너무 싫고 불안하다 보니 선생님께 집중하게 되는 거지요. 세 번째는 선생님과 동일시하고 싶은 마음입니다. 상황을 주도하고 싶은 리더 경향이 있는 아이들은 가장 권력이 있는 선생님의 마음부터 공략하려고 합니다. 선생님을 먼저 내 편으로 만들어야 다른 친구들을 통제하는 일도 쉬울 테니까요. 이 세 가지 성향 모두 마음대로 되지 않을 때는 선생님과 갈등을 빚게 됩니다.

첫 번째, 인정받고 싶은 마음에 대하여

인정받고 싶은 마음이 충족되지 못한 아이들은 선생님에 대해 어려워하거나 무서워하는 감정을 종종 내비칩니다. 누군가에게 인정을 받고 싶다는 것은 그를 나보다 더 높은 위치에 올려놓아야 가능하지요. 기본적으로 선생님을 높은 위치에 두고 그의 마음에 들기 위해 노력하는데 뜻대로 잘 안 되니까 상대가 어렵게 느껴지는 거지요. 열심히 노력했는데 야단이라도 맞으면 더 무섭게 느껴지는 거고요. 이런 아이들은 대부분 가정에서 비슷한 경험을 한 경우가 많습니다. 부모나 조부모 등 집안 어른에게서 어렵고 무서운 감정을 느낀 경우 선생님을 비슷한 대상으로 느끼곤 합니다. 부모가 무섭게 하지 않아도 아이의 기질 자체가 약한 경우에도 이렇게 느낄 수 있습니다.

중요한 것은 상대가 무서우냐 아니냐의 문제가 아니라 아이의 감정이 그렇게 느끼고 있다는 점입니다. 감정은 매우 주관적이라 옳고 틀린 문제로 접근해서는 답을 찾을 수 없습니다. 아이가 그렇게 느낀다고 해서 선생님이나 부모가 반드시 그런 사람인 것은 아닙니다. 이런 아이에게는 남들보다 더 많이 수용적인 태도를 보이는 것이 좋습니다. 웬만한 실수나 잘못은 괜찮다고 말해주고 자잘한 것이라도 아이의 장점에 대해 말해주는 것이 필요하지요. 학교 선생님에게 요구할 수 없다면 집에서라도 부모가 그렇게 대해주면 차츰 밖에서의 생활도 나아집니다. 어차피 아이 마음의 시작점은 가정이니까요.

두 번째, 불안한 마음에 대하여

불안한 마음 때문에 선생님에게 지적받지 않으려고 애쓰는 아이들은 선생님에 대한 속마음이 첫 번째 아이들과는 반대입니다. 즉 선생님에 대해 어려워하거나 무서워하는 마음이 크지는 않습니다. 물론 겉으로 드러나는 말이나 행동은 '잘못하면 야단맞을까 봐 무서워'로 첫 번째와 유사하지만, 진짜로 야단 맞은 후의 행동을 보면 다른 것을 알 수 있습니다. 첫 번째 아이들은 야단을 맞으면 주눅이 들지만 두 번째 아이들은 반감을 갖습니다. 진짜로 선생님이 무서워서라기보다는 학교라는 공개적인 장소에서 자신의 실수를 드러내는 것이 죽기보다 싫은데, 가만 보니 그런 행동을 하는 사람이 주로 선생님인 거지요. 그래서 선생님께 지적을 받지 않으려고 애쓰는 겁니다. 결국은 선생님이 문제가 아니라 본인 스스로 완벽하고 싶고 잘하고 싶은 마음이 강하기 때문에 나타나는 현상이지요. 이런 아이들은 공부에서도 완벽함을 추구하기 때문에 성적이 우수한 경우가 많습니다. 대신 이 아이들은 낯선 상황이나 공개된 장소에서 가장 불안지수가 높습니다. 이런 상황에서 아이의 감정을 섬세하게 수용해주는 것이 필요합니다. 즉 학기 초 선생님이 바뀌었을 때, 시험 기간, 학예회 발표 전 등의 상황에서 스트레스 지수가 올라가는데요, 대부분은 "선생님이 너무 무섭게 가르친다" "무대에서 틀리면 선생님께 혼날 것 같다"는 식의 말로 표현됩니다. 그것이 진짜 선생님의 문제라고 생각하고 해결하려 든다면 아이가 스스로의 불안감을 이겨나갈 기회까지 빼앗아 버리게 되지요. 아이가 불안해서 그런다는 것을 이해하고 감정을 받아준다면 아이도 다시 용기를 낼 수 있게 됩니다.

세 번째, 동일시하고 싶은 마음에 대하여

세 번째 유형의 아이들은 선생님과의 갈등을 주로 이런 말로 표현합니다. "우리 선생님은 나를 예뻐하지 않는 것 같아." "우리 선생님은 나만 미워해." 부모가 듣기에 가슴 철렁한 말이 아닐 수 없습니다. 하지만 선생님이 자신을 미워한다는 것을 인지할 수 있는 아이라면 그런 상황에 휘둘리지 않는다는 것도 역으로 반증하는 셈입니다. 그러니 일단 걱정을 놓아도 되는 겁니다.

선생님과 자신을 동일시하여 주도권을 행사하고 싶은 아이의 마음은 어떻게 길러주느냐에 따라 극과 극의 상황으로 바뀔 수 있습니다. 어렸을 때부터 자기주도적 경험만 하게 된다면 사춘기가 되어 또래 관계에 문제가 생길 수도 있습니다. 너무 마음대로만 한다고 친구들이 싫어하게 될 수 있지요. 그런 의미에서 아이가 선생님과 갈등을 겪고 있다면 오히려 선생님이 아이에게 주도권을 주지 않고 잘 대응하고 계신다는 반증이기도 합니다. 아이도 학급 구성원의 일환으로 동등한 입장으로 서 있는 경험이 중요합니다. 대부분 이런 아이들은 부모에게 사랑과 예쁨을 많이 받고 자란 경우가 많습니다. 똑똑하다는 칭찬도 많이 듣지요. 돋보이는 존재로서의 경험을 학교에서도 이어가려고 해서 갈등이 유발된 것일 수도 있다는 점을 간과해서는 안 되겠습니다.

한 줄 상담소

아이가 선생님과 갈등을 겪는 것은 그 횟수에 주목할 필요가 있습니다. 특별한 상황에서 한두 번 벌어지는 일은 크게 문제 될 일이 없지만, 지속적으로 반복된다면 그 원인을 살펴볼 필요가 있습니다. 인정받고 싶은 마음이나 불안한 마음, 또는 선생님과 자신을 동일시하는 마음이 좌절되거나 크게 흔들릴 때 갈등이 발생할 수 있습니다. 아이들의 이런 마음은 가정 내의 관계에서 관심이 부족하거나 넘쳐서 원인이 되는 경우가 많습니다. 갈등의 원인을 잘 살펴보고 가정에서도 함께 도와주는 것이 필요합니다.

49

경쟁심이 강한 아이, 더 잘하는 친구를 만나면 상처받지 않을까요?

뭐든지 남들보다 잘하고 싶은 욕심이 많은 아이입니다. 어린이집에서도 줄넘기 잘하는 친구가 있으면 매일 저녁 나가서 연습하고, 누가 구구단을 외우면 자기도 외우겠다고 하고, 어느 날은 그림을 더 잘 그리고 싶다고 학원을 보내달라기도 했습니다. 학교에 들어가면 어느 분야든 잘하는 친구들이 많을 텐데, 아이가 상처를 받지는 않을까 걱정입니다.

뭐든지 남보다 잘하고 싶어 하는 마음의 장단점

초등학교 입학 전후의 아이들 중에는 이런 특성을 보이는 경우가 유독 많은 것 같습니다. 아마도 타인이 제대로 인지되기 시작하는 인지 발달의 시점과 맞물려 있어 그런 것 같습니다. 학령기 이전의 아이들은 자기중심적인 사고를 많이 합니다. 아이들의 이런 성향을 이기적인 것으로 잘못 이해하고 "다른 친구에게도 양보해야지" "선생님의 입장도 생각해봐야지"라고 교육하는 부모들이 많이 있는데, 이기적인 것이 아니라 타인에 대해 인지하는 능력이 아직 발달하지 않았기 때문입니다. 타인이 나와 다른 감정을 느낀다는 것을 이해하기 어려운 것이지요. 그러던 아이들이 초등학교 입학 전후가 되면 서서히 타인을 제대로 인지하기 시작합니다. '제대로'라는 뜻은 나의 감정과 내가 느끼는 주관적인 생각과 별도로 타인의 감정이 다를 수 있다는 것을 이해하고, '저 사람은 어떤 생각인 거지?' 하고 잠시 멈추어 타인을 바라보고 정보를 파악하려고 노력한다는 뜻입니다. 이런 시각이 발달하는 시점에 초등학교 생활이 시작되는 것도 의미가 있습니다.

남보다 잘하고 싶은 마음도 바로 이런 인지적 발달의 시점과 관계가 있습니다. 그전까지는 부모가 "잘한다" "최고다"라고 말해주면 자신이 정말 그런 줄 알았는데, 이제는 남들의 실력과 나의 실력이 진짜로 비교되어 보이기 시작하는 것입니다. 당황스럽기도 하고 마음이 뭔가 복잡합니다. 그럴 때 아이의 기질이 반영되는데 이 아이는 '남들보다 내가 더 잘하고 싶어'라는 마음으로 감정이 간 것이지요. 어찌 보면 매우 긍정적인 현상입니다. 무엇인가를 배우는 데 있어 남보다 잘하고 싶은 마음은 매우 강력한 동기로 작용하기 때문이지요.

하지만 아직 어린 나이이기 때문에 모든 것을 남보다 잘할 수는 없습니다. 남들이 잘한다고 구구단, 미술, 줄넘기 등 모든 학원을 다 다닐 수도 없고, 다 보낸다고 해도 얼마 못 가 아이가 나가떨어지고 맙니다. 어떤 부모님들은 아이가 배우고 싶어 하는 학원에 다 보내지 못해 마음 아파하기도 하는데 그건 건강한 마음이 아닙니다. 아무리 교육의 영역이라고 해도 지나친 것은 욕심이 되고 아이에게 해가 됩니다. 부모가 단단하게 중심을 잘 잡아주는 것이 필요합니다.

아이의 마음에 단단하게 중심 잡아주기

뭐든지 배우고 싶어 하고 잘하고 싶다고 말하는 아이에게 "안 돼"라고 말하는 것 자체가 부모로서 미안한 마음도 들고 올바른 태도가 아니라는 생각도 듭니다. 물론 배우고 싶다는 아이에게 "안 돼"라는 말은 당연히 하면 안 되는 말입니다. 하지만 아이들의 성장 과정을 제대로 이해한다면 어느 정도 선에서 "안 돼"라는 말을 하는 것은 매우 중요합니다. 한 번도 뭔가를 해보고 싶어 하지 않고 움츠리고만 있던 아이가 이런 말을 한다면 당연히 모든 일을 제쳐두고 뒷받침해줘야 합니다.

하지만 친구들이 하는 모든 것을 다 하고 싶어 하는 아이라면 상황은 좀 다릅니다. 이 부분을 고민하는 부모님들의 마음도 알겠습니다. 아이가 모든 방면에서 잘할 수 없다는 것을 알고 있으니, 학교에 가서 다른 친구에게 상처를 받을까 봐 걱정이 되는 거죠. 여기서 아이의 마음과 부모의 마음에 거리감이 있습니다. 뭐든지 잘하고 싶은 아이의 마음은 그저 이제 막 보이기 시작한 세상에 대한 흥미와 호기심, 긍정적인 에너지에 대한 표현입니다. '난 저 친구보다 못할 거야'라는 마음보다 '저 친구보다 잘하고 싶어'라는 마음은 당연히 더 긍정적이니까요. 하지만 정작 그 친구보다 못했을 때 느끼는 감정은 아직 열려 있습니다. 상처를 받을 수도 있겠지만, '쳇, 괜찮아. 대신 난 그 친구보다 달리기를 더 잘하니까'라고 생각할 수도 있고, '좋아, 지금은 내가 좀 못하지만, 나중에는 어떻게 바뀔지 알 수 없지'라고 생각할 수도 있습니다. 모든 아이들이 남보다 못하는 것에 대해 마음의 상처를 받지는 않습니다. 그런데 부모가 상처를 받을까 봐 걱정되는 마음을 갖고 있으면 그 아이는 실제로 상처를 받을 확률이 더 높아집니다. 모호한 상황에서 아이들은 가까이 있는 사람의 감정에 영향을 받을 확률이 가장 높기 때문입니다.

이 순간에는 부모의 역할이 매우 중요합니다. 아이가 상처를 받을 것이라는 생각은 버리는 것이 중요합니다. '괜찮아. 그렇더라도 엄마가 네 옆에서 지지해줄 거니까. 대신 우리 아들이 잘하는 것을 배워서 그 친구 기를 눌러줘버리자' 하는 마음으로 응원하는 것이지요. 좋은 소식은 이렇게 욕심이 많은 친구들이 공부뿐 아니라 뭐든 남보다 앞서간다는 점입니다. 아이가 배우고 싶다는 것을 다 해줄 필요는 없습니다. 다 해줄 수도 없고요. 선택과 집중이 중요합니다. 부모가 단단하게 중심을 잡고 아이가 정말 잘할 수 있는 영역을 몇 가지만 선택해서 집중할 수 있도록 해야 합니다. 그러다 보면 점차 잘하는 영역이 넓어지게 되니까요.

물론 이렇게 마음을 먹고 아이에게 말한다고 해서 아이가 금방 달라지지는 않습니다. 여전히 매일매일 배우고 싶고 잘하고 싶은 일들이 생길 겁니다. 못해서 속상하다고 울 수도 있고, 학원에 보내달라고 떼를 쓸 수도 있습니다. 부모가 단단하게 중심을 잡는다는 의미에는 이 모든 순간들을 잘 견뎌내는 것까지가 포함입니다. '네가 속상한 것은 잘 알겠지만 지금 그걸 들어주기는 어렵다. 대신 엄마가 네게 꼭 필요하다고 생각되는 것들은 해주겠다'라는 마음으로 아이의 힘든 성장통을 함께해주는 것이지요. 그것이 아이에게 해줄 수 있는 가장 큰 지지이자 응원입니다.

한 줄 상담소

남들보다 무엇이든 잘하고 싶은 마음은 하기 싫어하는 마음보다 훨씬 더 장점이 많습니다. 하지만 언제나 모든 영역에서 잘할 수는 없는 노릇. 학교는 나보다 잘하는 친구들을 심심찮게 접하는 곳입니다. 당연히 마음의 상처를 입을 수 있습니다. 문제는 그다음이지요. 상처를 입지 않는 것에 초점을 두기보다는 상처를 입은 후 어떻게 해야 하는지에 초점을 맞추는 것이 중요합니다. 하고 싶어 하는 영역이 공부라고 해서 무조건 다 들어주는 것이 좋은 것만은 아닙니다. 그것도 욕심이지요. 수용해야 할 것들과 에너지를 쏟을 것들을 구분하면서 상황에 맞게 학습해나가는 것을 배우는 게 중요합니다.

50

쌍둥이 형제입니다. 같은 반에 배정받는 게 좋을까요?

쌍둥이 형제를 같은 반에 배정하는 것이 좋을지, 그런 부탁을 학교에 해도 되는지 궁금합니다. 같은 반이면 준비물이나 여러 가지를 챙겨줄 때 편할 것 같긴 한데, 아이들의 성장에는 어떤 것이 좋을지 모르겠네요.

쌍둥이라서 좋은 점들

쌍둥이 형제인 경우에는 대부분의 학교에서 학부모가 원할 경우 같은 반에 배정해주도록 하고 있습니다. 형제가 함께 학교 생활을 할 수 있도록 편의를 제공하는 취지이지요. 다만 학교에서 먼저 쌍둥이인지 아닌지 알 수 있는 시스템은 없습니다. 요즘은 나이스에 학부모의 성명 기재란도 빠져 있고 개인정보보호를 강화하는 상황이기 때문입니다. 따라서 부모가 먼저 학교 측에 같은 반 또는 다른 반으로 배정해달라고 요청을 해야 합니다.

같은 반으로 배정한 경우의 좋은 점들은 주변에서 들어 익히 알고 계실 겁니다. 학급마다 학습준비물이 다를 수 있는데, 따로따로 챙기지 않아도 되니 학부모로서는 여러 가지로 수월하지요. 아이들에게도 소소한 이점이 있습니다. 같은 학급에 영원한 내 편이 있다는 점은 교우 관계에서도 손쉽게 우위를 선점할 수 있습니다. 친구들이 함부로 건드리거나 무시할 수 없는 존재가 되기도 하지요. 그러다 보니 많은 경우 부모는 쌍둥이 형제의 같은 반 배정을 원합니다. 그런데 실제로는 모든 쌍둥이들이 같은 반은 아닙니다. 특히 저학년 때는 같은 반이었다가도 고학년이 되면 다른 반인 경우가 더 많습니다. 왜 이런 현상이 벌어질까요? 물어보면 아이들이 강력하게 반대해서 다른 반에 배정했다고들 합니다. 아이들이 다른 반 배정을 원한 데는 나름의 이유들이 있었습니다.

쌍둥이라서 우려되는 점들

쌍둥이 아이들이라고 해도 기질은 매우 다를 수 있습니다. 쌍둥이는 선생님이나 친구들로부터 자연스럽게 주목을 받게 되지요. "너희 둘이 쌍둥이야?"라며 신기해하는 시선을 받는 것은 기본이고 "둘이 닮았다" "쌍둥이인데 서로 정말 다르네?" 등 아이들의 평가 역시 둘을 떼어놓고 이루어지는 일은 거의 없습니다. 그런데 기질적으로 이런 관심과 주목을 좋아하는 아이가 있는가 하면, 주목받는 것 자체를 부담스러워하는 아이도 있습니다. 저학년 때는 뭘 잘 모르니 부모가 하라는 대로 하다가, 점점 학년이 올라가면서 아이도 볼멘소리를 하게 되는 것입니다.

제가 만나본 쌍둥이들도 서로 다른 반인 아이들이 정서적으로 건강한 경우가 더 많았습니다. 이들은 분반을 선택하는 대신 같은 편이 있어 가질 수 있는 친구 관계에서의 우위는 과감히 버린 것이었으니까요. 그만큼 마음이 단단하다는 것을 의미합니다. 같은 반에 내 편이 없어도 혼자 당당하게 해나갈 수 있다는 믿음, 다른 친구들도 다 혼자서 잘 생활하니 나도 한번 그래 보고 싶다는 마음인 것입니다.

우리가 쌍둥이인 것을 알리지 마라

이런 경우도 있었습니다. 6학년 남녀 쌍둥이였는데 자기들이 쌍둥이라는 것을 절대로 말하지 않았지요. 저는 6개월이나 모르고 있다가 1반의 친구와 5반의 친구가 서로 쌍둥이라는 것을 우연히 알게 되었습니다.

"정말 둘이 쌍둥이야? 전혀 몰랐네. 둘이 하나도 안 닮았어. 왜 진작 말 안 했어?'"

그런데 돌아오는 아이의 반응이 썰렁했습니다. 더 재미있는 것은 주변 친구들의 반응이었습니다. 아무도 제 말에 대응을 해주지 않았지요. 순간 느낄 수 있었습니다. 6학년쯤 되면 친구가 무엇을 제일 싫어하는지 어떤 점은 건들면 안 되는지 정도는 다 압니다. 이 친구들은 쌍둥이라고 관심받는 것이 싫었던 거지요. 그래서 굳이 말하지 않은 겁니다. 친구들도 이런 점을 잘 알기에 선생님의 말에 아무도 응

수를 할 수 없었던 거지요. 선생님보다 친구와의 우정을 선택했던 겁니다. 그 또한 쌍둥이 아이들이 얼마나 친구 관계를 단단하게 하고 있는지를 보여주는 예가 되었습니다. 저도 이내 그 마음을 알아듣고 다시는 그들이 쌍둥이임을 입에 올리지 않았습니다. 하지만 속으로는 늘 대견하고 신기했지요. 어쩌면 저렇게 각자 훌륭하고 단단하게 잘 컸을까 하고요.

우리는 어디든 함께 다녀요

정반대의 경우도 있었습니다. 6학년 여자 쌍둥이였는데 이들은 6년 내내 같은 반인 것은 물론 어디를 가든 항상 같이 있었습니다. 숙제도 같이하고, 공부도 같이하고 모둠 활동까지 항상 같이합니다. 심지어 한 사람이 화장실을 가면 나머지 한 사람이 그 앞에서 기다리곤 했지요. 정말 우애가 좋아 보이는 사이였습니다.

그런데 공부를 가르치다 보니 단점이 눈에 들어왔습니다. 이들은 남들이 혼자 해야 하는 학습 과제의 양을 둘이 나눠서 하고 있었습니다. 똑같이 절반으로 나누면 모르겠는데 한쪽이 다 하고 나머지 한쪽은 공짜로 수혜를 입는 관계가 형성되어 있었지요. 나머지 한쪽 친구는 사회성이라는 영역을 맡고 있었습니다. 즉 A 친구는 학습과 과제를 도맡아 하고, B 친구는 대인관계를 도맡고 있었지요. 제가 A 친구에게 질문을 해도 B 친구가 대신 답하기 일쑤였습니다. 둘 다 건강한 성장을 하고 있지는 않아 보였습니다. 지금 당장은 둘이 붙어서 상호보완을 해주니 별문제를 못 느끼지만, 사회에 나가 따로 살아야 할 때는 문제가 될 수 있다고 생각됩니다. 쌍둥이는 이런 패턴을 주고받는 경우가 매우 흔했습니다. 무엇이든 한쪽이 다른 한쪽을 챙겨주는 영역이 있기 마련이지요.

쌍둥이 자녀의 학급 배정을 고민하고 계시다면 아이들의 기질과 학년이 올라가면서 생기는 상호작용의 역동을 잘 살펴보고 판단하는 것이 중요합니다. 저학년 때는 같은 반에 두더라도 학년이 올라갈 때는 당사자들의 의견도 물어보고, 담임선생님과도 상담을 해본 후 아이들의 건강한 성장을 위해 가장 좋은 방향으로 결정을 하는 것이 좋겠습니다.

한 줄 상담소

쌍둥이가 같은 반에 배정되면 부모 입장에서 편한 점이 많습니다. 이것저것 챙겨줘야 할 것들을 이중으로 하지 않아도 되니까요. 하지만 쌍둥이들이 한 반에 계속 붙어 있으면 아무래도 서로 의지하는 부분이 생기고 교우 관계에도 영향을 미칩니다. 저학년 때는 같은 반에 두더라도 고학년이 되면 되도록 다른 반에 두기를 권합니다. 어차피 성인이 되면 따로 사회생활을 해야 하는데 학교에서부터 연습해두는 것이 필요하지요. 쌍둥이도 다른 형제자매들과 마찬가지로 따로 또 같이 성장하도록 돕는 것이 가장 바람직한 모습이라고 생각합니다.

51

싫어하는 친구와 다른 반이 되게 해달라고 부탁해도 되나요?

아이가 같은 반 친구 때문에 많이 힘들어했습니다. 다음 학년에 올라가서도 같은 반이 될까 봐 전전긍긍하네요. 반 편성은 담임선생님에게 어느 정도 재량권이 있는 것 같던데, 선생님께 특정 친구와 다른 반 또는 같은 반이 되게 해달라고 부탁하는 분들이 많은지 궁금합니다.

학교의 반 편성 기본 원칙들

학년 말이 되어 다음 학년의 반 편성을 새로 하는 것은 학교의 큰일 중 하나입니다. 아이들과 학부모가 가장 관심을 갖는 부분이기도 하지요. 학교마다 학급 편성 기준은 모두 다르지만, 대체로 지켜지는 공통 원칙들이 있습니다. 첫 번째로 성적을 기반으로 각 학급이 고르게 편성되도록 배정합니다. 공부를 너무 잘하거나 못하는 아이들이 한 학급에 많이 있으면 교육 활동에 어려움이 따를 수 있기 때문입니다. 그렇게 큰 기본 틀이 잡히고 나면 전체 학년 선생님들이 모여서

회의를 하지요. 새롭게 편성된 학급을 하나씩 들여다보면서 공평성과 형평성의 문제를 먼저 논의합니다. 예를 들면 선생님의 도움이 필요한 장애우 친구들이 한 학급에 몰려 있다면 어려움이 있을 수 있기 때문에 되도록 골고루 나눠질 수 있도록 하는 것이지요. 또 에너지가 넘쳐서 수업 분위기에 영향을 줄 수 있는 친구들이나 학교 폭력이나 교우 관계에 문제가 있던 친구들도 되도록 떨어트려 반 배정을 해주려 노력합니다.

따라서 한 해 동안 같은 반이라 힘들었던 친구가 있고 그 친구 때문에 우리 아이가 유독 피해를 보거나 어려웠던 점이 있었다면 학년 말에 담임선생님께 부탁을 드리는 것이 좋습니다. 당연히 학급 편성에 반영할 점들이기 때문이지요. 다만, 모든 아이들이 같은 반이 되길 원치 않는 친구라면 반영되기 어려울 수 있습니다. 그 친구만 따로 반을 만들 수도 없기 때문이지요. 그 밖에도 친한 친구와 같은 반이 되게 해달라는 부탁은 들어주기 어렵습니다.

새 학급 편성이 가져다주는 기회

새로운 학급의 편성은 아이에게는 새로운 도전의 장이 되기도 합니다. 친구 관계에서 위축되었던 아이들이 새롭게 리더로서의 기회를 잡기도 하고, 새로운 친구들을 사귀면서 자존감이 높아지고 더 활발해지기도 합니다. 그런 연습을 하는 곳이 학교이기도 하지요. 학급 편성에 대해 담임선생님께 부탁을 드리는 것은 가능하지만, 아주 문제가 되는 상황이 아니라면, 아이 스스로 낯선 상황을 받아들이고 새롭게 자기 것으로 만들어가는 기회로 활용할 수 있게 지지해주는 것이 더 건강한 방법이라는 생각입니다.

한 줄 상담소

학급 배정은 학교에서 세운 원칙에 따라 이루어집니다. 하지만 어느 정도 융통성이 발휘되기도 합니다. 특정 친구 때문에 한 해 동안 힘들었다면 담임선생님께 미리 부탁을 하는 것이 좋습니다. 다만 힘듦의 정도에 따라 우선순위에서 밀릴 수는 있습니다. 의사 표현의 시기도 중요합니다. 보통 학급 편성은 빠르면 12월에 이뤄지는 곳도 있으므로 가급적 11월까지는 알려야 합니다. 한번 편성 작업이 끝난 후에는 절차상 수정이 매우 어렵기 때문입니다.

52

학교 가기 싫다고 하는 아이, 어쩌면 좋을까요?

즐거운 마음으로 학교에 가면 좋겠는데, 매일같이 학교에 가기 싫다고 하니 걱정스럽습니다. 어르고 달래서 보내기는 하는데, 아침마다 아이와 전쟁을 치르는 것도 고역입니다. 한편으로는 학교에서 무슨 일이 있는 것은 아닌지 걱정스럽기도 하고요.

1학년인 경우

학교 가기 싫다는 아이들의 말에는 여러 가지 의미가 담겨 있을 수 있습니다. 먼저 나이에 따라 이 말의 의미는 크게 달라집니다. 아이가 1학년에 해당한다면 입학 초 적응의 문제로 볼 수 있습니다. 실제로도 1학년 아이들이 입학 직후에 이 말을 제일 많이 합니다. 듣는 부모 입장에서는 심란할 수밖에 없지요. 아이가 즐거운 마음으로 학교에 잘 적응해주었으면 하는 마음으로 가뜩이나 조심스러운데, 덜컥 학교 가기 싫다는 말부터 하니까요. 어떤 분들은 "아이가 앞으로 16년은 학교에 다녀야 하는데 3개월 다니고 학교 가기 싫다고 하니 어쩌면 좋겠냐"고 걱정하십니다. 그런데 사실은 아직 3개월밖에 안 다녔기 때문에 그런 겁니다. 1년 정도 다니다 보면 대충 적응되고 문제 될 것이 없는 일들도 이 시기에는 불안으로 떠오르기 때문이지요. 심지어 주변에서 살짝 가세하기도 합니다.

"너 학교 들어가서도 그러면 선생님한테 혼난다."

"화장실도 쉬는 시간에만 갈 수 있어."

"40분 동안 책상 앞에 앉아 있어야 하는데, 이렇게 자꾸 산만하게 왔다 갔다 하면 안 돼."

사람이 가장 불안을 느낄 때는 경험해보지 못한 것을 상상할 때입니다. 학교에 가긴 가야 하는데 주변에서 들리는 말이 심상치가 않으니 어린 마음에 잔뜩 긴장이 되지요. 그리고 1학년 생활이 꽃길만은 아니라는 것을 실감합니다. 유치원은 노래도 부르고 놀이도 하고 선생님도 친절했는데 학교는 분위기가 많이 다릅니다. 친구들도 아직 낯설고 데면데면합니다. 당연히 가기 싫은 마음이 생기지요. 오후에는 괜찮다가 꼭 학교에 갈 준비를 하는 아침이면 이런 불안이 떠오릅니다.

걱정하실 필요 없습니다. 막상 교실에 들어가서 친구들과 이런저런 활동을 하다 보면 그런 불안이 사그라듭니다. 친한 친구가 생기고 학교에 나만 아는 아지트도 생기고, 또 선생님 심부름 하는 재미라도 붙이게 되면 점점 학교가 나쁘지 않은 곳으로 변해갑니다.

1학년이 학교 가기 싫다고 하는 말은 '엄마, 나 아직 학교가 낯설어요. 아직도 좀 긴장되고 그래요'라고 이해하시면 됩니다. 긴장되고 불안한 마음이 있는 아이에게는 그 마음을 받아주시는 것이 중요하지요.

"그래, 학교가 많이 힘들지? 우리 딸 학교 적응하느라고 고생이 많네. 대신 오늘 학교 잘 다녀오면 엄마가 맛있는 간식 해줄게."

적응 기간 만큼이라도 집에서는 좀 편하게 쉴 수 있게 해주고, 아이의 감정을 더 많이 받아주며 함께해주는 것이 중요합니다.

저학년인 경우

2, 3학년의 경우에도 선생님과 친구들이 바뀐 학년 초라면 이런 말을 할 수 있습니다. 1학년과 같은 방법으로 아이의 긴장을 풀어주면서 한두 달 정도 지켜보시면 사그라들 수 있습니다. 하지만 학년 초에는 괜찮았다가 학기 중간에 불쑥 이런 말을 자주 한다면 다른 문제가 있는지 살펴볼 필요가 있습니다. 먼저 아이가 그 말을 하는 주기를 살펴보세요. 짝꿍을 바꾸고 난 후에 이런 말을 하는 경우도 있습니다. 다소 예민하고 깔끔한 성격의 아이일수록 짝꿍이 바뀔 때마다 적응에 어려움을 겪곤 합니다. 1주일 정도 지나면 좀 나아지지요. 다소 산만하고 소란스러운 친구와 붙어 앉게 되어도 이런 어려움을 겪을 수

있습니다. 1주일이 지난 후에도 계속된다면 담임선생님과의 상담을 통해 어떤 문제가 있는지 살펴볼 수 있습니다.

자리를 바꾸는 것과는 상관없이 간헐적으로 이 말을 하는 경우도 있습니다. 어떤 때는 학교 가기 싫다고 했다가 또 어떤 날은 아무 소리 없이 잘 가는 거지요. 이런 경우에는 학교 가기 싫다고 한 날에 학교에서 어떤 이벤트가 있었기 때문일 수 있습니다. 예를 들어 독서록 등의 숙제 검사를 하는 날 같은 거요. 숙제가 제대로 되지 않아서 불안한 마음을 그렇게 표현할 수 있습니다. 숙제를 다 했다고 해도 발표까지 해야 한다면 유독 남 앞에서 긴장을 많이 하는 아이라면 어려울 수도 있습니다. 또 지난번 영어 시간에 떠들다가 혼난 적이 있는데, 영어 시간이 돌아오는 날이어서 그럴 수도 있지요(영어는 담임선생님이 아닌 전담 선생님이 가르치는 경우가 많습니다). 혹은 요리 실습이나 체육 시간에 모둠으로 뭔가를 해야 하는데 걱정과 긴장이 되어서 이런 말을 할 수도 있습니다. 문제는 아이가 스스로 "엄마, 제가 오늘 체육 시간에 단체 줄넘기를 하는데 나 때문에 우리 모둠이 다 망칠까 봐 걱정돼요. 지난번 연습 때 내가 줄에 가장 많이 걸렸었거든요. 아이들이 다 나보고만 뭐라 할 것 같아요. 사실은 그래서 학교 가기 싫은 거예요"라고 말하지는 못한다는 거지요. 사실 아이도 자신의 마음이 왜 이렇게 불안한지 모를 수도 있고요.

아이가 학교 가기 싫다고 말한다면 그건 학교 생활에서 뭔가 긴장되거나 새롭게 적응해야 하는 상황에 직면하고 있다는 신호입니다.

그런 날일수록 아이와 시간을 내서 대화도 하고 놀아주면서 슬쩍 학교의 일과를 물어볼 필요가 있습니다. 이렇게 부모와 대화를 하고 기억을 떠올려보는 것만으로도 아이가 심리적으로 위안을 받습니다. 아무리 어려운 일도 말로 꺼내보고 그때의 감정에 직면하다 보면 마음이 단단해지니까요. 사실 이런 순간들이 모여 아이가 성장해나가는 큰 마디마디가 되는 것이지요.

고학년인 경우

고학년의 경우에는 학교 가기 싫다는 말을 자주 하지는 않습니다. 이제 적응의 문제는 거의 해결이 되었다고 봐야 합니다. 대충 선생님들의 분위기와 성향도 파악할 줄 알게 되었고, 자신과 맞지 않는 친구들에 대응하는 전략도 지니게 됩니다. 특별히 학교 가는 것이 어렵거나 두려울 일은 많지 않지요. 따라서 이 시기의 아이들이 학교 가기 싫다고 말한다면 다른 각도로 사안을 들여다볼 필요가 있습니다. 담임선생님뿐만 아니라 주변 친구들에게도 아이가 학교에서 어떻게 지내는지를 물어보고 아이에게도 학교 가기 싫은 이유에 대해 여러 번 물어봅니다. 여기서 중요한 것은 '여러 번'입니다. 고학년이라고 해도 아직은 어린아이라 자신이 왜 학교에 가기 싫은지를 단번에 파악하고 대답할 수는 없습니다. 어떤 순간에는 아이도 자기 마음을 모를 때가 많으니까요. 이건 어른이라고 해서 별반 다르지 않지요. 그래서 여러 번 묻는다는 것은 그런 복잡한 마음일 아이 옆에 있어주는 것,

또 아이 스스로 답을 찾으려 생각해보고 감정을 정리해볼 수 있는 기회를 주는 것입니다. 또 여러 번 묻고 대화하다 보면 반복되는 말이나 감정 등이 보이게 됩니다. 바로 이것들이 해결의 단서가 될 수 있지요.

사실 고학년 아이들이 학교에 가기 싫은 경우는 복잡한 상황이 얽혀 있는 경우가 많습니다. 크게 친구 관계와 성적으로 나뉘지요. 이 시기에는 친구들과 무리를 이루어 활동을 하게 되고 그 과정에서 문제가 생길 수 있습니다. 성적 때문에 생긴 고민은 갑자기 성적이 떨어진 경우에 주로 나타납니다. 고학년이 되면 학습의 내용도 많아지고 어려워집니다. 끈기와 인내, 집중력이 더 많이 요구되는 학습 환경의 변화에 적응이 어려워진 경우 아이의 성적도 떨어지게 됩니다. 전에는 조금만 해도 늘 잘한다는 소리를 듣고 칭찬받았는데, 이제는 그렇지가 않습니다. 심지어 어떤 과목에서는 자신보다 못했던 아이들이 치고 올라오기도 합니다. 심지어 그들이 잘난 척을 한다면 더 꼴 보기가 싫지요. 자존심이 바닥으로 떨어집니다. 당연히 학교에 가기가 싫어지지요.

성적이 고민인 경우라면 다른 방법의 해결책이 필요합니다. 아이의 학습 방법에 변화를 주어야 할 시기라는 사인으로 받아들여야 합니다. 이제는 어려운 문제를 끈기를 가지고 오랜 시간 앉아서 풀 수 있는 훈련을 시켜야 합니다. 친구들과의 성적 비교로 힘들어진 경우라면 멘탈 훈련을 해야 할 시기이지요. 공부는 남들과 비교해서는 절대로 길게 갈 수 없습니다. 당장의 성적은 진짜 실력을 반영해주지는 못합니다. 시험 운도 많이 따르고 어떤 문제가 나왔느냐에 따라서도 달라질 수 있지요. 그러니 당장의 결과에 일희일비하기보다는 좀 더 긴 안목으로 자신의 성장에 집중하는 마음을 가져야 합니다. 남들이 더 잘했다고 해서 실망할 필요도 없고, 남이 나를 얕봤다고 해서 자존심이 무너질 필요도 없습니다. 지금 당장 나를 앞섰다고 기뻐하는 친구라면 그 친구 또한 누군가에게 역전당했을 때 무너질 확률이 높다는 반증일 뿐입니다. 그런 친구들의 반응에 흔들릴 필요가 없지요. 물론 사람 마음이 한순간에 다잡아지는 것은 아닙니다. 부모가 아이와 이런 대화를 꾸준히 하면서 마음의 힘을 길러주는 것이 중요합니다.

'학교 가기 싫다'의 다른 버전

학교 가기 싫다는 아이의 말에는 여러 의미가 담겨 있다고 말씀드렸습니다. 그런데 어떤 아이들은 이 말을 다른 언어로 표현합니다. 학교 가기 싫다의 다른 버전이 있는 것이지요. 사실 학교 가기 싫다는 말은 부모에게 꽤나 충격적인 말입니다. 영민한 아이들은 그것을 알고 있지요. 그래서 부모에게 충격을 덜 주면서 자신을 표현할 방법을 고릅니다. 그중 가장 흔한 표현이 "배가 아프다" "머리가 아프다"입니다. 실제로도 배와 머리가 아픕니다. 마음의 긴장은 신체적으로도 나타날 수 있기 때문입니다. 꾀병으로 간주하면 안 된다는 말씀을 드리는 겁니다. 이런 경우는 진짜 질병이 생겨서 아픈 경우와 마음속 긴장의 연장으로 나타나는 경우의 구별이 어렵다는 문제가 있습니다. 이 둘을 구분하려면 좀 더 긴 패턴으로 아이의 상태를 살펴보실 필요가 있습니다. 학교 가기 전에는 머리나 배가 아프다고 했는데, 집에 돌아와서는 멀쩡히 잘 놀고 잘 먹습니다. 그러다 다음 날 학교 가기 전에 다시 아픈 현상이 나타난다면 마음과 연관된 신체 징조일 확률이 높습니다. 또 의사 선생님이 별다른 질병 증상을 언급하지 않으시고 가벼운 약 처방과 좀 지켜보자는 말씀을 하신 경우에도 이럴 확률이 있습니다.

질병으로 아픈 경우라면 치료를 통해 해결해야겠지만, 마음의 문제로 나타내는 증상들은 병원 치료만으로는 잘 나아지지 않습니다. 나은 듯 보여도 다시 반복되지요. 그럴 때는 감정 변화에 더 집중해주는 것이 좋습니다. 긴장을 많이 한 것이 이유라면 집에서라도 편하게 쉴 수 있게 해주고 학원 시간 등도 좀 줄여줄 필요가 있습니다. 적응의 문제라면 함께 있어주면서 견뎌나가는 힘을 길러줘야겠지요. 아주 조금의 약진에도 격려와 응원이 중요하게 작용하니까요. 그런 시간들을 함께하다 보면 우리 아이가 어떤 기질을 지녔고 어떤 순간에 보다 강점을 지닌 아이인지 더 선명하게 이해할 수 있게 됩니다.

한 줄 상담소

학교 가기 싫다는 아이의 말은 열 가지도 넘게 다른 의미로 해석이 가능합니다. 저학년의 경우엔 학기 초 적응에 어려움을 겪을 때 주로 사용하고, 고학년은 친구 관계나 성적 등의 문제로 고민이 생겼을 때 합니다. 혹은 그날 학교에서의 어떤 일이 걱정되어 특별한 날에만 학교에 가기 싫다고 할 수도 있지요. 학교 가기 싫다는 말을 곧이곧대로 듣지 말고, 긴 안목으로 보고 다양한 각도로 살펴볼 필요가 있습니다. 그래야 아이의 진짜 문제를 해결해줄 수 있을 테니까요.

53

학교 생활로 상처받고 힘들어하는 아이, 전학을 시켜도 괜찮을까요?

아이가 학교 적응에 힘들어합니다. 드센 친구들이 많아서 내성적인 우리 아이하고는 잘 맞지 않는 것 같습니다. 전학 가고 싶다는 말을 입에 달고 살더니, 엊그제는 학교 사물함의 짐을 다 빼서 가져왔습니다. 어차피 전학 갈 거니까 그랬다네요. 전학을 시켜줘야 할까요?

전학이 아이에게 해가 되는 경우

아이가 학교 생활에 어려움을 겪으면 많은 분들이 전학을 고민하게 됩니다. 하지만 전학이 아이에게 해가 되는 경우도 있고, 반대로 문제 해결이 되는 경우도 있습니다. 먼저 질문의 경우엔 전학을 추천해 드리고 싶지 않습니다. 왜냐하면 아이에게 이미 이 사안을 해결할 수 있는 힘이 보이기 때문이지요. 학교는 좁은 공간에 여러 사람이 함께 하는 환경이기 때문에 아무래도 내성적인 성격의 아이들이 적응하기가 더 힘듭니다. 거기에 드센 친구들이 여럿 있다면 더욱 더 그렇겠지요. 여기서 내성적인 성격이라 함은 주변 친구들의 말에 대꾸도 하지 못하고 전전긍긍 속으로만 앓는 경우입니다. 그런데 사연 속의 아이는 그런 것 같지 않습니다. 부모가 전학을 가겠다고 말한 것도 아닌데 자신이 먼저 사물함 짐을 다 빼온 것을 보면 알 수 있지요. 부모의 동의와 상관없이 이미 전학을 가겠다고 결심한 것인데 이런 행동 자체가 아이가 얼마나 주도적이고 건강한 내면을 지녔는지를 보여줍니다. 물론 말수가 적고 친구들의 행동에 대응을 못 하면 내성적으로 보여질 수 있지만, 그렇다고 아이의 마음속까지 여리기만 한 것은 아니었던 겁니다. '도저히 못 참겠어. 난 전학 가겠어!!'라고 생각하고 그것을 행동으로 옮길 수 있는 아이라면, 조금만 그 힘의 물꼬를 바꿔줘도 "도저히 못 참겠어. 너희들 내 옆에서 좀 꺼져줄래?"라는 액션을 취할 수 있다는 뜻입니다. 꼭 말로 해야 하는 것은 아닙니다. 친구들이 시끄럽게 굴 때 차가운 시선으로 한번 봐주는 것도 좋고, 책을 탁 덮으면서 뭔가 불만스러운 감정을 표출하는 것도 좋습니다. 중요한 것은 어떤 행동이 아니라 행동을 할 때의 감정 상태입니다. 그 감정은 마음의 힘이 강할수록 효과가 극대화되는 법이지요.

전학을 추천하지 않는 이유가 하나 더 있습니다. 아이에게 '회피하는 법'을 가르칠 수 있기 때문입니다. 학교는 사실 아이가 인생에서 닥칠 문제들을 미리 경험하는 곳입니다. 물론 너무 힘든 상황이라면 당연히 전학을 가는 것이 맞습니다. 그건 회피가 아니라 아이에게 힘이 생길 때까지 지연시켜주는 것입니다. 하지만 앞에서처럼 아이 내면의 힘이 강한 것이 증명되었다면, 결과가 달라집니다. 사물함의 짐을 싸오는 것으로 부모에게 강하게 어필하여 전학으로 문제 해결을 경험한 아이는 다음에 유사한 문제가 생겼을 때도 같은 방법을 쓰려고 할 겁니다. 문제는 전학 간 학교라고 해서 지금보다 나아질 거란 보장은 없다는 거지요. 당장은 전학 간 학교에서 잘 지낼 수도 있겠지만, 학년이 올라가면 같은 문제가 또 발생할 수 있습니다. 그때마다 전학으로 문제를 해결할 수는 없지요. 오히려 문제를 직면하는 방법으로 아이를 돕는 것이 맞습니다. 아이가 전학 가고 싶은 제일 큰 이유가 무엇인지를 구체적으로 물어보고 선생님과의 상담을 통해 실제 학교에서의 모습은 어떤지 알아보는 것이 중요합니다. 그 과정에서 아이를 돕는 방법도 자연스럽게 알 수 있을 겁니다. 또 어쩌면 시간이 약이 될 수도 있습니다. "전학은 3개월 후에 다시 생각해보자. 그동안 네가 이런 점들을 노력해보는 거야" 하면서 잠시 뒤로 미뤄둔 후에 그래도 안 되면 전학을 가는 방법으로 가닥을 잡아도 좋습니다. 중요한 것은 전학을 가는 시점의 결정을 아이가 아니라 부모가 해야 한다는 것입니다. 그래야 아이가 '회피'로 문제를 해결하는 부작용을 덜어줄 수 있습니다.

전학이 아이에게 득이 되는 경우

전학이 항상 나쁜 해결책은 아닙니다. 매일 괴로움을 호소하며 전학 가고 싶어 하는 아이를 그냥 두고 보기만 하는 것도 부모로서는 어려운 일이지요. 사실 아이의 문제를 해결해주고 싶은 마음에는 아이를 위한 것보다는 부모로서의 괴로운 마음을 해결하고 싶은 마음이 더 크기도 합니다. 아이의 학교 가기 싫다는 소리를 안 들을 수 있으면 뭐든 해줄 수 있는 심정이지요.

이런 경우 전학을 하게 되면 부모도 어느 정도 당당한 마음이 듭니다. '네가 원하는 대로 전학시켜줬으니, 이젠 학교 잘 다녀야 해' 하는 마음이 드는 것이지요. 그런데 만약 아이가 또다시 학교를 가기 싫어한다면 어떨까요? 다시 전학을 시킬 수도 없는 노릇이지요. 이제는 부모도 마음이 달라집니다. 학교의 문제로 생각되던 게 이제는 아이의 문제라는 생각이 고개를 들지요. 이런 마음은 자연스럽게 '회피'가 아닌 '직면'으로 방향을 틀게 만들어줍니다. 더 이상 아이의 말을 다 들어줄 수 없게 되는 것이지요. 더불어 매일 학교 가기 싫다고 하는 아이에게도 단호히 말하게 됩니다. "네가 견뎌야지. 또 전학을 갈 수는 없잖아?"라고 말이죠. 부모의 이런 태도는 아이의 행동에도 영향을 줍니다. 또 반대로 아이 스스로 이 상황을 깨닫는 경우도 많습니다. 차마 또 전학 가고 싶다는 말을 꺼낼 수 없다는 것쯤은 알게 되는 거지요. 이런 마음들은 자연스럽게 문제에 직면하고 자발적으로 해결해보려는 동기로 작용하게 됩니다. 실제로도 전학을 가서 좋아진 사례도 많이 목격하게 됩니다. 제가 보기엔 전학 간 학교가 좋아서라기보다는 이런 마음의 변화가 더 중요하게 작용한 것으로 보여집니다. 하지만 막상 아이들은 "전학 온 학교가 좋아서" "선생님이 좋아서" "친구들이 좋아서"라는 말을 더 많이 합니다. 그런 말들에 흔들리지 말라는 뜻으로 한마디 덧붙이겠습니다. 조금만 생각해보면 이유가 그게 아니라는 것은 금방 알 수 있습니다. 아이가 전학 간 학교에서도 "나 학교 가기 싫어, 전학 갈 거야"라고 말하는 아이는 있는 법이니까요. 떠나온 학교에서도 학교가 좋다고 잘 다니는 아이도 많은 법이고요. 결국 모든 문제는 100퍼센트 상황 탓으로만 생기지는 않습니다. 절반은 본인에게도 문제가 있는 것이지요.

한 줄 상담소

전학은 학교 생활에 문제가 생겼을 때 누구나 한 번쯤 해결책으로 생각하는 방법이지요. 문제의 원인이 100퍼센트 외부에 있다면 전학으로 쉽게 해결할 수 있겠지만, 사실 모든 문제와 갈등에는 어느 정도 내적 원인도 존재합니다. 물론 때에 따라 전학이 내적 문제 해결에 도움을 주기도 합니다. 전학을 가는 것으로 모든 문제가 해결될 것이라고 생각하기보다 전학을 하나의 문제 해결 방법으로 두고, 진짜 원인을 찾아 해결하려는 자세를 갖는 것이 중요합니다.

54

전학을 할 때,
유의할 사항들이 있을까요?

직장 문제로 이사를 하게 되어 아이도 전학을 해야 하는 상황입니다. 한 학교에서 졸업까지 하지 못해 아이에게 미안한 마음입니다. 친구를 새로 사귀는 것도 그렇고 여러 가지로 걱정되는 일들이 많네요. 전학 갈 때 주의해야 할 사항이라든가 전학 절차 등이 궁금합니다.

간편해진 전학 절차 알아보기

살다 보면 전학 가야 할 일들이 생기게 됩니다. 잘 다니고 있는 학교를 옮기고 친하게 지내던 친구들과도 헤어지게 되니 여러 가지로 신경이 쓰입니다. 무엇보다 전학 간 학교에 잘 적응할 수 있을지가 걱정되지요. 또 전학 절차는 어떻게 되는지, 어느 시기에 전학 가는 것이 아이에게 가장 좋을지도 생각하지 않을 수 없습니다. 먼저 전학 절차를 살펴보면 예전보다는 많이 간편해졌습니다. 초등학교는 의무교육으로 거주지 관할 학교에 배정받게 되어 있습니다. 따라서 이

사를 가고 주소를 이전하게 되면 새 등본을 발급받아 관할 초등학교에 가서 제출하면 절차가 완료됩니다. 나머지 행정절차들은 학교 간의 공문으로 처리됩니다. 등본을 받은 학교에서 아이의 전 학교에 학적 자료를 보내달라고 요청 공문을 보냅니다. 공문을 받은 학교에서는 아이의 모든 자료를 전산으로 송부하지요. 이 과정에서 출결 사항도 모두 기재가 됩니다. 언제까지 아이가 출석했는지 전산에 기록되기 때문에 혹시 전학할 학교 등교가 며칠 미뤄진다면, 사전에 담임교사에게 말하고 학교장재량체험학습을 신청하여야 결석 처리를 방지할 수 있습니다.

두 번째로 전학 시기에 대해 살펴보도록 하겠습니다. 전학 가기 가장 좋은 시기는 3월 초입니다. 이때는 기존의 아이들도 새롭게 친구를 사귀어야 하는 시기여서 전학생도 자연스럽게 녹아들 수 있습니다. 3월 초가 좋은 건 출석번호 배정, 사물함과 신발장 배정, 교과서 배부 등 모든 일이 학년 초에 이루어지기 때문입니다. 요즘은 초등학교 교과서도 과목에 따라 출판사가 다양하기 때문에 전에 배웠던 교과서와 다를 수 있습니다. 이럴 경우 학기 중에 전학을 하면 수업 손실이 생길 수도 있지요.

학년 초 전학이 좋은 것은 알고 있지만 어쩔 수 없이 중간에 전학을 가야 하는 경우도 있습니다. 이럴 경우라면 2학기가 시작되는 여름방학 후의 이동이 그나마 편리합니다. 물론 그렇다고 해서 학기 중간의 전학에 불이익이 많은 것은 아닙니다. 중간에 옮겼다고 해도 아이가 학교에 적응하는 데는 아무 문제가 없도록 행정적인 뒷받침이 가능합니다.

전학 후 적응 문제에 대하여

사실 부모가 걱정하는 것은 행정 문제보다는 아이들의 친구 관계이지요. 새로 옮긴 학교에서 친구를 사귀지 못해 자칫 부적응의 문제를 겪을까 봐 걱정되는 겁니다. 저는 현장에서 수많은 전학생을 맞이하고 그들의 적응 문제를 함께 겪어보았습니다. 결론부터 말씀드리면 아이들은 어른들보다 훨씬 친화력이 높아서 적응도 쉽게 한다는 점입니다. 물론 학년에 따라, 기질에 따라 조금 다른 양상들은 있습니다. 그 특징들을 정리해보면 이렇습니다. 먼저 저학년 아이들일수록 친구 관계의 적응이 빠릅니다. 아직 관계에 대한 인지가 강하지 않은 시기이므로 새로 온 친구라도 한번 재미있게 놀고 나면 금방 절친이 되지요. 심지어 한 달 정도가 지나면 전학 온 친구라는 것을 까먹기까지 합니다.

"야, 너는 김 씨인데 왜 출석번호가 맨 뒤야?"
"응? 몰라."

아이들의 대화가 답답해 보다 못한 제가 전학 왔기 때문이라고 일러줍니다.

"어? 너 전학 왔어? 언제?"

아이의 반응들이 재미있지요?

고학년이 되면 양상이 좀 달라집니다. 특히 5, 6학년 시기에는 전학 후 다소 어려움을 겪을 수도 있습니다. 이미 친한 그룹들이 형성되어 있기 때문이지요. 물론 이런 경우라도 함께 생활하면서 아이의 장점을 알게 되면 먼저 친구 하자는 제안을 하거나, 자연스럽게 기존의 무리에 흡수되기도 합니다. 문제는 다소 적응의 시기를 겪을 수 있다는 뜻이지요.

반대로 전학 간 날 친구를 사귀는 경우도 있습니다. 부모 입장에서는 첫날부터 친구가 생겼다니 여간 반가운 소식이 아닐 수 없습니다. 하지만 이렇게 급하게 사귄 친구는 오히려 부작용이 날 확률이 높습니다(고학년인 경우에만요). 왜냐면 먼저 친구 하자고 다가온 친구는 기존의 무리에 끼지 못했던 아이였을 확률이 높지요. 또 기존의 무리에 끼지 못했다는 것은 나름의 이유가 있었을 테고요. 그 이유가 우리 아이와의 관계에서도 갈등으로 발생할 소지가 높습니다. 따라서 중간에 전학을 간 경우라면 한 달 정도는 적응 기간이 필요하다 생각하고 여유 있는 마음을 갖는 것이 좋습니다.

간혹 어떤 부모님들은 아이가 전학한 것 때문에 문제가 생겼다고 말씀하시는 분들이 있습니다. 그전 학교에서는 잘 지냈는데 전학 온 것 때문에 친구들과 사귀는 것에 문제가 생겼다고 생각합니다. 저도 현장에서 이런 분들을 많이 만나는데, 가만히 살펴보면 사실 아이에게 생긴 문제가 100퍼센트 전학 때문은 아닙니다. 아이의 기질과 성향도 많은 몫을 차지하지요. 그전에 학교에서 괜찮았던 이유는 그때까지는 어려서 문제가 되지 않았던 겁니다. 전학한 후에 고학년이 되면서 갈등이 생겼던 거지요. 전학 없이 쭉 있었더라도 고학년이 되면 발생했을 문제라고 보는 것이 맞습니다.

전학은 때로 아이들에게 새로운 성장의 기회가 되기도 합니다. 익숙한 무리 속에 섞여 편하게 지낼 때는 몰랐을 일들을 새롭게 바뀐 환경에서 겪게 될 수 있기 때문입니다. 무엇이든 어렸을 때 겪은 경험들은 귀한 교훈으로 남습니다. 당장 그 경험에서 성공하지 않아도 괜찮습니다. 새로운 환경에서 적응에 어려웠던 경험 또한 아이가 살아가는 데 귀한 메시지를 줄 수 있습니다.

한 줄 상담소

부모의 직장 문제, 이사 등으로 어쩔 수 없이 아이를 전학시켜야 할 때, 아무래도 아이의 학교 적응이 많이 걱정됩니다. 가능하다면 학년 초에 전학을 가면 좋겠지만 그렇지 않더라도 크게 문제 될 부분은 없습니다. 또 고학년보다는 저학년이 새로운 학교에 적응하는 속도가 더 빠른 경향이 있습니다. 그렇다고 해서 고학년에 전학 간 아이들이 모두 불이익을 받는 것은 아닙니다. 아이의 성향과 기질에 따라 적응하는 모습도 천차만별이니까요. 어떤 점에서는 전학으로 새롭게 친구를 사귄 경험이 아이의 인생에 귀한 자산이 되기도 합니다. 전학 후 한두 달 정도 아이가 적응해가는 과정을 함께 살펴보며 도움을 주는 것이 중요합니다.

55

부모의 이혼 사실을 담임선생님도 알게 되나요?

아이가 어렸을 때 이혼을 했습니다. 학교 입학을 앞두고 학교에 서류를 내야 하는데 부모의 이혼 사실도 알려야 하나요? 선생님에게는 뭐라고 말하면 좋을지도 고민되고, 그것 때문에 선생님이 아이에 대한 선입견을 갖게 될까 봐도 걱정이네요. 또 친구들이 이혼 가정이라고 놀리거나 무시하지는 않을지 사소한 것들이 모두 신경 쓰입니다.

개인정보보호가 강화되는 학교

요즘은 학교를 포함한 모든 공기업에서 개인정보를 강화하는 추세입니다. 따라서 아이들의 교육에 관해 행정적으로 필요한 서류만을 필수로 확인합니다. 학교 입학에 중요한 것은 거주지 주소입니다. 해당 주소에 따라 학교 배정이 달라지기 때문입니다. 주소를 확인할 수 있는 서류는 등본이지요. 등본에는 과거와 달리 부모의 이혼 여부를 비공개로 선택하여 제출할 수 있습니다. 다만 아이의 법적 보호자가 누구인지는 알아야 하므로 아이와의 관계가 나온 정보는 필요합니다. 이 두 가지를 충족시키기 어렵다면 주소만 나온 등본에, 법적 보호자를 확인할 수 있는 아이의 기본증명서 등의 서류를 제출하면 됩니다. 그 외에 학교에서 교육 자료로 활용하기 위해 '가정환경 조사서'라는 서류를 적어오게 합니다. 이 서류는 공적인 용도는 아니라서 학교에 따라 양식이 다양합니다. 학교에서 부모의 직업이나 소득 수준 등 불필요한 정보를 요구해 문제가 된 기사를 종종 접하게 되는 것도 이 때문입니다. 만약 '가정환경 조사서'에 불필요한 정보를 요구하는 내용이 있다면 그곳은 공란으로 남기고 회신해도 무방합니다. 학교에서도 반드시 필요한 법적 서류 외에는 추가로 요구하지는 않습니다.

많은 분들은 학교가 이혼 가정에 대한 정보를 이미 알고 있다고 생각합니다. 이 또한 맞는 말입니다. 왜냐하면 교육청이나 지자체 등에서 한부모 가정, 다문화 가정 등 사회적 취약 계층의 자녀에 대한 각종 지원을 하는데, 이 대상자를 선택하기 위해 추가적인 정보를 요청하기 때문입니다. 당연히 학교에서도 이에 대해 조사할 수밖에 없지요. 하지만 이혼 사실을 학교에 알리고 싶지 않다면 처음부터 가정환경 조사서에 부모의 이름을 다 적고(이혼 가정이라고 해서 아이 부모의 지위까지 없어지는 것은 아니니까요) 다른 사항들은 특별히 말하지 않아도 됩니다. 아이의 교육에 문제가 될 것은 전혀 없으니까요.

문제는 부모의 이혼 사실이 학교에 알려지는 경로가 하나 더 있다는 데 있습니다. 바로 '아이들의 입'입니다. 학교에서는 아이들의 생활과 밀접한 정보들을 활용하여 수업을 하는 일이 많습니다. 일기 쓰기, 주말에 있었던 일 발표하기, 엄마 아빠의 모습 그려보기 등의 과정에서 자연스럽게 아이의 가정환경을 알게 되지요. 또는 아이가 직접 선생님과 친구들에게 이런 사실을 말하는 경우도 있습니다.

결과적으로 학교에 이혼 사실을 알리지 않으려면 여러 가지 행정적인 서류에 공개를 하지 않는 것은 물론 아이에게 말하지 말라는 단속까지 시켜야 합니다. 부모가 집에서 단속을 시켜도 "이건 비밀인데 아무한테도 말하지 마"라는 조건을 달고 친구나 선생님에게 귓속말을 하는 일도 흔하게 일어납니다. 하지만 원칙적이고 공식적으로는 부모가 먼저 공개하지 않는 한 학교에서 사적인 가정사를 알 방법은 없다는 것을 알려드립니다.

학구 위반 조사 때문에 밝혀지는 가정사

하지만 부모의 이혼 사실을 학교가 공식적으로 알게 되는 경우가 있습니다. 교육청에 민원이 접수되어 학구 위반 조사를 벌이게 될 때입니다. 괜찮은 중학교가 있으면 주변의 아는 집에 아이 주소만 옮겨놓은 후 입학이나 전학을 시키는 경우가 종종 있습니다. 행정구역으로 배정된 학교보다 집에서 더 가까운 학교가 있어 학구 위반을 선택하는 경우도 있지요. 이런 이유로 특정 학교에 너무 많은 학생들이 몰려 민원이 발생하면 교육청에서도 대대적으로 학구 위반 조사를 할 수밖에 없습니다. 이럴 때 그 조사의 업무가 각 학급의 담임교사에게 배당됩니다.

업무 처리 과정은 이렇습니다. 먼저 모든 학생들의 등본을 제출받습니다. 등본의 주소가 우리 학교 학구가 맞고, 주소지에 아이와 엄마나 아빠를 포함한 가족이 모두 함께 살고 있으면 정상으로 인정합니다. 하지만 등본에 부모 어느 한쪽만 등재된 경우에는 그 이유를 위한 증빙 자료를 추가로 요구하게 됩니다. 부모가 이혼을 해서인지, 직장 문제로 부모 한 명만 따로 떨어져 있는 것인지, 혹은 아파트 청약이나 집 계약 등으로 일시적으로 떨어진 것인지에 대한 증빙 자료를 제출하면 인정이 됩니다. 만약 증빙 자료를 제출하지 못하면 교육청에서는 학구 위반으로 간주하고 처리합니다. 중학교 배정에 불이익을 받을 수도 있지요. 바로 이런 과정에서 대부분의 가정사가 밝혀지곤 합니다.

이혼 사실을 학교에 알리고 싶지 않은 부모의 마음도 충분히 이해합니다. 또 그로 인해 파생하는 여러 교육 문제에 대해서도 공감가는 부분이 있습니다. 사람에 따라 선입견을 가질 수도 있으니까요. 하지만 제가 현장에서 경험하며 느낀 것은 사람에 대한 견해는 어느 하나로 결정되지는 않는다는 것입니다. 설사 이혼 가정의 자녀라서 교사나 친구들이 선입견을 가졌다고 해도, 한 번 보고 말 사람들이 아니기 때문에 시간을 두고 지내다 보면 결국 아이의 진면목으로 아이를 접하게 되기 마련입니다. 아이만 괜찮다면 오히려 그 선입견이 지렛대 역할을 해서 아이에 대한 보다 높은 평가로 작용하게 될 수도 있습니다. 부모가 이혼해서 힘든 일을 겪었을 텐데도 밝게 자라는 아이, 배려심이 많은 아이, 공부를 잘하는 아이로 말이죠.

한 줄 상담소

원칙적으로 학교에서 부모의 이혼 사실을 알 수는 없지만, 여러 가지 행정적인 처리 과정이나 아이의 입을 통해 알게 되는 경우는 있습니다. 요즘은 이혼 가정이 워낙 많기 때문에 과거처럼 아이를 판단하는 중요한 변수로 작용하지는 않습니다. 오히려 아이들은 양쪽 부모를 오가는 일상을 아무렇지 않게 여기기도 합니다. 이혼 가정에 대한 선입견에 대해 걱정하는 것 자체가 '아이에게 나는 뭔가 다르구나'라는 생각을 하게 할 수 있습니다. 이제는 이혼도 살아가는 삶의 방식의 하나로 받아들여지고 있습니다. 부모가 먼저 그런 자세를 갖추는 것이 아이의 건강한 성장에도 도움이 됩니다.

56

아이가 학교 폭력의 가해자라는데 어떻게 하면 좋을까요?

아이가 학교 폭력 가해자라는 연락을 받았습니다. 평소 명랑하고 주도적인 성격이긴 해도 다른 친구를 괴롭히는 일은 없었는데…… 믿을 수가 없네요. 친구들도 잘 따르고 리더십이 있는 아이였는데 고학년이 되어 친구 관계에 문제가 생긴 것 같습니다. 어떻게 하면 좋을까요?

학년에 따라 의미가 달라지는 학교 폭력

학교 폭력 문제를 제대로 이해하기 위해서는 먼저 학년에 따라 분류해서 살펴볼 필요가 있습니다. 왜냐하면 초등 1~4학년의 경우에는 학폭 가해자와 피해자의 관계 양상이 전혀 다릅니다. 4학년 이전의 학폭 문제들은 대부분 친구 관계에서 발생하는 사소한 문제인 경우가 더 많기 때문입니다. 겉으로는 엄청난 결과로 비칠지 몰라도 그 속을 파헤쳐보면 단순한 아이들의 역동에 의해 발생되는 경우가 많습니다. 아이들의 행동도 매체 등을 통해 본 것을 따라 한 것이지 아이 자체가 나쁜 의도를 가졌다고 보기 어려운 경우가 더 많습니다. 물론 그렇다고 해서 가해한 행동까지 용서하라는 뜻은 아닙니다. 아이의 행동에 대해서는 단호하게 훈육을 하되, 다만 아이가 나쁜 물이 들었다고 생각하거나 지나치게 비관적인 상황으로까지 받아들여 실망하실 필요는 없다는 뜻입니다. 아직 아이에겐 유동적인 시간들이 많이 남아 있고 향후 친구 관계의 역동이 바뀌면 얼마든지 달라질 수 있는 상황들이 많기 때문입니다.

진짜 학교 폭력이 시작되는 나이

5, 6학년이 되면 아이들의 역동도 달라집니다. 이 시기에 일어나는 학교 폭력은 좀 더 신중한 자세로 살펴볼 필요가 있지요. 먼저 학교 폭력의 가해자는 크게 세 가지로 나뉠 수 있습니다. 진짜 가해자, 가짜 가해자, 그리고 방관자입니다. 가해자를 진짜와 가짜로 구분하여 설명하는 이유는 학교 폭력이 일어나기까지 아이들의 역동과 상황을 함께 살펴봐야 한다는 것을 강조하기 위함입니다. 세 가지 유형이 어떻게 다른지 살펴보는 과정에서 학폭을 일으키는 아이들의 심리를 이해하고 그에 따른 대안과 교육 방법도 함께 모색해보겠습니다.

첫 번째, 진짜 가해자인 경우

진짜 가해자는 우리가 흔히 알고 있는 가해자를 뜻합니다. 나쁜 의도를 가지고 친구를 지속적으로 괴롭히는 말이나 행동을 하는 것이지요. 아이가 나쁜 의도를 가졌는지 아닌지는 겉으로 잘 알 수는 없습니다. 나쁜 의도를 가졌어도 혼이 날까 두려워 장난으로 그랬다고 하기도 하고, 얼떨결에 저지른 행동이어도 부모와 교사의 태도에 놀라 자신이 진짜 잘못을 저질렀구나 느껴 무조건 자신이 그랬다고 인정하는 모습을 보이기도 합니다. 진짜 가해자인지를 살펴보는 가장 중요한 키워드는 행동의 지속성입니다. 단 한 번의 사건이 아닌 여러 번의 자잘한 사건들이 모여서 이루어진 경우가 가장 심각하다고 볼 수 있습니다. 더불어 무리 속에서 행동을 주도한 경우에도 진짜 가해자인 경우가 많습니다. 자신이 직접 폭력을 가하지 않았어도 친구들을 부추겨 나쁜 행동을 하게 한 경우도 여기에 해당합니다. 학교 폭력의 진짜 가해자는 직접 때린 아이보다 이렇게 뒤에서 부추기는 행동을 하는 경우가 오히려 더 많을 수도 있습니다.

그런데 놀랍게도 진짜 가해자는 어른이나 부모의 눈에 종종 리더십 있는 아이로 비치기도 합니다. 또래 친구들도 아이를 좋아하고 잘 따르지요. 분위기 메이커여서 친구들을 독려하여 좋은 일을 할 때도 많이 있고, 학급의 어려운 일에 앞장서 나서기도 합니다. 바로 이런 성향을 잘못 사용하면 학폭 가해자가 될 수 있는 것이지요. 아직 어린아이들이고 도덕적 규범이 자리 잡히기 전이기에, 이들의 일탈과 선행 사이에는 매우 좁은 간극만이 존재합니다. 이 경우 긍정적인 면과 부정적인 면이 함께 존재합니다. 긍정적인 면은 지금은 비록 학폭 가해자여도 적절한 훈육과 교육을 실시한다면 얼마든지 아이의 성향을 긍정적인 방향으로 이끌어낼 수 있다는 점입니다. 오히려 학폭의 경험을 더 좋은 일에 사용할 수 있도록 하는 훈육의 기회로 삼을 수도 있지요. 부정적인 면은 부모의 태도에서 나타납니다. 아이를 사랑하는 부모일수록 아이의 좁은 간극도 잘 이해합니다. 즉 아무리 아이가 나쁜 행동을 저질렀어도 본심은 그렇지 않다는 것을 믿는 것이죠. 부모가 이런 입장이면 학폭에 대해서도 별일 아니라는 관점을 유지하기도 합니다. 더 나아가 학교나 교사, 피해자 부모가 우리 아이를 지나치게 나쁜 쪽으로만 모는 듯하여 오히려 방어적인 자세를 취하기도 합니다. 하지만 부모가 이런 태도를 취한다면 아이는 자신이 행한 행동에 대한 도덕적 피드백을 받기 어렵습니다. 더불어 이런 경험이 누적된 경우 중고등 학생이 되었을 때 더욱 큰 학폭 사건에 휘말릴 수 있습니다.

학폭 가해자 아이들이 문제를 일으키는 심리는 크게 두 가지입니다. 첫째, 자신의 존재감을 드러내고 싶은 마음입니다. 리더의 자질이 있는 아이들도 처음엔 이런 마음으로 출발합니다. 둘째, 또래 집단의 지지를 받고 싶은 마음입니다. 이런 것이 이 아이들이 친구들 사이에서 인기가 높은 이유이기도 합니다. 이런 까닭에 학교 폭력은 한 명의 강자에 의해서 이루어지기보다 집단으로 이루어지는 경우가 많습니다.

따라서 초등학교 고학년의 학폭 사건은 우리 아이가 잘못되었다고 인지하고 받아들이기보다는 아이가 잠깐 탈선하는 것에 대해 제대로 훈육하는 기회로 보는 것이 맞습니다. 그렇다고 해도 가해 행동에 대한 처벌까지 부모가 방어하는 것은 좋지 않습니다. 학교에서 내려진 처분은 달게 받아들이는 것이 필요합니다. 중요한 것은 아무리 나쁜 행동을 했더라도 부모만은 끝까지 아이를 믿어주는 마음입니다. 아무리 나쁜 아이들이라도 누군가 단 한 사람만 자기를 믿어준다면 얼마든지 바뀌고 다르게 성장할 수 있으니까요.

두 번째, 가짜 가해자인 경우

이번에는 가짜 가해자를 살펴보겠습니다. 폭력을 행사한 아이가 오히려 그동안 쭉 괴롭힘을 당해온 피해자인 경우가 종종 있습니다. 참다 참다 욱하는 마음에 일을 저지른 경우이지요. 이를 파악하는 가장 좋은 기준도 역시 행동의 지속성입니다. 전에는 그런 적이 없다가 갑자기 돌발 행동처럼 일을 저질렀다면 가짜 가해자는 아닌지 살펴봐야 합니다. 또 이런 경우엔 보통 혼자 단독 행동을 한 경우가 많습니다. 진짜 가해자가 보통 무리 속에서 존재하는 것과는 상반된 양상을 보이지요.

보통 가짜 가해자는 평소 기질이 온순하고 내성적인 경우가 많습니다. 그래서 부모는 아이가 피해자가 아닌 가해자라는 사실에 더욱 놀라고 당황하지요. 행동이 조금 느리고 굼뜬 면이 있지만 마음이 선하고 다른 사람에게 피해를 주는 행동을 한 적이 거의 없기 때문에 더욱 그렇습니다. 이 아이들이 학폭의 가해자가 된 경우엔 사건을 전체적인 맥락에서 살펴봐야 할 필요가 있습니다.

제가 겪은 일 중에 한 아이가 쓰레받기로 친구의 머리를 내리쳐서 학교폭력위원회가 열린 경우가 있었습니다. 그런데 사실 학폭 사건이 일어나기에 앞서 수차례 친구가 아이의 정서를 자극한 경우가 많았습니다. “청소 똑바로 해. 정말 쓰레기가 따로 없네” “네가 그렇게 느리니까 우리 모둠이 매일 늦게 가는 거 아니야” “야~ 여기도 닦았어야지. 여기 먼지 있는 것 안 보여?”라며 말이죠. 아이는 평소 친구의 지적에도 “응 알았어, 미안”이라고만 대응했지요. 그러나 워낙 느린 행동 때문에 상대 친구가 원하는 만큼의 결과를 내기는 역부족이었습니다. 친구도 매번 답답한 마음에 자꾸만 닦달을 하게 되었고, 결국 아이는 참다 참다 폭발하게 된 거지요. 쟁쟁거리는 친구의 목소리가 듣기 싫어 자기도 모르게 “우이씨!” 하고 쓰레받기를 내리쳐버렸던 겁니다. 사실 가해자로 지목된 아이는 이미 오래전부터 피해자로 지목된 아이에게서 빈번한 욕설 등의 폭력에 시달리고 있었던 거고요. 엄연히 따지면 진짜 피해자라고 볼 수 없는 셈이지요. 따라서 학폭에 가해자라고 지목된 아이라고 해도 올바른 교육을 위해서는 전후 관계를 잘 따져보고 훈육하는 것이 필요하겠습니다.

학교가 학폭 가해자를 솜방망이 처벌했다고 논란이 되는 뉴스 기사를 접할 때면 저는 가짜 가해자에 해당하는 사례가 아닌가 생각하곤 합니다. 위의 사건도 겉에서만 보면 ‘6학년 아이, 같은 반 아이에게 쓰레받기 내리쳐 머리 다침. 쓰레받기는 산산조각’과 같은 기사로 뽑고, ‘그런데 학교는 가해자에게 솜방망이 처분’이라고 말할 수 있지요. 학교 폭력위원회를 열고 사안을 살펴보는 것은 바로 이런 점들을 간과하지 않기 위함입니다. 학교는 뉴스 기사처럼 한 가지 사건만 보고 판단하는 것이 아니라 두 아이에게 있었던 모든 일들을 감안해

처분을 내리는 것이니까요.

세 번째, 방관자인 경우

세 번째는 방관자의 경우입니다. 앞서도 말했듯이 학폭 사건은 대부분 단둘이 이루어지기보다는 무리를 지어 일어나는 경우가 많습니다. 혼자보다는 또래 친구들이 바라보고 있을 때 훨씬 더 대담해지기 마련이지요. 이런 대담성 때문에 요즘은 사이버상에서 학폭이 이루어지는 경우도 많은데, 익명성이 이들에게 더 많은 힘을 실어주기 때문입니다. 사이버 세상의 특징은 보는 눈이 많고 익명성이라는 두 가지 특징이 있지요.

실제로 사이버상에서 입에 담기도 힘든 욕이나 말을 했던 가해자도 그 아이 하나만 따로 떼어놓고 보면 굉장히 순진한 초등학생일 때가 많습니다. 또래 집단과 함께 어울리게 되면 믿을 수 없을 정도로 달라지지요. 우리 아이가 가해자라고 연락을 받았는데 가만히 상황을 듣다 보면 실제 우리 아이가 한 일은 아무것도 없는 경우도 있습니다. 때리지도 않았고 욕을 하지도 않았지요. 단지 다른 아이들이 한 아이에게 폭력을 가하는 것을 옆에서 보고만 있었을 뿐인데 가해자라니 억울하기도 합니다.

하지만 학교에서는 그 자리에 있었고 폭력의 상황을 말리지 않고 바라만 본 경우에도 가해자로 간주합니다. 학교 폭력위원회를 여는 과정에서는 사건 장소에 있었던 모든 아이들을 면담하는데, 피해를 당하는 친구를 옹호하지 않고 보고만 있었다면 그들 역시 가해자로 처벌하는 경우가 많지요. 또한 요즘은 학교 폭력예방 교육에서도 아이들에게 방관자도 가해자에 해당한다고 가르칩니다. 폭력이 행사되는 장면을 목격하고도 아무런 행동을 하지 않았다면 동조한 것으로 보는 것이지요. 실제로 주변에 보는 눈이 많을수록 가해자의 행동도 더 대담해집니다. 아이들은 무리 속에 있을 때 더 강한 척 행동하려는 경향이 있기 때문이지요. 그러니 말리지 않고 구경만 하고 있었어도 가해자에게 힘을 실어주게 된 겁니다.

물론 사리 분별이 어려운 초등학생들은 무슨 상황인지도 모르고 옆에 있었던 경우도 더러 있습니다. 하지만 그렇다고 해서 면죄부를 받을 수 있는 건 아닙니다. 따라서 우리 아이가 방관자로서 학폭에 가담한 상황이라면 그 자리에 있었다는 것이 무슨 의미인지 아이에게 가르치는 것이 중요합니다. 폭력을 말리거나 선생님께 이르는 것이 두려운 것이라면 피해를 당하는 아이를 위해 할 수 있는 일이 한 가지 있습니다. 바로 그 자리를 피하는 것입니다. 주변의 눈이 적을수록 가해 학생들의 힘 또한 약해지기 마련입니다. 따라서 궁금하겠지만 폭력 상황에서는 무조건 자리를 피하고 만약 용기가 좀 더 나서 친구를 도와줄 생각이 있다면 녹음이나 사진, 동영상 등을 찍어 증거를 확보해 익명으로 제보하는 방법도 있습니다. 사실 학폭 사건에 연루되는 아이들의 80퍼센트는 방관자입니다. 학폭을 우리 아이와는 거리가 먼 일로 생각하기보다는 언제든지 일어날 수 있는 일로 여기고 그에 따른 대처법을 미리 교육해주는 것이 필요하겠습니다.

아이의 감정보다 훈육을 우선해야 하는 경우

재발 방지를 위해 아이를 훈육하는 방법에 대해 살펴보겠습니다. 당장은 마음이 아프겠지만 자신의 행동에 대해 책임을 지게 하는 것이 필요합니다. 학교 폭력위원회의 결정을 그대로 받아들이게 하는 것이지요. 물론 경우에 따라 억울하기도 하고, 형평성에 맞지 않게 여겨질 수도 있습니다. 학교 폭력위원회의 결정이 못마땅한 경우 항소하는 방법도 있습니다. 하지만 시시비비를 가리는 것보다 아이의 건강한 성장이 먼저입니다.

현장에서 만나는 많은 가해자의 부모님들은 아이를 위하는 마음에 학교 폭력위원회의 결정을 잘 받아들이지 않으려는 경향이 있습니다. 아이의 잘못된 행동은 이미 벌어진 일이라 어쩔 수 없으니, 대부분 그 절차를 처리하는 과정상의 일들을 문제 삼습니다. 아이를 면담하는 과정에서 벌어진 교사의 언행, 또는 학폭의 중재 절차 과정 등을 문제 삼는 것이지요. 물론 교사의 언행이나 절차가 잘못되었을 경우 문제 삼는 것은 당연한 일입니다. 다만 그것에 너무 치우쳐서 정작 아이의 잘못된 행동에 대한 훈육이 가려져버리는 경우가 문제입니다. 또 부모가 교사나 학교를 상대로 절차상의 문제를 따지는 것을 보며, 아이는 잠재적으로 자신의 잘못된 행동을 정당화시키기도 합니다. 대부분의 아이들은 반응하는 부모의 감정을 통해 자신의 잘잘못을 가장 크게 느끼기 때문이지요. 그 속마음은 아이를 위한 것일지 몰라도 표면적으로 나타나는 교육적 효과는 전혀 다를 수도 있다는 뜻입니다. 아이에게 가장 중요한 훈육의 기회를 놓치게 되는 것이지요.

사실 아이를 제대로 훈육하기 위해서는 처음의 대처가 가장 중요합니다. 처음엔 멋모르고 어쩌다 보니 하게 된 행동이지만 그에 대해 단호하게 스스로 책임까지 지게 되면, 아이의 다음 행동도 영향을 받게 됩니다. 하지만 첫 단추에서 다른 쟁점으로 논의가 흐려져 버리면, 아이는 단추를 다시 풀 기회를 놓친 채 그다음 단추까지 똑같은 방식으로 손을 대기 쉽습니다. 학교 측의 잘못과 아이의 미래 중 어느 것에 부모가 더 에너지를 쏟는 것이 현명한 일인지 잘 판단해야겠습니다.

어떤 검사 아버지의 학폭 가해자 아들 훈육법

한 드라마에서 학폭에 대해 다룬 적이 있었는데 개인적으로 그 대처 과정이 지금까지와는 좀 다른 관점이라 신선했습니다. 주인공 검사는 초등학교 5학년 아들이 있었는데, 지방에 내려와 근무하는 바람에 아이 교육은 아내가 전담하고 있었습니다. 어느 날 주인공은 아이가 친구에게 "쓰레기 같은 놈"이라는 욕을 해서 학폭위가 열린다는 연락을 받습니다. 친구를 때린 것도 아니고 나쁜 말을 했다고 가해자가 된 것에 좀 심하다는 생각이 듭니다. 남자아이들끼리는 원래 그렇게 욕도 하면서 크는 법이니까요. 피해자 아버지도 만나고 선처를 부탁하지만 상대방은 변호사까지 선임하여 학폭위에 대동하고, 경찰에 아이를 고소까지 합니다. 아무래도 직업이 검사이다 보니 한 다리만 건너면 경찰서장과 담당 검사까지 알 수 있고, 따로 부탁을 할 수도 있는 상황. 하지만 같은 시기 자신의 지검에 배당된 학폭위 사건들을 보면서 주인공의 마음이 바뀌게 됩니다. 결국 경찰 조사를 받기 위해 아들과 함께 경찰서를 가게 되고, 긴장하는 아들에게 "아빠 앞에서 센 척 하지 마. 얼마나 힘든지 다 아니까"라고 따뜻하게 말해줍니다. 조사를 받을 때 형사가 보호자인 아버지의 직업을 묻자 잠시 망설이던 주인공은 '회사원'이라고 답합니다. 아빠의 답에 놀란 아이가 쳐다보지만 아버지는 담담하게 조사에 임합니다. 부모로서 아이의 마음은 다독여주지만, 정작 아이가 잘못한 행동에 대해서는 어떤 이득 없이 그대로 책임을 지게 하겠다는 의지가 담긴 행동이지요. 결국 그 일로 아들은 강제 전학을 가게 되고 세 달 후 한 낚시터에 있는 아버지와 아들의 모습이 비칩니다. "너 요즘엔 친구들한테 욕 안 하지?"라는 아빠의 말에 "나 그렇게 생각 없는 놈 아니야"라고 아이가 답합니다.

또 하나 신선했던 것은 아빠가 단 한 번도 아들을 혼내지 않았다는 겁니다. 보통은 '왜 그런 짓을 저질렀냐'며 아이를 혼내기도 하고, 스스로 '아이를 잘못 키운 내가 죄인이다'며 감정을 쏟아내곤 하는데 말이죠. 하지만 이야기 속 가해자 아이의 부모는 속상하고 창피하고 억울한 감정들을 그저 혼자 감내합니다. 엄마 아빠 모두 자신들의 감정을 묵묵히 담아두고 아들 앞에서는 티를 내지 않았지요. 세상 모두가 손가락질을 해도 부모만은 아들의 편이어야 하니까요. 오히려 아들 편에 서서 상대방을 향해 분노를 터뜨리는 것보다 아들에게는 이런 행동이 훨씬 더 사랑으로 다가왔을 겁니다. 그리고 그렇게 표현한 부모의 절대적인 사랑은 그 어떤 훈육보다도 강력하게 아이에게 전달되는 법이지요.

학교 폭력의 가해자라고 해서 인생의 낙인이 찍히게 되는 것은 아닙니다. 그저 아이들이 성장해가는 과정에서 발생하는 나쁜 일들 중 하나일 뿐이지요. 그렇다고 해서 대수롭지 않게 넘길 일도 아닙니다. 성장의 중요한 마디에서 반드시 가르쳐야 할 부분이 있음을 직면한 순간이기 때문이지요. 부모가 이 마디에서 어떻게 대처하느냐에 따라 아이의 앞으로의 성장 방향이 결정된다고 생각하고 현명하고 신중하게 잘 이끌어가는 것이 중요합니다. 그러기 위해서는 무엇보다 부모 자신이 감정을 잘 추스르고 휘둘리지 않는 것이 중요하겠습니다.

한 줄 상담소

학폭의 가해자라고 해도 속마음을 들여다보면 진짜 가해자가 아닌 경우도 있습니다. 아이가 어떤 심리로 가해의 행동을 했는지 살펴보는 것이 먼저입니다. 다만 아무리 나쁜 의도가 없었다고 해도 가해한 행동까지 면죄부를 줘서는 안 됩니다. 학교에서 결정된 사항을 그대로 받아들이고 벌을 받게 하는 것이 필요합니다. 그래야 아이의 다음 행동에 변화를 줄 수 있으니까요. 성장 과정에서 일어나는 작은 탈선은 부모와 주변에서 어떻게 대하느냐에 따라 아이의 다음 행보에 영향을 끼칩니다.

57

아이가 학교 폭력의 피해자라는데 어떻게 하면 좋을까요?

학폭 피해자라고 연락을 받았습니다. 평소 착하고 아이들과 잘 지내고 친구 관계도 문제가 없었기 때문에 믿을 수가 없네요. 집에서도 속상하다는 내색을 한 적이 별로 없는데 학교에서 친구들에게 괴롭힘을 당하고 있었다니, 너무 아이에 대해 몰랐던 걸까요?

진짜 피해자에 해당하는 경우

학폭 가해자에도 진짜와 가짜가 있었듯이 피해자도 둘로 구분할 수 있습니다. 아이들의 친구 관계 역동이 어떻게 발휘되는지를 이해하는 분이라면 이제는 진짜와 가짜의 구분을 자연스럽게 받아들일 수 있으리라 생각됩니다. 진짜 피해자는 말 그대로 오랫동안 반복되는 폭력에 노출되어 있던 경우를 의미합니다. 아이들의 학폭 피해 사실을 알게 되었을 때, 가장 먼저 드는 생각이 있습니다. 왜 진작 부모나 선생님에게 말하지 않았을까? 이런 사실을 알기만 했어도 분명 도와주었을 텐데 하는 생각에 안타깝고 속상한 마음이 먼저 듭니다. 그런데 많은 아이들을 만나보면서 말을 하지 않는 것이 피해자의 가장 흔한 특징이라는 것을 깨닫게 되었습니다. 폭력을 가하는 아이들도 이 아이가 이르지 않을 것을 알고 있기 때문에 점점 더 대담해질 수 있었던 겁니다.

첫 번째, 착하기만 한 마음이 문제가 될 때

피해 아이들이 말을 하지 않는 이유를 크게 두 가지로 나눠볼 수 있습니다. 첫째는 너무 착한 심성 때문입니다. 기질적으로 온순하고 착한 성격의 아이들은 어렸을 때부터 부모 말도 잘 듣습니다. 부모는 그런 아이들에게 '착하다'는 말로 피드백을 주기 마련이지요. 아이가 자라면서도 "네가 있어서 엄마는 참 좋다" "우리 아이는 한 번도 속을 썩인 일이 없어요"라고 남들에게 말을 합니다. 하지만 바로 이런 점이 착한 아이에게는 굴레가 될 수 있습니다. 부모가 자신에 대해 그렇게 생각한다는 것을 잘 알고 있기 때문에 부모가 속상해할 일들은 말할 수 없는 거지요. 웬만한 일에는 참고 넘기는 버릇도 생깁니다. 가정에서의 이런 상호작용은 학교 교우 관계에서도 나타납니다. 친구 때문에 조금 속상하고 불편해도 참는 것이지요. 이런 착한 성품이 사춘기로 접어든 아이들에게는 짓궂은 장난을 치기 좋은 대상으로 비친 것입니다. 상황이 걷잡을 수 없이 커졌을 때도 가해 아이들의 "내 말 안 들으면 너희 부모님께 말한다"와 같은 협박이 잘 먹힙니다. 아이는 부모님을 속상하게 하고 놀라게 할 수 없기 때문입니다. 학폭이 심하면 심할수록 이런 마음도 더 크게 작용합니다. 내가 이런 줄 알면 엄마가 얼마나 놀라실까 하는 마음에 더욱 참는 것이지요.

상담을 하다 보면 자주 듣는 말이 하나 더 있습니다. "애들도 처음엔 장난으로 그랬을 거예요" "내가 대답을 안 하니까 답답해서 그랬을 거예요"라고 가해 아이들의 입장을 두둔합니다. 기질적으로 상대의 마음이나 감정을 잘 읽는 아이의 특징 때문에 처음에 가해 아이들의 행동이 큰 악의 없는 장난이라는 것까지 이해해서 받아주고 참아줬던 겁니다. 그런데 이런 태도가 역으로 점점 더 심한 폭력으로 번지게 된 것이지요. 참으로 마음이 아픈 상황입니다.

두 번째, 타인에 대한 민감성이 문제가 될 때

그렇다고 모든 피해자가 착해서 당하는 것은 아닙니다. 피해자의 두 번째 유형은 민감성이 떨어지는 경우입니다. 상대의 말이나 행동에 대한 민감성이 다소 떨어지는 아이들은 보통의 아이라면 기분 나빠하거나 속상해할 말이나 행동에 대해서도 그저 무덤덤하게 반응합니다. 장난을 치는 아이 입장에서는 옆구리를 한번 찔러보았는데, 막 소리를 지르며 째려보는 아이보다 "하지 마" 하면서 그냥 넘기는 아이가 더 만만했던 겁니다. 처음엔 옆구리를 슬쩍 찔러보는 장난으로 시작하여 슬슬 도가 넘는 행동들로 번져가게 된 것이지요. 피해 아이를 면담할 때도 이런 반응이 그대로 나타납니다. 어떤 아이들은 옆 친구가 조금만 내 몸을 건드려도 자신을 때렸다며 쪼르르 달려와 분노에 찬 목소리로 이르는 반면, 이 아이들은 심지어 학폭 피해자로 밝혀졌는데도 앞의 친구보다 분노의 강도가 약해 보이기까지 합니다. "친구가 놀리고 나쁜 행동을 했을 때 속상하거나 화나지 않았어?" 라고 물으면 "화났어요" "속상했어요"라고 말은 하지만 정작 그에 걸

맞은 감정은 뿜어 나오지 않는 것이지요. 이 아이들은 평소에도 주변 친구들에게 '답답하다'는 말을 자주 듣습니다. 무슨 이야기를 해도 잘 반응하지 않고 행동도 느리기 때문에 조별 과제를 함께하거나 상호작용이 필요한 활동에서 상대방을 의도치 않게 힘들게 하는 것이지요.

가짜 피해자인 경우

이번에는 가짜 피해자를 살펴보겠습니다. 앞서 가짜 가해자의 예를 설명했었는데 바로 그런 사례의 상대 피해자가 바로 가짜 피해자입니다. 이들은 겉으로는 폭행을 당하고 욕을 들은 쪽에 해당하지만 사실 전후 사정을 살펴보면 그렇게 되기까지의 사정이 반드시 존재합니다. 가짜 피해자를 구분하는 간단한 방법이 있습니다. 학폭 사건이 발생했을 때 가해자와 피해자를 물리적으로 떨어뜨려놓는 해결책을 제시해보는 겁니다. 진짜 피해자라면 가해 아이와 같이 다니던 학원을 옮기게 해주고, 자리를 바꿔주는 방식으로 재발 방지를 막아주는 것에 대해 순순히 잘 따릅니다. 가해자와 마주칠 일이 없어지는 것에 안도하지요. 하지만 가짜 피해자라면 그 방식을 별로 좋아하지 않습니다. 자리를 바꿔주겠다는 말에 알겠다고 안도하는 것이 아니라 그건 해결책이 아니라는 듯한 반응을 보입니다. "자리를 바꿔봤자 화장실 갈 때 만나면 또 그럴 거예요"라는 식으로 말합니다. 앞으로의 재발 방지가 아니라 자신의 눈앞에서 상대 아이가 응징을 당하는 것을 보고 싶어 하는 마음이 더 큽니다. 물론 상대 아이에 대한 처벌은 필요한 일입니다. 잘못한 것에 대해 벌을 받아야 하는 것은 당연하지요. 제가 여기서 말하고 싶은 것은 가짜 피해자 아이들에게는 이상하리만치 폭행이 반복될 것에 대한 두려움이 없다는 점입니다. 또 다시 폭행을 당할까 두려워하는 마음보다는 상대가 어떤 벌을 받는지에만 관심을 보인다는 겁니다. 앞서도 말했듯이 이런 경우에 해당하는 학폭 사건은 일방적인 괴롭힘에 의한 것이 아니라, 다양한 역동과 상황이 얽혀서 벌어진 일일 수 있습니다.

한 줄 상담소

이유가 어쨌든 피해를 당한 아이에게는 작은 일이라도 트라우마로 남을 수 있습니다. 육체적으로도, 정신적으로도 회복의 시간이 필요하지요. 가해자에 해당하는 아이들은 위에서 말한 기질을 바꿔주는 연습을 가정에서도 함께해줄 필요가 있습니다. 너무 착한 아이에게는 착하다는 칭찬보다 "네 맘대로 해"라는 말을 더 많이 해주세요. 상대에게 맞춰주기보다 자신의 감정에 귀 기울일 줄 아는 모습도 길러주는 것이 필요합니다. 또 필요하다면 전문 상담 기관을 찾아가보는 것도 추천해드립니다. 아이에게 문제가 있어서라기보다 기질에 맞게 부모가 도울 수 있는 방법을 조언받기 위해서 필요한 일입니다.

58

학교 폭력 전담기구가 뭔가요?

학교 폭력에 관한 기사를 보면 너무나 불안할 때가 많습니다. 아이들의 폭력 정도도 어른 수준을 넘어서는 것 같고, 혹시라도 우리 아이가 이런 일에 피해자 또는 가해자로 관련되지는 않을까 걱정이 되기도 합니다. 학교 폭력이 발생하면 학교 폭력 전담기구라는 것을 연다고 하는데 어떤 것인지도 궁금하네요.

학교 폭력 전담기구의 구성과 절차

요즘은 학교에서도 학교 폭력을 가볍게 다루지 않는 추세입니다. 혹시라도 문제가 커지면 관리자를 포함 담당 교사까지 징계를 받을 수 있기 때문에 되도록 사안을 투명하게 처리하려고 노력합니다. 학교 폭력의 진위 여부를 공정하게 다루기 위해서는 다양한 사람들의 시각과 의견이 필요합니다. 학교 폭력 전담기구는 바로 이런 점을 위해 학교에서 자체적으로 구성한 위원회라고 보시면 됩니다.

학교 폭력은 경미한 것에서 심각한 것까지 사안이 매우 다양합니다. 경미한 사안으로 볼지 정식으로 학교 폭력심의위원회를 열어야 할지 결정하기 위한 것이 전담기구의 역할입니다. 경미한 사항으로 결정되면 학교장 자체 해결로 종결되지만, 그렇지 않을 경우 사건은 관할 교육지원청으로 넘어갑니다. 이곳에서는 다양한 전문가와 학부모들로 구성된 학교 폭력심의위원회를 개최하여 사안을 다루게 되지요.

학폭 전담기구는 교사와 학부모로 이루어집니다. 교사들에는 학교장, 교감, 교사, 보건교사 등이 포함되고 학부모는 학교운영위원회에서 추천한 사람 중에서 학교장이 위촉하며 정합니다. 전담기구에 학부모가 반드시 들어가게 되어 있는데 이런 점 때문에 가끔 학부모들의 의혹을 받기도 합니다. 전담기구에 포함되는 학부모가 가해자와 친한 사람일 수도 있고 학교장이 마음대로 정하다 보면 공정하지 못하다고 생각할 수도 있기 때문이지요. 하지만 그것은 절차를 잘 모르기 때문에 생기는 의혹입니다. 학폭 전담기구의 구성원은 학기 초에 정하게 되어 있고, 한번 정해진 사람은 1년 동안 임기가 계속됩니다. 그러니 학폭 사안에 따라 전담기구의 구성원이 변동되는 일은 드뭅니다. 물론 사정이 생겨서 전담기구 구성원이 변경될 수도 있으나 이 경우에도 사전에 공문 등을 통해 공식적인 절차를 밟아 이루어집니다.

또 많은 분들이 궁금해하는 것이 학폭 가해자의 징계에 대한 사안입니다. 초등학교는 의무교육이기 때문에 아무리 심한 경우라도 자퇴를 시킬 수는 없습니다. 가장 강도 높은 조치는 강제 전학이지요. 피해자를 보호하기 위하여 가해 학생을 다른 학교로 전학시키는 것입니다. 또한 학폭 가해자로 결정이 되면 학교 생활기록부에도 기록이 됩니다. 학생부 기록은 평생 남는 것인데 어린 학생들에게 낙인을 찍는 문제가 생길 수 있습니다. 이런 부분들을 감안하여 학교를 졸업할 때는 학폭의 기록도 삭제하도록 되어 있습니다.

학교의 장은 학교 생활기록부에 입력된 조치사항을 학생의 졸업과 동시에 삭제하여야 한다. (학교 생활기록 작성 및 관리지침 제18조 제5항)

학교 폭력은 잘못된 행동이지만 그 또한 아이들의 성장 과정에서 발생할 수 있는 일이고 훈육을 통해 얼마든지 달라질 수 있다는 믿음을 교육적 과정에서 반영한 것이지요.

학교 폭력과 거리가 먼 아이로 키우려면

내 아이가 피해자든 가해자든 학폭에 휘말리는 것 자체가 부모에게는 괴로운 일입니다. 한번 학폭 사건이 벌어지면 일이 진행되는 과정 또한 간단하지 않고 그 과정에서 부모도 아이도 마음의 상처를 받기 쉽습니다. 평소에 지혜롭게 친구 관계를 유지해서 학교 폭력과 같은 일에서는 눈치껏 비켜가는 아이로 키우려면 어떻게 해야 할까요? 아이가 학교에서 친구와의 관계를 지혜롭게 풀어나가기 위해서는 다음의 두 가지 능력이 반드시 필요합니다.

첫째, 타인에 대한 공감 능력입니다. 학폭 사건까지 일이 커지게 되는 데는 타인에 대한 공감 능력이 떨어지는 원인이 작용합니다. 가해자나 피해자 모두 마찬가지입니다. 처음엔 장난으로 소소하게 시작되었던 일들이 크게 번지기 전에 상대방의 감정이 어떤지 공감하고 배려하는 능력이 있었다면 어느 순간 브레이크를 밟을 수 있었을 겁니다. 나는 장난이었어도 상대가 함께 즐거워하지 않는다면 눈치껏 멈출 수 있어야 합니다. 가해자 아이들 대부분은 상대방이 그렇게 괴로워하는지 몰랐다고 이야기를 합니다. 반드시 말로 표현해야지만 아는 것은 아니지요. 어떤 친구들은 말로 잘 표현하지 못한다는 것까지 이해하고 보다 더 세심하게 살필 줄 아는 능력이 필요합니다. 이런 공감 능력은 가정교육에서부터 시작됩니다. 가끔 너무 이해심이 많은 부모 밑에서 자란 아이들이 오히려 공감 능력이 부족한 경우를 종종 봅니다. 자신들의 입장을 자주 이해받는 편이다 보니 상대적으로 타인의 입장을 이해해주고 배려해주어야 하는 경험이 부족했던 탓이지요. 따라서 아이가 자랄수록 부모도 자녀들이 부모를 배려해주는 상황을 만들어주는 것이 필요합니다. 말로 상황을 설명해주는 것이 아니라, 아이가 스스로 눈치를 채서 부모의 마음을 공감하고 배려해주는 교육이 중요합니다.

둘째, 주도적으로 자기감정을 표현하는 능력입니다. 아무리 공감 능력이 뛰어나다고 해서 상대의 모든 감정을 이해하기는 어렵습니다. 따라서 어느 정도 자신의 감정을 주도적으로 표현할 수 있는 능력도 필요합니다. '싫다' '좋다'는 감정을 상대도 당연히 알겠지 생각하는 것은 오산입니다. 필요한 상황에서는 강력하게 감정을 표현해야 하지요. 이때도 주의할 점이 하나 있습니다. 감정은 말로 설명하는 것이 아니라는 점입니다. '나는 이래서 이게 싫다'라고 말하라고 가르치는 것은 어떤 아이들에게는 어려운 일일 수 있습니다. 역으로 조곤조곤 말하지 않고 울면서 말하거나 분노를 폭발시키는 행동은 옳지 않다고 받아들이게 하기 때문이지요. 아이에 따라서는 너무 화가 나는데 조곤조곤 말할 수 없어서 결국 감정 표현을 하지 못하는 경우도 있습니다. 아이들에게 너무 이상적인 방법을 강요할 필요는 없습니다. 그건 사실 어른들에게도 힘든 일이니까요. 아주 중요한 순간이나 정말 힘든 순간에 감정을 폭발하는 것은 매우 정당한 것임을 가르치는 것도 중요하겠습니다.

한 줄 상담소

학폭 가해자의 경우도 그 심리는 매우 다양합니다. 혹시 아이가 너무 착하기만 하거나 조금 답답하다는 소리를 듣는 경우는 아닌지 살펴볼 필요가 있습니다. 더불어 아이가 괜찮다고 해도 피해를 당한 경험은 트라우마로 남을 수 있습니다. 가정에서도 지속적으로 아이가 자신의 감정을 당당하게 표현할 수 있는 기회를 많이 주시고, 필요하다면 전문 상담을 통해서 아이에게 도움이 될 수 있는 일들을 찾아보는 것을 추천해드립니다.

4부

생활 습관

59

칭찬 스티커를 어떻게 잘 활용할 수 있을까요?

초등생 시기는 외적 동기를 잘 활용해야 한다고 하셨는데요, 저는 흔히 알려진 칭찬 스티커를 활용하다가 실패한 경험이 있습니다. 규칙을 정하다가 아이와 자꾸 말싸움을 하게 되었고, 결국 아이가 스티커를 안 받겠다고까지 하더라고요. 칭찬 스티커 활용의 구체적인 노하우를 알려주세요.

칭찬 스티커 목표 정하기

칭찬 스티커 활용에 실패하는 원인 중 하나는 보상을 주기로 한 학습량이나 목표를 적절하게 정하지 못했기 때문입니다. 칭찬 스티커는 철저하게 아이 맞춤형으로 진행되어야 합니다. 부모가 원하는 하루 학습량이나 학원에서 내주는 숙제 등을 그대로 칭찬 스티커의 목표로 정해서는 안 됩니다. 따라서 처음부터 아이와 의논을 하여 정하는 것이 좋습니다. 칭찬 스티커를 활용하는 목적이 아이에게 제대로 된 학습 습관을 길러주기 위함이기에 길게 가는 것이 무엇보다 중요합니다. 수준에 맞지 않는 학습량이 지나치게 많이 주어진다면 얼마 못 가 아이가 번아웃 될 수도 있습니다.

아이와 의논하라고 해서 무조건 아이의 말에 의존해 학습량을 정해도 안 됩니다. 아이 스스로도 적당한 학습량을 알지 못하기 때문이지요. 너무 적은 양을 하겠다는 아이도 있고, 반대로 과하게 많은 양을 하겠다는 아이도 있습니다. 중요한 것은 중간에 포기하지 않고 길게 끌고 갈 수 있는 적절한 학습량입니다. 학년에 따라, 발달 정도에 따라 어느 정도의 테스트를 거친 후 정하는 것이 좋습니다. 예를 들면 아이와의 대화를 통해 정한 학습량을 1주일간 테스트해봅니다. 그런 후에 양을 늘릴지 줄일지 정하는 것이지요. 이렇게 한 번에 목표를 정하는 것이 아니라 테스트를 통해 스스로의 행동을 다시 돌아보게 하는 과정도 아이에게는 매우 중요한 교육이 됩니다.

보상품 정하기

무엇을 보상으로 줄지 정하는 것도 칭찬 스티커의 성패를 좌우하는 매우 중요한 요소입니다. 보상은 철저하게 아이가 원하는 것으로 주어야 합니다. 간혹 아이에게 필요한 물건(가방, 옷 등)을 보상으로 정하는 분들도 있습니다. 엄밀히 말해 부모가 필요한 물건은 적절한 보상 품목이라고 할 수 없습니다. 칭찬 스티커의 목적은 아이가 힘든 일을 참고 이겨내는 습관을 길러주기 위한 것입니다. 어른에게는 별것 아닌 일이라도 처음 하는 아이에게는 엄청 힘들 수 있습니다. 이

점을 이해한다면 당연히 아이가 원하는 것이 보상으로 주어져야 하겠지요. 아무리 비싸고 좋은 물건이라도 아이가 관심 없어 하는 것이라면 적절한 보상이라고 볼 수 없습니다.

보상 품목은 아이에 따라 천차만별입니다. 또 물질이 아니어도 괜찮습니다. 예를 들면 휴대폰 하는 시간, TV 보는 시간, 아빠와의 놀이 등 아이가 원하는 것이라면 뭐든 보상이 될 수 있습니다. 또 당장 아이가 원하는 것이 없다고 한다면 '칭찬 스티커 1장에 100원'처럼 돈으로 정해놓았다가, 아이가 갖고 싶어 하는 물건이나 간식을 사 먹을 수 있게 해주는 것도 좋습니다.

무엇보다 보상은 목표 달성 즉시 주어져야 합니다. 아이가 약속한 목표량을 수행했는데 부모가 바쁘다고 '나중에 해줄게'라고 한다면 그것만큼 아이에게 실망이 되는 일도 없습니다. 다시는 칭찬 스티커를 하지 말아야지 하는 마음까지 가질 수도 있습니다. 따라서 보상품을 정할 때는 즉시 해줄 수 있는 것인지도 고려해야 합니다. 바로 보상을 하지 못하는 사정이 생겼다면 아이에게 충분히 설명하고 양해를 구하는 것이 중요합니다.

가끔 보상품으로 아이스크림과 같은 간식을 정해놓고, 식사 전에 보상품을 요구하는 아이 때문에 난처해지는 경우가 생길 수도 있습니다. 아이의 건강한 식습관을 위해 식사 후에 주겠다고 했다가 실랑이가 벌어지는 것이지요. 이 경우 저는 아이가 아이스크림을 원할 때 그것을 바로 주는 것이 긴 안목에서는 좀 더 효과적이라고 생각합니다. 왜냐하면 보상을 받지 못한 아이가 느낄 신뢰감 하락 등의 부정적인 정서가 향후 아이의 교육에 미칠 영향이 오늘 저녁밥을 조금 먹어서 향후 아이의 건강에 미칠 영향보다 더 크다고 판단하기 때문입니다. 아이의 건강이 염려가 된다면 아예 아이스크림은 밥을 먹은 후에 준다는 규칙까지 정하고 칭찬 스티커를 활용하는 방법도 있습니다.

보상의 횟수와 간격 정하기

보상을 얼마나 자주 줄 것인지 정하는 것도 중요합니다. 보통 저학년일수록 조금씩 자주 주고 고학년으로 갈수록 간격을 늘리는 것이 좋습니다. 1, 2학년은 하루 1번, 적어도 1주일에 3번 정도는 보상을 받을 수 있도록 정하는 것이 좋습니다. 스티커를 모아 보상을 받는 데 1주일이 꼬박 걸려서는 안 된다는 뜻이지요. 아무리 큰 보상이 걸려 있다고 해도 말입니다. 큰 보상을 작은 보상으로 나누어서 아이가 작게라도 성취의 기쁨을 꾸준히 맛볼 수 있게 설계하는 것이 좋습니다.

하지만 고학년이 될수록 너무 잦은 '스티커 발급'을 귀찮아하는 경우도 있습니다. 이럴 때는 1주일에 한 번 정도 보상을 받도록 학습량을 늘려도 괜찮습니다. 보상의 간격과 횟수는 아이가 적당히 긴장감을 유지할 수 있는 간격으로 조정해나가야 합니다.

스티커의 의미 공유하기

마지막으로 칭찬 스티커의 의미를 아이와 공유하는 것이 필요합니다.

공부를 외부 요인에 의존해선 안 된다는 것을 가르치기 위해서지요.

"공부는 원래 스스로 하는 거야. 하지만 어릴 때는 스스로 마음먹기가 쉽지 않지. 그래서 엄마가 공부하는 습관을 길러주기 위해 칭찬 스티커를 해보자고 한 거야. 공부가 어렵고 힘들다는 것을 잘 아니까, 그 어렵고 힘든 일을 한 것에 대해 칭찬해주고 싶은 거야. 그러니 몇 점을 맞았는지보다는 네가 문제를 풀기 위해 얼마나 성실히 고민하고 노력했는지에 더 중점을 둘 거야. 100점이 아닌 50점을 맞더라도 네가 충분히 노력했고 최선을 다했다면 보상을 받을 자격이 충분히 있어."

이렇게 말한다면 아이도 충분히 칭찬 스티커의 의미를 공유할 수 있을 것입니다. 또 혹시라도 생길지 모를 부정적인 영향도 미연에 방지할 수 있고요.

한 줄 상담소

스티커 제도는 잘만 활용하면 긍정적인 행동 변화를 만드는 데 매우 효과적입니다. 중간에 실패를 하는 요인은 대부분 스티커 제도의 문제보다는 실행하는 과정에서 옵니다. 스티커를 주는 시기와 횟수는 아이 맞춤으로 꼼꼼하게 따져서 정해야 합니다. 보상으로 주는 상품의 종류는 무조건 아이가 원하는 것이어야 합니다. 또 목표를 이루었을 때 미루지 않고 즉시 주는 것도 매우 중요합니다. 이 모든 것을 잘 지키려면 부모도 꽤 에너지를 들여야 합니다. 효과도 없는 잔소리 대신 스티커 제도에 에너지를 쏟는다고 생각하면 기꺼이 할 수 있는 일이지요.

60

책가방을 못 챙기는 아이, 어떻게 도와줘야 할까요?

1학년이 된 지 몇 달이 지났는데도 아직 모든 것에 부모의 손길이 필요합니다. 옷 입는 것은 그렇다 쳐도 책가방은 스스로 챙겨야 할 텐데, 항상 뭔가를 빼먹고 안 가져가거나, 반대로 학교에서 가져오지 않는 일이 많습니다. 책가방은 언제쯤 스스로 챙길 수 있을까요?

아이마다 다른 출발점

초등 저학년일수록 발달의 차이가 큽니다. 아이마다 할 수 있는 일에서도 차이도 크다는 뜻이지요. 우리 아이는 혼자 옷도 잘 못 입고 책가방도 못 챙기는데, 다른 아이는 모든 일을 혼자서 척척 해내고, 심지어 동생 챙기는 일까지 해내기도 합니다. 그러다 보니 저학년일수록 생활 습관에 대한 고민이 많은 비중을 차지하지요. 옆집 아이와 너무 비교가 되니까요.

하지만 출발점이 다를 뿐 시간이 지나 3학년 이후가 되면 모두 비숫해집니다. 습관이 잘 배어 있는 아이와 그렇지 않은 아이로 나뉠 뿐이지요. 따라서 아이의 좋은 생활 습관을 위해서는 부모의 눈높이에서 목표점을 두기보다 아이의 출발점을 이해하는 것이 중요합니다. 그런 관점에서 책가방 챙기는 일을 한번 살펴보겠습니다. 사실 책가방 챙기는 일 안에는 정말 다양한 일들이 녹아 있습니다. 연필을 잘 깎아서 필통에 넣는 일, 필통 안에 지우개와 자를 챙기는 일, 알림장, 독서록 등을 잘 챙기는 일, 가정통신문 챙기기, 줄넘기, 실내화 가방까지……. 책가방 안에 들어가는 물건은 무궁무진하지요. 이 많은 일 중 아이가 어디까지 스스로의 힘으로 하는지 살펴보세요. 그러려면 혼자 책가방을 싸서 가도록 내버려둬야겠지요. 물론 며칠 동안은 아이가 혼이 나거나 선생님께 알림장을 챙겨달라는 문자를 받을 수도 있지만, 그 과정을 거쳐야 아이가 무엇을 못 하는지 정확하게 파악할 수 있습니다.

총체적 난국이라면 책가방 안의 물건을 분리해서 아이의 몫으로 아주 작은 부분부터 떼어주세요. 예를 들면 필통 안의 물건들만 아이가 챙기게 하고 나머지는 부모님이 챙겨주는 것이지요. 2주일쯤 지나 아이가 익숙해지면 공책을 챙기는 일까지 추가합니다. 알림장, 종합장 등 꼭 가져가야 하는 공책들이 가방에 잘 있는지 보는 것이지요. 이것도 익숙해지면 좀 더 어려운 알림장을 보고 준비물을 챙기는 일을 시키면 됩니다. 아이에 따라 차이가 있을 수는 있지만, 이 모든 과정이 1학년 여름방학 전까지는 완료되는 것이 좋습니다. 1학기가 넘어가면 엄마가 챙겨주는 것이 아이에게 습관으로 자리 잡혀 더 고치기가 어렵습니다. 아이 입장에서는 늘 편하게 이루어지던 일을 갑자기 하라고 하니 반감이 느껴지겠죠.

만약 이미 1학기가 지난 시점이라면, 이때는 칭찬 스티커 등 보상을 활용하는 걸 추천해드립니다. 어찌 보면 당연히 아이가 해야 하는 일에 보상을 주는 것이 옳지 않아 보일 수도 있지만, 이때 스티커는 긍정적인 정서 안에서 아이의 습관을 잡아주기 위한 도구라고 생각하면 됩니다. 물론 어느 정도 습관이 들면 스티커는 중단하는 것이 좋습니다. 아이에게도 미리 말해두는 것이 중요하지요.

"엄마가 책가방 싸는 일에 스티커를 주는 것은 네가 그동안 해오지 않던 일이라 힘들 거라는 것을 알기 때문이야. 잘해서 주는 것이라기보다는 하기 싫은 일을 참고 해낸 것에 대한 보상인 거지. 그러니까 스티커는 어느 정도 습관이 잡힐 때까지만 줄 거야. 알았지?"

아이의 생활 습관을 잡는 데는 항상 이 세 가지 과정을 활용하는 것이 도움이 됩니다.

첫째, 아이가 혼자 힘들이지 않고 할 수 있는 출발점이 어디인지 파악합니다.

둘째, 출발점에서 조금 더 많은 과제를 부여하고 잘할 때마다 칭찬 스티커를 활용합니다.

셋째, 어느 정도 습관이 잡히면 칭찬 스티커는 중단합니다.

습관이 만들어지는 데 필요한 시간

생활 습관을 형성하는 게 쉬운 일은 아닙니다. 그만큼 에너지가 많이 들어가지요. 하지만 제가 보기엔 아이의 생활 습관 형성에 가장 문제가 되는 원인이 하나 더 있습니다. 바로 습관을 형성하는 데 너무 시간을 끄는 것입니다. 위의 방법은 적어도 3개월을 넘기지 않는 것이 중요합니다. 3개월은 아이에게 어떤 습관이 배도록 하는 마지노선의 시간입니다. 이 시기가 지나도록 습관이 잡히지 않았다면 그것은 반대로 버티거나 뭉개버리는 습관이 형성된 것을 의미합니다. 이렇게 시간을 끌어버리면 바꾸기가 더욱 어려워지지요.

습관을 잡아주기로 마음먹었다면 다음의 두 가지를 유의합니다. 첫째, 한 가지 습관만 목표로 잡습니다. 책가방 싸는 일, 아침에 일어나는 일, 숙제 하는 일 등 여러 가지 목표를 동시에 잡으면 에너지가 분산되어 어느 하나도 이루기가 어렵습니다. 에너지가 분산되지 않고 한 곳에 집중하도록 해주는 일도 중요합니다. 둘째, 너무 긴 시간을 끌지 않습니다. 목표를 잡고 집중해서 완료하는 데까지 3개월의 시간이면 충분합니다. 적어도 그 시간 동안은 목표로 한 행동의 피드백을 주는 일에 매일 집중해줘야 합니다. 그래야 아이도 긴장을 하고 행동을 고쳐나갈 수 있습니다.

가장 안 좋은 것은 아이와 씨름을 하다가 중간에 포기하는 일이지요. 이것은 시도를 안 하는 것보다 더 나쁜 결과를 가져옵니다. 무슨 일이든 안 하고 버티다 보면 결국 흐지부지되더라는 경험을 아이에게 가르치는 일이 되는 겁니다. 그러니 아이에게 꼭 필요한 습관이 무엇인지를 선별하는 것도 중요하겠습니다. 이것저것 다 만들어주다 보면 오히려 더 안 좋은 결과를 갖게 될 수도 있습니다. 습관을 만드는 일이 어려운 일이라는 것을 생각하고 주어진 기간 동안 에너지를 집중해서 쓸 것을 결심한 후에, 아이와 목표를 잡아나가는 것을 추천해드립니다.

한 줄 상담소

책가방은 아이 스스로 싸야 하는 일이 맞습니다. 하지만 1학년은 뭘 어떻게 해야 하는지 몰라 못 하기도 하지요. 아이 스스로 할 수 있는 부분이 어디까지인지 파악해 출발점으로 잡고 하나씩 할 수 있는 영역을 늘려줘야 합니다. 또 책가방 싸는 일은 생활 습관과 연결되어 있기도 하지요. 습관을 잘 잡아주기 위해서는 목표를 한 가지만 정해 집중할 수 있게 하고 중간에 포기하여 만성이 되지 않도록 하는 것이 필요합니다. 하나에 성공하고 나면 그다음 습관에서는 훨씬 더 에너지가 줄어드는 것을 느낄 수 있을 겁니다.

61

질문 많이 하는 아이, 언제까지 매번 답해줘야 할까요?

어렸을 때는 '왜?'라는 질문에 아이의 눈높이에 맞춰서 열심히 대답해줬는데, 시간이 지날수록 매번 답해주는 일이 피곤하게 느껴집니다. 이제는 혼자 책을 찾아보거나 검색해서 아는 방법도 길러야 할 것 같은데 말이죠. 하지만 괜히 답해주지 않았다가 아이의 지적 호기심이 망가지지는 않을지 걱정되는 마음도 있어 어떻게 해야 할지 고민스럽습니다.

학령기 이전인 경우

호기심 어린 반짝이는 눈으로 '왜?'라는 질문을 하는 아이는 정말 사랑스럽습니다. 아이의 지적 호기심을 충족해줄 수 있는 일이라면 무엇이든 해주고 싶을 정도로 부모와 교사의 마음을 흥분시키기도 하지요. 그래서 더 열심히 애정을 가지고 설명을 해줍니다. 그런데 이런 어른들의 반응은 아이들에게 2차적인 반응을 일으킵니다. 다른 말을 했을 때보다 '왜?'라는 말을 했을 때, 부모가 더 눈을 반짝이며 반응한다는 것을 알게 되지요. 영민한 아이들은 지적 호기심이 생겼을 때뿐만 아니라 정서적인 요구를 원할 때도 이 마법의 단어를 사용합니다. 그냥 떼를 쓰고 울 때보다 부모를 자신에게 집중시키는 데 훨씬 더 효과적이니까요. 그래서 이유를 설명해줘도 끊임없이 '왜?'를 무한반복하기도 합니다. 학령기 이전의 나이에서는 이런 일들을 흔하게 겪게 되지요. 사실 부모 입장에서도 어느 정도 어린 꼬마의 속내를 눈치채지만 짐짓 모른 척 넘어가주게 됩니다. 또 학령기 이전의 '왜?'라는 질문은 대답해주기에 어렵지 않은 것들이 대부분입니다. 답을 해주기에 부담도 없으니 자연스럽게 '왜?'라는 질문을 매개로 부모와 자녀 사이에 정다운 대화가 가능한 시기이지요.

저학년인 경우

아마도 고민을 주신 분도 자녀의 학령기 이전에 이런 시기를 거치셨을 겁니다. 학교에 들어가고 어느 정도 자란 후에도 이런 상황이 계속되니 고민스러워진 것입니다. 사실 '왜?' 놀이는 학령기 이전에 사라지는 경우가 많습니다. 아이가 어느 정도 자라고 나면 이 질문이 슬쩍 피곤해지기 마련인데, 어느 날 너무 피곤하고 힘든 부모에게 아이가 '왜?'라는 질문을 했다가 싸늘하게 돌아온 반응에 아이도 잠재적으로 그만두어야 할 때라는 것을 눈치채게 되는 거지요.

저학년이 되어도 이 질문이 살아 있다면 두 가지 경우입니다. 아이가 지적 호기심이 매우 높거나, 매우 자상한 부모인 거지요. 후자일 확률이 더 높습니다. 지적 호기심이 높아서 의문이 든 아이라도 부모의 싸늘한 반응을 경험한 경우에는 스스로 답을 찾는 법을 터득하게 됩니다. 도서관에 널려 있는 책이나 유튜브 채널을 통해서 얼마든지 정보를 찾기 쉬운 세상이니까요.

아이가 저학년이라면 고민을 주신 분은 아마도 좋은 부모이실 확률이 높습니다. 매번 성실하게 아이의 질문에 대답을 해주었고, 아이도 그런 부모와의 대화가 즐거웠기 때문에 '왜?'라는 질문을 계속하는 겁니다. 다만 이제는 지적 호기심에 대하여 스스로 답을 찾는 방법도 배워나가야 하는 시기입니다. 그러니 이제는 "잘 모르겠는데"라는 답도 하나 마련해두시기 바랍니다. "엄마도 잘 모르겠어. 책을 찾아볼까? 네가 인터넷으로 검색해서 엄마한테 알려줄래?"라며 방법을 바꾸는 것이지요. 아이가 찾은 지식을 거꾸로 엄마에게 설명해줄 때, 부모가 다정하게 들어주는 것만으로도 아이와의 정서적 유대는 계속 이어갈 수 있습니다. 아이는 이제 '왜?'라는 질문에 답을 해줄 때 보았던 부모의 따뜻한 눈빛을, 자신이 뭔가를 찾아서 알아내고 설명해줄 때 볼 수 있게 되었으니까요. 부모에게 더 잘 설명해주고 싶어서 더 열심히 찾으려 할지도 모릅니다. 저학년의 학습은 이렇게 부모와의 정서적인 유대의 끈을 함께 갖고 가는 것이 효과적입니다.

고학년인 경우

만약 아이가 고학년인데도 '왜?'라는 질문을 자주 한다면 이건 전혀 다른 신호가 될 수 있습니다. 고학년은 정말로 지적 호기심이 높아지는 시기입니다. 또 이 시기의 지적 욕구는 부모의 단순한 대답으로 채워지지 않습니다. 전문적 깊이로 파고들어가야 하기 때문에 이미 나름의 지적 호기심을 충족시키는 방법을 알고 있습니다. 그게 반드시 학습이 아니더라도 말이죠. 게임이든 화장법이든 이 시기의 아이들은 진짜 궁금한 것은 스스로 알아서 찾곤 합니다. 따라서 이 시기의 '왜?'라는 질문에는(단, 어쩌다 하는 '왜?'는 예외입니다) 다른 의도가 들어 있는 경우가 많습니다. 바로 부모와의 정서적인 유대이지요. 그런데 이 유대는 이미 학령기 이전과 늦어도 저학년에는 채워졌어야 합니다. 고학년이 되어서도 부모에게 요구를 하고 있다면, 어린 시기에 충분히 충족되지 못했다는 것을 의미하지요.

제가 현장에서 주로 만났던 '왜?'라는 질문을 많이 하는 고학년 아이들은 대부분 맏이였습니다. 어렸을 때 충족되어야 할 부모와의 정서적인 유대가 동생 탓에 밀려났던 것이지요. 대부분 어린 동생이 있으면 부모는 큰아이에게 더 어른스럽고 듬직한 역할을 요구하게 됩니다. 더 이상 애교나 귀여움만으로는 부모의 시선을 끌어올 수 없습니다. 그럴 때 '왜?'라는 질문은 부모를 잡아둘 수 있는 무기가 됩니다. 교육열이 높은 부모일수록 이 질문만큼은 외면할 수 없기 때문이지요. 아니 오히려 더 열심히 설명하며 답해주려고 노력합니다. 아이에게서 보이는 현상은 이런 역동의 결과물일 수 있습니다.

아이의 질문에 정서적 요구가 함께 깔려 있다고 판단된다면, 얼마든지 그 질문을 받아주시는 것이 맞습니다. 대신 진짜 정서적인 유대를 함께하는 시간도 늘려주세요. 동생 없이 단둘이서 아이가 좋아하는 일을 함께하는 시간을 늘려주는 것이 필요합니다. 그런 시간들로 아이의 요구가 충족된다면, 아이의 '왜?'라는 질문은 자연스럽게 줄어들 겁니다.

한 줄 상담소

아이의 '왜?'라는 질문은 지적 호기심이 높은 행동으로 보이지만 지나치게 자주 한다면 질문을 가장한 정서적 유대의 요구일 확률이 높습니다. 부모가 아이의 다른 말에는 별 반응을 안 보이다가 "이건 왜 그래요?" 하는 질문에 충실히 대답해주었다면 아이는 거꾸로 이런 질문을 통해서 부모의 관심을 잡아둘 수 있다고 생각하는 겁니다. 진짜로 지적 호기심이 높은 아이라면 부모의 대답으로는 성에 차지 않아 하는 경우가 더 많습니다. 도서관의 책, 인터넷 검색, 유튜브 등을 통해 얼마든지 깊이 있는 지식들을 접할 수 있는 세상인데 굳이 피곤해하는 부모를 잡고 있을 필요는 없지요. 아이의 진짜 속마음을 살펴보고, 정서적인 유대의 요구가 맞는다면, 아이와의 놀이 시간을 늘려주는 것으로도 질문의 횟수를 줄일 수 있습니다.

62

소심하고 키 작은 아이, 어떤 운동을 시켜야 할까요?

내성적이고 소심한 성격이라 친구들과 놀 때 조금 치이는 느낌이 듭니다. 주위에 물어보니 활달한 성격의 아이들은 축구를 시키는 게 좋지만, 키도 작고 소심한 성격의 아이들은 농구를 시키는 것이 더 낫다는 조언을 주곤 하네요. 축구를 하면서 다른 성향의 친구들과 어울려야 소심한 성격을 바꿀 수 있지 않을까 싶기도 한데, 어떤 운동을 시켜야 할지 고민이 됩니다.

종목의 문제가 아닐 수도

내성적이고 소심한 성격의 아이를 둔 부모는 친구들과 노는 모습을 보는 것이 편치만은 않습니다. 활발한 성격의 아이들 틈에서 자기 생각을 제대로 표현하지 못하는 아이가 치이는 느낌이 들기 때문이지요. 더구나 요즘은 많이들 모임을 만들어 축구를 가르치는데 아이가 소외되거나 잘 나서지 못하는 부정적인 경험을 하게 될까 봐 걱정스럽기도 합니다. 소심한 성격을 바꿔주고 싶고 친구들 사이에서 활발하게 노는 경험을 쌓게 해주고자 축구를 가르치고는 싶은데, 다른 한편으로는 그 안에서 더 위축되는 경험을 할까 봐 걱정되는 것이 부모 마음입니다. 축구와 농구 중에 고민하는 것도 어떻게 하면 이런 걱정을 줄일 수 있을까 하는 마음으로 느껴집니다.

정답이 없는 문제이지만, 제가 생각하는 답을 말씀드리면 농구를 시킨다고 해서 축구에서 느끼는 문제점이 해소되는 것은 아니라는 겁니다. 또 학교에서 아이들이 더 많이 하는 경기는 농구보다 축구입니다. 축구 골대는 대부분의 학교 운동장에서 쉽게 찾아볼 수 있는 반면 농구 골대는 설치되지 않은 학교도 꽤 있습니다. 참여 인원이 적은 농구보다 축구는 학급 전체가 함께 뛰는 것도 가능하지요. 그러다 보니 아무래도 학교에서 농구보다는 축구를 하는 경우가 훨씬 더 많습니다. 더구나 키가 작으면 농구는 더 불리하지요. 결국 농구나 축구 모두 소심한 성격을 바꾸려면 어느 정도 부대낌을 통해 배울 수밖에 없습니다. 어차피 직면하게 될 일이라면 더 많이 접하는 축구를 통해 아이가 배워나갈 수 있는 부분을 살펴보는 것이 더 바람직하지 않을까 생각됩니다.

소심한 것에 대하여

축구는 학교에서 아이들이 가장 좋아하는 스포츠 중 하나입니다. 여럿이 함께 어울리는 경기지만 정작 공 하나를 놓고 치열한 공방전을 펼치다 보니 여러 가지 성향의 모습을 한눈에 볼 수 있습니다. 일단은 공을 다루는 실력이 월등한 아이가 단연 돋보입니다. 공 점유율도 높고 짜릿한 골을 넣는 경우도 많으니까요. 팀을 짤 때부터 인기 만점입니다. 실력이 좋은 아이가 자기편이어야 이길 수 있으니까요.

그렇다고 다른 아이들이 모두 들러리 역할만 하는 것은 아닙니다. 가만 보면 다양한 방법으로 축구를 즐기는 모습을 볼 수 있습니다. 예를 들면 골키퍼의 역할을 자처하는 아이도 많습니다. 물론 실력에 밀려 내키지 않게 역할을 맡는 경우도 있지만, 너무 힘들게 뛰어다니지 않아도 된다는 게 마음에 들어 스스로 자처하는 거지요. 이런 경우는 골키퍼가 오히려 주장 역할을 하기도 합니다. 골문 앞에서 전체 경기 상황을 주시하며 친구들에게 이런저런 요구들을 하지요. 오른쪽으로 패스해라, 포지션을 변경해라 등등 말이죠.

경기 내용과 상관없이 친구들과 뛰어다니는 것 자체로 즐거워하는 아이도 있습니다. 공이 움직이는 방향에 따라 이리저리 따라다니지만 정작 본인이 공을 잡고 있는 경우는 매우 드뭅니다. 보는 사람의 눈에는 답답해 보여도 정작 아이는 그렇게 생각하지 않습니다. 스스로 아주 열심히 축구를 했다고 생각하지요. 경기가 끝난 후에도 아주 실감 나고 세세하게 그날의 경기 상황을 되짚어 설명하기까지 하니까요. 비록 다른 사람의 눈에는 공도 한 번 못 차고 끝난 경기였더라도 아이는 그렇게 느끼지 않는 거지요.

처음엔 저도 소수의 아이가 독식하는 듯 보이는 축구가 마음에 들지 않았습니다. 여러 친구들이 돌아가면서 공을 찰 수 있게 양보하라는 주문을 넣기도 했지요. 또 축구에 전혀 끼지 못하는 아이들의 마음이 걱정되어 "이번 체육 시간에는 축구 말고 다른 것 할까?"라고 슬쩍 물어보기도 했습니다. 그런데 신기하게도 돌아오는 대답은 "아뇨. 축구가 더 좋아요"였지요. 그런 과정을 통해 다양한 아이들이 각자의 방식으로 축구를 즐기는 방법을 터득하고 있음을 깨닫게 되었습니다. 어른인 제 눈에는 소심하게 보이고 항상 치이는 느낌이 드는 아이들도 정작 스스로는 전혀 그렇게 생각하지 않고 있었죠. 심지어 골을 제대로 못 넣은 아이를 탓하기까지 했습니다. 정작 본인은 공 한 번 차보지 못했으면서도 아주 당당하게 말이죠.

"아, 진짜 그걸 하나 못 넣냐? 거의 다 차려준 밥상 수준이었는데."

또 소심한 듯 보이지만 뒤에서 경기 분석을 아주 치밀하게 하고 있는 경우도 있습니다.

"오늘 경기는 골 결정력 부족이었어요. 상대편보다 우리가 슈팅 기회는 세 번 더 많았는데, 유효 슈팅이 너무 적었거든요."

나름의 통계까지 내가며 경기 내용을 분석하고 있었지만, 제가 물어볼 때까지는 아무에게도 표현하지 않았죠.

소심하다는 것은 대담하지 못하고 조심성이 지나치게 많은 성격을 뜻합니다. 우리는 소심한 것을 부정적인 성격과 관련 짓는 경향이 있지만 제가 현장에서 만난 소심한 아이들은 나름대로 뚜렷한 자기 생각을 갖고 있는 경우가 더 많았습니다. 다만 그것을 적극적으로 표현하지 않을 뿐이지요. 그러니 아이가 소심한 성격이라도 크게 걱정할 필요는 없습니다. 겉으로는 친구에게 치이는 듯 보여도 정작 아이는 '귀찮으니까 그냥 양보해주는 것'이라고 생각할 수도 있습니다. 이 아이들도 아주 중요한 영역에서는 자기 목소리를 내고 싶다고 표현할 줄 압니다. 다만 축구는 이 아이들에게 그런 영역이 아닐 뿐인 거죠.

아이에게 축구 대신 다른 것을 권해주어야 할 때는 따로 있습니다. 아이가 부정적인 감정을 많이 느끼는 것 같을 때죠. 스파르타식 훈련 방식에 체력적으로 힘들어하거나, 신체 발달이 조금 늦은 탓에 자주 다친다거나, 축구가 싫다고 말하는 때입니다. 무엇이든 일단 시켜봐야 아이도 뭐가 싫고 좋은지 알 수 있습니다. 축구를 통해 소심한 성격을 바꿀 수 있는 것도 아니지만, 그렇다고 미리 걱정하여 축구를 시키지 않을 이유도 없다고 생각됩니다.

키가 작은 것에 대하여

키가 작은 것 때문에 학교에서 아이가 치일 것이라 생각하는 분들도 많이 있습니다. 그런데 이것도 소심한 성격과 비슷한 부분이 있습니다. 겉으로 보이는 모습과 속사정이 다를 수도 있다는 점이 그렇지요. 반에서 키가 제일 작은 아이가 훨씬 키 큰 아이에게 또랑또랑 말하며 지지 않는 모습을 보이는 때도 많습니다. 작은 고추가 맵다는 말이 실감 나는 경우지요. 아이들의 친구 관계는 신체적인 면에 의해 좌우되지만은 않습니다. 그보다 훨씬 더 중요한 변수들이 많습니다. 우리가 흔히 '기 싸움'이라고 말하는 부분이 아이들 관계에서도 존재합니다. 친구가 키 작다고 놀리거나 큰 키를 이용해 아이를 밀칠 때 그냥 당하고 넘어가는 게 아니라 "왜 그래?" 하며 눈을 동그랗게 뜨고 따지는 태도가 중요하지요. 이런 당당함은 아이가 학교에 들어오기 전 다른 사람과의 관계에서 이미 형성됩니다. 형제나 부모와의 관계에서도 사소한 기 싸움은 존재하는 법이니까요. 가까운 사람들과의 관계에서 아이가 얼마나 자신의 감정을 표현해왔고 또 그 감정이 수용됐느냐에 따라 학교에서 보이는 관계도 영향을 받습니다.

'너는 키가 작아 친구에게 치일 수 있으니, 축구보다는 농구가 좋겠어'라는 부모의 생각 자체가 이미 아이에게 '키가 작은 것은 불리한 조건이야'를 잠재적으로 가르치고 있는 것과 같습니다. 시작도 해보기 전에 다른 사람들의 말에 휘둘릴 필요는 없습니다. 물론 주변의 말을 참고하는 것은 중요하지만, 그 조언이 우리 아이에게는 해당되지 않을 수도 있습니다. 아이마다 타고난 성격과 기질, 자란 환경이 천차만별이기 때문이지요. 중요한 것은 부모가 중심을 잡고 아이의 균형을 잘 잡아주는 것입니다. 그러기 위해서는 일단 시켜보고 아이가 배워나가는 과정에서 보이는 감정과 변화에 집중하는 것이 필요합니다. 그 과정에서 필요에 따라 축구냐 농구냐 아니면 다른 운동이냐를 선택하는 것이 가장 올바른 정답이 되리라 생각합니다.

한 줄 상담소

소심한 성격을 축구나 농구를 통해 고칠 수 있다는 생각부터 살펴봐야 할 것 같습니다. 소심한 성격은 표현하는 방법이 다를 뿐이지 고쳐야 할 부정적인 성격이 아닙니다. 더구나 타고난 기질이 축구나 농구를 통해 바뀌기도 어렵지요. 실제 아이들은 키가 작아도 소심해 보여도 자기가 치이고 있다고 생각하지 않는 경우가 더 많습니다. 축구 시합을 할 때 공 한 번 차보지 못해도 자신이 그 경기에 충분히 기여했다 생각하고 경기 내용을 누구보다 정확하게 분석하는 모습을 보이기도 합니다. 중요한 것은 축구냐 농구냐라는 선택의 문제가 아니라 그게 무엇이든 아이가 배워가는 과정에서 느끼는 감정과 변화입니다.

63

동생을 때리는 아이, 어떻게 지도해야 할까요?

연년생 남자 형제입니다. 둘이 신나게 잘 놀다가도 마지막에는 꼭 형이 동생에게 손이 나갑니다. 신체적 발달 차이가 많이 나는 동생이 너무 느리니까 형이 처음에 도와주고 참아주다가 답답한 마음에 그러는 것 같은데, 어떻게 지도하면 좋을까요?

동생이 말을 안 들어 화가 나요

형제는 함께해서 좋지만 또 함께여서 힘든 관계인 것 같습니다. 형제 관계는 발달 차이에 중점을 두고 살펴봐야 합니다. 아무리 연년생이라도 신체적, 인지적 발달에 차이가 많이 나면 갈등이 벌어지는 경우가 많지요. 먼저 이런 갈등 상황에서 어떤 마음과 감정을 갖는지 두 아이를 각각 살펴볼 필요가 있습니다.

먼저 큰아이의 입장을 보면, 자신이 형이라 평소에도 동생에게 양보해야 할 일이 많았을 겁니다. 형도 아직 어린아이인지라 그것이 쉬운 일은 아닙니다. 당연히 폭발하게 되는 지점이 생기기 마련이지요.

그렇다고 동생을 때리는 행동을 묵과할 수는 없습니다. 따라서 동생에게 화가 날 때는 언제든지 엄마에게 와서 도움을 요청하라고 해주세요. "엄마, 나 지금 너무 화가 나요"라고 말하는 것이지요. 이때는 무조건 둘을 잠시 갈라놓는 것이 좋습니다. 감정의 폭풍이 가라앉기를 기다리는 것이죠. 또 화를 조절하는 것이 얼마나 어려운 일인지도 말해주는 것이 좋습니다. 사실 어른도 힘든 일이니까요.

"네게 동생을 잘 돌보라고는 말했지만, 사실 그게 정말 어려운 일이라는 걸 알아. 그래도 동생이 어려서 잘 모르는 것이 있으니 엄마가 네게 부탁할 수밖에 없는 거지. 그러니까 너무 힘들 땐 엄마에게 도움을 요청해. 엄마가 없을 때 화가 나면 자리를 떠나서 잠시 혼자 있는 것도 좋아. 그럼 화가 가라앉게 되거든. 중요한 것은 어느 순간에도 네 잘못이 아니라는 거야. 잊지 마. 지금 네가 하고 있는 일은 아주 힘든 일이고 나이에 비해 어려운 일이 분명하거든."

부모의 이런 말은 아이의 마음에 면죄부와 용기를 부여합니다. 동생을 때린 후에 오는 죄책감과 '내가 잘 참지 못하는 아이구나' 하는 부정적인 정서에서 자유롭게 해주지요. 또 더 나아가 멋진 형이 되어보려는 용기도 북돋워줄 수 있습니다.

동생 때문에 억울해요

의외로 형제 관계에서 받은 감정이 학교 생활에도 그대로 투영되는 경우가 많습니다. 동생이 있는 아이들이 보이는 감정은 크게 두 가지입니다. 어렸을 때부터 동생에게 양보하고 참아주는 일이 익숙해진 아이들은 학교 친구에게도 그렇게 대합니다. 집에서는 조금 편파적인데 학교는 집보다는 공정하고 대등한 편이니 나름 만족스럽습니다. 그래서 교우 관계에 별문제 없이 잘 적응하지요.

반면, 6학년 때 담임을 맡았던 한 남자아이는 사소한 일에도 툭하면 울고 억울해하곤 했습니다. 사실 6학년 남자아이가 또래 앞에서 눈물을 보인다는 것은 금기시되는 행동인데도 말이죠. 공부도 잘하고 회장까지 맡은 녀석이 매번 그러니 조금 난감했습니다. 나중에 부모님 상담을 통해 여동생이 있다는 것을 알았습니다. 평소 집에서도 여동생과 갈등이 생기면 꼭 그렇게 엉엉 울면서 억울하다는 말을 한다고 했습니다. 아마도 평소에 오빠가 참아라, 양보하라는 말을 자주 들은 듯했습니다. 동생을 때리면 더 크게 야단을 맞을 테고 그렇다고 언제까지 참을 수만은 없으니 결국 눈물로 호소할 수밖에 없었던 거지요. 그제야 엄마도 아이의 말을 들어주었을 거고요. 이렇게 큰아이에게 일방적인 배려를 요구할 경우엔 동생이 부모 눈에 보이지 않게 오빠를 공격하거나 약 올리는 일이 많습니다. 문제가 생겨 야단을 맞게 되더라도 언제나 자신이 유리하다는 것을 알고 있으니까요.

형제 관계는 숙명과도 같습니다. 태어나는 순간 서열이 매겨지고 그 관계를 받아들여야 하니까요. 하지만 아이들의 기질에 따라 그 숙명을 어떻게 느끼고 어떤 식으로 감정을 표현하는지는 매우 다릅니다. 중요한 것은 아이가 느끼는 감정에 집중해야 한다는 점이지요. 화가 나는지 억울해하는지 아니면 형 역할을 잘하면서 스스로를 괜찮은 사람이라고 여기는지 살펴볼 필요가 있습니다. 그리고 너무 한쪽으로 치우치지 않도록 균형을 맞춰주는 일이 필요합니다. 억울해하거나 화가 많이 나는 아이는 부모가 동생 없이 형과만 오롯이 함께하면서 애착을 형성하고 즐거운 마음을 나누는 시간을 마련해주는 것이 좋습니다. 늘 이런 것을 동생에게 양보했을 테니까요. 반대로 동생을 잘 돌보는 의젓한 아이에게는 그것이 아이다움이 아님을 인지시킬 필요가 있습니다. "형답구나" 하는 칭찬 대신 "그렇게 까르르 웃으니 너무 귀엽다" 하며 아이다움에 대한 칭찬도 잊지 말길 바랍니다. 가끔은 동생에게도 먼저 양보를 하게 하고요.

한 줄 상담소

아무리 화가 나도 동생을 때리는 행동은 안 됩니다. 나쁜 행동에 대해서는 강하게 훈육해야 하지만 한편으로 화가 난 아이의 감정을 수용해주는 일도 중요합니다. 화가 났을 때는 잠시 동생과 떨어진 곳에 가 있거나 부모에게 "화가 난다"고 표현하도록 가르치는 것이 좋습니다. 또 동생에게 매번 참아주다 보니 억울함이 쌓인 아이도 살펴봐야 합니다. 때리거나 분노를 폭발하는 것 못지않게 안으로 쌓아둔 감정도 언젠가는 큰 문제가 될 수 있기 때문이지요. 형제 관계에서 큰아이가 양보하고 참는 것은 필요하지만 매번 그래야 하는 것은 정당하지 않습니다. 큰아이도 아직은 어립니다. 감정을 잘 수용해주고 귀여움도 받아줄 수 있어야 합니다.

64

아이가 원하는 대로 학원에 다 보내야 할까요?

남들은 학원에 다니기 싫다고 난리인데 우리 아이는 남들이 하는 것은 다 따라 하고 싶어 합니다. 수영, 무용, 태권도, 미술, 피아노 등 하고 싶은 것이 너무 많습니다. 아이가 원하는 것은 들어주자는 게 제 평소 생각이긴 한데 아이가 너무 지칠 것 같기도 하고 다 소화할 수 있을지도 걱정입니다.

잘하고 싶은 마음과 잘하는 것의 조화

배우고 싶어 하는 마음은 매우 긍정적인 성향이지요. 다만 이 마음을 실제 행동으로까지 이끌어가는 과정이 훈육의 핵심이라고 생각합니다. 이런 아이라면 이미 다수의 학원에 다니다가 그만두는 경험을 했을 겁니다. 아이가 가고 싶어 하는 학원에 보내주기 전에 몇 가지 약속을 먼저 해야 합니다.

첫째, 네가 지금도 다니는 학원이 많고, 지난번에도 이렇게 졸라서 갔다가 그만둔 적이 있지 않냐, 그래서 엄마는 이번에도 오래가지 못

할까 봐 걱정된다, 네가 너무 힘들 것도 걱정이고, 학원비도 만만치 않아 힘도 든다, 라고 부모의 입장을 먼저 설명합니다.

둘째, 그렇지만 배우고 싶어 하는 네 마음을 존중해서 보내주겠다고 아이의 마음을 수용해줍니다.

셋째, 다만 한번 시작한 것은 적어도 6개월은 다녀야 한다, 그전에 그만두겠다고 하면 다음부터는 엄마도 이렇게 네 뜻을 다 받아주기 곤란하다, 라고 향후 일에 대해서 먼저 예고해두는 것이 필요합니다.

학원의 커리큘럼을 잘 따라가지 못할 때

진짜 훈육의 시기는 학원의 커리큘럼을 아이가 잘 따라가지 못할 때입니다. 여러 가지 이유(선생님이 무섭다, 선생님이 잘 못 가르친다, 친한 친구들이 다 그만뒀다 등)를 대며 학원을 그만두겠다고 하거나, 학원 숙제를 매번 밀려서 선생님의 상담 전화를 여러 번 받으며 지각, 결석이 잦아지는 경우도 여기에 해당합니다. 또는 일정한 기간이 지나도 레벨이나 등급을 올리지 못하는 경우도 여기에 해당하지요. 이럴 때 다시 아이와 상담을 시작합니다.

첫째, 이렇게 다닐 거면(혹은 여기서 그만둘 거면) 그동안의 학원비가 너무 아깝고, 네가 하고 싶은 마음에 비해 행동으로 옮기는 힘은 약한 것 같아 속상하다, 라고 부모의 감정을 먼저 이야기합니다.

둘째, 이번에는 학원을 끊어주지만(또는 이렇게 다닐 거면 학원을 끊어라) 다음에는 네가 원하는 것을 무조건 들어주지 않을 거라고 말합니다.

시간이 지나 아이가 다른 학원을 보내달라고 조를 때 다시 이 카드를 꺼내 듭니다. 지난번에 네가 한 행동이 있으니 이번에는 엄마 마음대로 하겠다고 하는 거죠. 그 학원이 아이에게 꼭 필요한지 언제까지 보낼지 모두 부모가 결정하는 겁니다. 이 과정에서 아이도 마음과 행동의 불일치를 배우게 되고 점점 더 그 간격을 좁히는 법을 배울 수 있습니다.

한 줄 상담소

배우기 싫다고 하는 아이도 문제지만, 반대로 이것저것 다 보내달라는 아이도 문제이기는 마찬가지입니다. 시작할 때와는 달리 오래 지속하는 끈기가 부족한 경우가 많습니다. 처음엔 아이의 뜻을 받아주더라도 같은 일이 반복된다면 학원에 다니는 기간과 전체 학원의 수를 미리 규칙으로 정해두는 것이 필요합니다. 아이가 조르더라도 이 조건을 만족시키지 못했다면 안 된다고 제한을 두는 것도 필요하지요.

65

책을 읽지 않는 아이를 위한 독서법은 없을까요?

독서 교육이 중요하다고 생각해서 어렸을 때부터 책을 많이 읽어 주고 가까이하게 하려고 노력했습니다. 틈만 나면 도서관과 서점에도 데려가고요. 처음엔 책을 좋아하는가 싶었는데, 커갈수록 안 읽으려고 하네요. 앞으로의 독서 교육은 어떻게 해야 할까요?

독서 교육을 통해 배우는 것

독서 교육에 대해서는 어떻게 하느냐보다 왜 독서 교육을 시키는가부터 짚고 넘어가야 할 것 같습니다. 독서는 정말 중요합니다. 특히 성적과도 밀접하게 연관되어 있지요. 모든 교과서가 글로 쓰여 있고, 수학, 과학, 도덕 등 배우는 과목은 다양하지만 결국 그 결과를 평가하는 일에는 언어 능력이 반드시 들어갈 수밖에 없지요. 특히나 대학수학능력시험은 언어 능력 테스트의 결정판이라고 해도 과언이 아닙니다. 어마어마한 양의 지문을 읽고 그 뜻을 이해하고 논리적인 추론 과정까지 거쳐야 답을 맞힐 수 있으니까요. 학습 능력도 중요하지만 얼마나 빠른 시간 안에 많은 글 밥을 읽고 이해하느냐도 무척 중요하지요. 이런 현실 때문에 언어력과 논리적으로 추론하고 사고하는 힘을 길러주는 독서 교육은 무엇보다 중요시되고 있습니다.

문제는 이런 언어력, 논리력, 사고력이 고등한 능력이라는 점입니다. 초등학생들의 인지 발달상 갖추기 어려운 능력이지요. 물론 어렸을 때부터 책을 꾸준히 읽는다면 이런 능력이 빨리 발달할 가능성이 커지겠지만, 문제는 정작 이런 능력을 길러야 할 시기가 되기 전에 독서 교육에 지쳐서 책을 싫어하게 되는 역효과가 난다는 점이지요.

사실 학교 현장에서는 너무 이른 독서 교육으로 오히려 역효과가 나고 있는 아이들을 어렵지 않게 만날 수 있습니다. 이들은 겉으로 보기엔 아주 책을 많이 읽는 아이들로 비쳐집니다. 독서기록장의 양도 어마어마하고 도서관에서 대출한 연간 도서목록도 상당합니다. 학교에서 실시하는 독후감 쓰기 대회나 독서 인증 대회에서도 1등급을 놓치지 않습니다. 하지만 정작 이런 아이들은 책을 좋아한다기보다 독서를 또 하나의 시험 과목처럼 여긴다는 느낌이 더 강하게 듭니다. 책의 내용에 빠져서 주위를 다 잊고 집중하는 모습보다는 책 제목만 들어도 줄줄 줄거리를 읊어대는 모습이 더 익숙하지요. 이들에게 책의 어떤 점이 재미있었냐거나 인상 깊었냐고 물으면 갑자기 대답이 빈약해집니다. 정말로 책을 좋아하는 아이들은 이런 질문에 전혀 다른 모습을 보이지요. 기다렸다는 듯이 눈을 반짝이며 책 이야기를 꾸려가느라 시간 가는 줄도 모릅니다. 독서 교육을 통해 길러주고 싶은 진짜 논리력과 사고력은 책의 겉모습만 훑어서는 절대로 얻을 수가 없습니다.

책과 친해지는 법

독서 교육의 진짜 목적이 단순히 아이가 책을 좋아하고 가까이하는 모습을 지켜보고 싶은 부모의 마음에 있지 않다는 것에 동의한다면, 이제 아이가 책과 친해지는 방법에 대해 살펴보겠습니다. 앞서도 말했지만 독서를 통해 논리력과 사고력을 기르는 것은 초등학생에게 다소 버거운 작업입니다. 하지만 기본적으로 책을 좋아하는 아이로 키우거나, 삶의 의문이 생겼을 때 그 답을 찾기 위한 방법으로 독서를 가르치기에는 적당한 시기이지요. 그러려면 너무 독서에 집착하여 아이가 번아웃 되는 것은 막아야 합니다. 책을 지겹다고 느끼게 된다면 차라리 독서 교육을 안 하는 것만 못한 일이니까요. 하지만 아이의 속마음은 겉으로 봐서는 알 수가 없습니다. 다음의 유형 중 우리 아이가 어디에 해당하는지부터 알아보면 좋겠습니다.

첫 번째, 책을 좋아하는 아이

언어 인지력이 빠른 아이들 중에는 부모가 애쓰지 않아도 알아서 책을 찾는 아이들이 있습니다. 언어에 대한 이해가 빠르고 지적 호기심도 있는 경우 책을 읽는 것이 편하고 즐겁기 때문이지요. 사실 초등학교 때 자녀의 독서 교육에 성공했다고 말하는 부모들을 살펴보면 아이 자체가 이런 기질을 타고난 경우가 많습니다. 물론 부모의 여러 교육 전략이 유효했던 것도 사실이지만, 아이의 기질이 달랐다면 똑같은 전략을 사용해도 실패했을 수 있습니다. 따라서 다른 사람이 성공했던 전략을 우리 아이에게 그대로 적용하려는 시도는 조금 어리석은 일일 수 있습니다. 그전에 먼저 아이의 언어 인지력의 발달 정도를 살펴보시길 권장합니다. 어렸을 때부터 말이 빠르게 트였고 한글도 먼저 무슨 글자인지 물어보면서 깨쳤다면 언어 인지력이 빠른 아이에 해당합니다. 이 아이들에게는 적극적인 독서 교육 전략이 유효할 수 있습니다. 부모가 책의 내용에 대해 아이와 대화를 나누는 것도 도움이 되지요. 독서기록장을 적게 하는 것도 읽은 내용을 논리적으로 정리하고 표현 능력을 기르는 데 도움이 됩니다.

두 번째, 책을 별로 좋아하지 않는 아이

두 번째 유형은 말도 빨리 트여서 언어력도 좋은 편인데 책보다는 다른 활동에 더 관심이 많은 경우입니다. 이런 친구들을 책으로 이끌려면 책과 아이 사이에 매개체가 하나 더 필요합니다. 도서관에 갈 때도 그저 책만 읽게 하기보다는 도서관 식당이나 카페에서 맛있는 것을 사 먹는 즐거움을 추가해주는 것이지요. 독서도 혼자 하게 두지 말고 부모가 함께하면 좋습니다. 홀수 쪽은 부모가 짝수 쪽은 아이가 읽게 하면서 혼자 읽는 지겨움을 덜어주는 것도 좋습니다. 이 경우엔 책을 읽는 것에 만족해야지 독후 활동까지 시켰다가는 부작용이 날 수 있습니다. 일단 책을 가까이하는 것에 에너지를 쏟고 다른 활동은 고학년이나 중학생이 되어 시작해도 늦지 않습니다.

앞의 고민 사연도 이 유형에 해당할 확률이 높습니다. 어렸을 때 아이가 책을 좋아하는 것처럼 보였던 것도 사실 책을 좋아했다기보다 책과 함께했던 활동을 더 좋아했을 수 있습니다. 부모와 함께 도서관에 가고 부모가 책을 읽어주었던 것이 좋았던 거지요. 그런데 학년이 올라가면서 스스로 책을 읽으라고 하고 설상가상으로 어렸을 때와는 비교도 안 되게 글 밥도 많아지다 보니 점점 책이 지겨워질 수밖에 없었던 것입니다. 그렇다고 언제까지나 부모가 책과의 매개체 역할을 해줄 수는 없는 노릇입니다. 물론 그래서도 안 되고요.

대신 책과의 매개체에 대한 전략의 변화를 추천해드립니다. 첫째, 아이가 책을 끝까지 읽는 것에 집착하지 않습니다. 물론 책을 다 읽는 것은 중요하지만 이 유형의 아이들은 그랬다간 책에 대한 부정적인 정서가 커지기 쉽기에 차선책으로 우회하자는 것이지요. 둘째, 책을 보고 퀴즈 문제 내기, 주인공이 사는 집 상상해서 그려보기, 주인공의 모습 클레이로 인형 만들기 등의 다양한 활동을 유도합니다. 이 활동은 아이가 좋아하는 것에 기반을 두어 선택하는 것이 중요합니다. 예를 들어 주변 사람들과 말하는 것을 좋아하는 관계 중심형 아이에게는 퀴즈 문제를 내고 맞히는 과정 자체가 즐거울 수 있습니다. 그림을 좋아하는 아이, 만들기를 좋아하는 아이 등 아이가 좋아하는 취미 활동을 책과 연결하는 것이지요. 다시 강조하지만 반드시 책을 다 읽을 필요는 없습니다. 처음엔 주인공 집 그리기로 시작했다가 디테일한 부분을 그리기 위해 책을 다시 펼쳐 그 부분만 찾아서 읽게 해도 괜찮습니다. 중요한 것은 그런 과정을 통해 아이가 책을 즐길 수 있게 된다는 점이니까요.

세 번째, 책을 읽으며 가만히 있는 것 자체가 어려운 아이

세 번째 유형은 어렸을 때부터 말문이 좀 늦게 트였고 신체 활동을 더 좋아하는 경우가 여기에 해당합니다. 사실 이 기질의 아이에게는 책을 권하는 것 자체가 곤욕일 수 있습니다. 독서 교육이 매우 좋긴 하지만 아이의 인지 발달과 맞지 않을 때는 다른 방법을 찾는 것도 방법입니다. 논리력과 사고력을 증진시키는 것이 목적이었다면 책이 아닌 다른 활동을 통해 마련하는 거지요. 악기를 다루는 일이나 게임을 하는 활동 속에도 논리와 사고력은 필요합니다. 이런 활동에서 배운 논리력은 언어로 표현되지 않고 머릿속에만 있다는 것이 다를 뿐입니다. 따라서 아이의 머릿속에 있는 논리력과 사고력을 언어로 끄집어내는 활동을 추가하면 독서 교육 못지않은 효과를 볼 수 있습니다. 악보 보고 악기 연주하기, 과학 실험하기, 블록 만들기, 심지어 게임 하기도 가만 들여다보면 논리 체계를 세우고 접근해야 성공할 수 있는 활동입니다. 활동 전이나 후에 성공할 수 있었던 전략을 말로 설명해보게 하는 것이 중요합니다.

말로 하는 것이 익숙해지면 공책에 나만의 노하우를 적도록 합니다. 중요한 것은 적거나 말을 할 때 두서없이 하는 것이 아니라 서론, 본론, 결론이나 첫째, 둘째 등으로 나누어서 표현하는 연습을 시키는 겁니다. 게임 시간 늘려주는 걸로 보상을 주고 게임 전략 서술하기 등의 과제를 내주는 것도 나쁘지 않습니다. 중요한 것은 아이의 기질에 맞게 교육 전략을 짜는 것이지요. 언어보다는 다른 쪽의 발달이 더 빠른 아이라면 그 방향으로 먼저 우회한 후 결국 독서 교육과 같은 종착지에 도달하도록 하는 것입니다. 어떤 활동이든 그것에 대한 생각, 느낌 등을 언어로 표현하는 것은 가능하니까요.

마지막으로 독서 교육에서 가장 중요한 전략을 한 가지 더 소개하겠습니다. 책에 친숙한 아이로 키우기 위한 최고의 전략은 부모가 책을 좋아하는 모습을 보여주는 것입니다. 또 아이에게 책을 읽은 느낌을 말해보라고 시키는 것이 아니라 부모가 먼저 자신이 재미있게 읽은 책을 아이의 눈높이에 맞춰 이야기해주는 것도 중요하지요. 그 과정을 통해 아이도 자연스럽게 독서의 즐거움을 공유할 수 있게 될 테니까요. 또 많은 책을 읽는 것이 중요한 것이 아니라, 단 한 권을 읽더라도 다양한 시각으로 이야기를 나누고 생각하는 모습을 보여주는 것이 더 중요합니다.

우리는 어쩌면 지나치게 독서에 대한 강박에 시달리고 있는지도 모르겠습니다. 등 떠밀려서는 절대로 제대로 된 독서를 할 수 없습니다. 아이에게 진짜 책 읽는 즐거움을 가르치기 위해서는 삶 속에서 부모가 먼저 그 즐거움을 충분히 느끼는 모습을 보여주는 것이 가장 좋은 지름길이라고 생각합니다. 또 책이 아니면 어떤가요? 누구에게나 자신에게 맞는 방법으로 생각하고 사고하고 언어로 표현하는 연습은 얼마든지 할 수 있는 거니까요.

한 줄 상담소

아이에 따라 책을 대하는 모습은 사뭇 다릅니다. 책 읽는 것 자체를 좋아하는 아이도 있지만, 책과의 사이에 매개체가 필요한 아이도 있습니다. 그런가 하면 가만히 앉아서 책을 읽는 게 힘든 아이도 있지요. 전혀 다른 아이들에게 똑같은 독서 교육을 제시하는 것은 위험합니다. 독서 교육을 통해 이루고자 하는 목적에 더 중점을 두어 아이의 기질에 맞는 방법으로 접근하는 것이 필요합니다.

66

언제까지 책을 읽어줘야 할까요?

다른 것은 못 해줬어도 잠들기 전에 책을 읽어주는 일만은 꾸준히 했습니다. 아이도 그 시간을 좋아해서, 매일 읽을 책을 스스로 고르며 즐거워했지요. 어렸을 때는 이 모든 것이 행복했는데, 초등 4학년이 되었는데도 계속 읽어달라고만 합니다. 이제는 스스로 읽을 때도 되지 않았나 싶기도 한데 말이죠. 아이가 그 시간을 너무 좋아하니 이러지도 저러지도 못해 고민스럽습니다.

책 읽어주지 않은 부모의 죄책감

잠들기 전 아이의 머리맡에서 책을 읽어주는 부모와 이야기를 들으며 스르륵 잠드는 아이는 누구에게나 흐뭇한 미소를 짓게 하는 아름다운 모습입니다. 더불어 많은 부모들이 꾸준히 실천하는 모습이기도 하지요. 그런데 이 모습에 대해 아이와 부모가 동상이몽을 갖는 경우가 종종 있습니다. 부모는 이런 활동을 통해 아이가 책을 좋아하도록 유도한다고 생각하지만 사실 아이는 부모와 함께하는 시간 자체를 더 좋아하는 것일 수 있습니다. 아이가 매일 밤 책을 고르는 것도 책의 내용이 궁금해서가 아니라 그런 활동을 부모가 흐뭇하게 느낀다는 것을 알기 때문일 수도 있습니다. 아이의 진짜 속마음은 한글을 읽는 나이가 되면 판별됩니다. 진짜 책을 좋아하는 아이라면 부모가 없을 때도 스스로 책을 꺼내서 읽습니다. 하지만 그렇지 않은 경우라면 하루 중 유일하게 책을 찾는 순간이 잠들기 전 부모가 읽어주는 때뿐일 수 있지요.

그런데 이상한 것은 제가 아무리 아이들의 속마음을 이야기해줘도 정작 많은 부모들은 잠들기 전 책 읽어주는 활동을 멈추는 것에 대해 거부감을 느낀다는 점입니다. 그 순간에 느끼는 아이와의 교감을 부모도 좋아하고, 또 한편으로 아이를 위하는 가장 소중한 시간이라고 느끼기 때문이 아닐까 싶습니다. 그도 그럴 것이 매일 밤 잠들기 전에 20~30분 시간을 내어 책을 읽는 것이 쉬운 일은 아니기 때문이지요. 반대로 이런 활동을 하지 않은 부모들은 독서 교육에 대해 이야기할 때 살짝 죄책감과 불안감을 느끼기도 합니다.

중요한 것은 부모가 느끼는 죄책감이나 불안감을 아이도 느낀다는 점이지요. 죄책감을 느끼는 부모의 자녀는 자신이 책을 좋아하지 않는 것을 부모 탓으로 돌릴 수도 있습니다. 또 불안감을 느끼는 부모의 자녀는 자신이 남들보다 책을 많이 읽지 않아 뒤처져 있다고 느낄 수도 있지요. 무엇이 되었든 이런 부정적인 정서들은 독서 교육에 걸림돌이 될 수 있습니다. 앞에서도 여러 번 강조했지만 책을 읽는 것의 목적은 논리력과 사고력을 길러주기 위한 것입니다. 또 이런 능력은 초등학생보다는 중고등 학생 시기에 훈련하기 적합한 능력입니다. 이 말은 어렸을 때 책을 많이 읽어주지 않았다고 해서 아이의 독서 교육에 나쁜 영향을 미칠 확률은 매우 적다는 뜻이기도 합니다.

아이와의 정서적 교감의 대체가 필요한 시기

어렸을 때 책을 읽어주는 활동은 독서 교육보다는 아이와의 정서 교감의 도구로 활용되었을 확률이 더 높습니다. 그러니 고민처럼 4학년이 되었는데도 부모에게 책을 읽어달라는 일을 멈추지 않는 것이지요. 아이의 요구가 책에 있는 것이 아니라 정서 교감에 있다는 것을 인지한다면 이제는 그 활동을 교체할 시기가 되었다는 것을 의미합니다. 책을 읽는 것은 아이의 몫으로 넘기고 아이와는 다른 시간을 마련하는 것이 좋습니다. 아이가 좋아하는 활동을 함께하는 것이지요. 음식을 만드는 것도 좋고, 배드민턴을 치거나, 아이가 좋아하는 아이돌의 음악을 듣는 일, 게임을 하는 일 등 대체 활동은 무궁무진합니다.

이렇게 아이가 좋아하는 일을 함께하며 정서 교감을 나누면 부수적인 수입이 하나 더 생깁니다. 부모가 좋아하는 모습으로 보여지고 싶은 마음이 아이에게 생긴다는 점이지요. 이 틈을 비집고 다시 독서 교육을 넣을 수 있습니다.

"엄마는 책 많이 읽는 사람들이 그렇게 좋아 보이더라. 지혜로워 보이고 말이야."

이런 말을 넌지시 해주는 것이지요. 아이들은 자신이 좋아하는 사람에게 잘 보이고 싶은 마음이 있습니다. 충분한 정서의 교감으로 부모와의 관계가 좋아진 아이들일수록 부모가 원하는 일 또한 기꺼이 해내려고 하는 법이지요.

한 줄 상담소

책을 읽어주는 목적이 아이의 독서 욕구 증진에 있다면 그것이 옳은 선택인지 다시 생각해봐야 합니다. 진짜 책을 좋아하는 아이는 부모가 없을 때도 스스로 책을 읽습니다. 부모가 책 읽어주는 시간을 좋아하는 아이는, 책 자체를 좋아하기보다 부모와의 활동에 애착을 가지고 정서적 교감을 나누길 바라는 것일 수 있습니다. 이 경우 책을 읽어주는 활동을 아이와 함께할 수 있는 다른 활동으로 교체하는 것을 권합니다.

67

아이의 책 편식 때문에 고민이 됩니다

아이가 책은 좋아하는데 학습만화만 읽으려고 합니다. 아무래도 글 밥이 적으니까 읽기 쉬워서 그런 것 같은데, 아이는 만화책을 읽는 게 아니라 공부와 관련된 책을 읽는 것이라며 당당하게 말합니다. 학습만화만 읽게 두는 것도 괜찮을까요?

책을 편식하는 아이들

책을 읽는 아이들에게 바라는 어른들의 마음에는 이중적인 잣대가 들어 있습니다. 아이가 책을 좋아하며 가까이 접하고 그 속에서 꿈과 상상의 나래를 마음껏 그렸으면 좋겠다는 바람과, 한편으로는 공부에 도움이 되는 글 밥이 많은 책을 읽어서 지식을 쌓았으면 좋겠다는 바람이 공존하지요. 학습만화는 이중적인 잣대 한가운데를 건드리고 있는 듯합니다. 아이들 중에는 이렇게 책을 편식하는 경우가 종종 있습니다. 학습만화뿐 아니라 그림이 많은 책만 보는 아이도 있고, 공주 이야기가 나오는 책, 또는 탐정 추리 소설책, 과학 이야기, 공룡 이야기 책만 보는 아이들도 있지요. 과학, 공룡 등 학습 관련 책을 편식하는 것에는 별 거부감이 없지만 그림만 많은 책이나 학습만화만 읽어대는 경우엔 부모들이 걱정을 하는 경우가 있습니다.

이런 경우 독서를 통해 아이에게 무엇을 가르치고자 하는지를 먼저 정리할 필요가 있습니다. 공부 지식을 쌓게 하는 것이 목적인지, 아이가 책 속에서 마음껏 시간을 즐기기를 바라는 것이 목적인지를 명확히 하는 것이지요. 학습만화만 읽는 아이는 어쩌면 두 목적 사이에서 갈피를 못 잡는 부모의 마음을 의식해 타협한 것인지도 모릅니다. 공부와 관련된 책을 읽어야 부모가 좋아할 거란 것은 알지만 그런 책들은 재미없으니, 어느 정도 공부와 관련 있고 재미도 느낄 수 있으며 글 밥이 적어 읽기 쉬운 학습만화만 고집하는 것이지요. 만약 부모가 무슨 책이든 좋다고 했다면 만화책을 더 많이 봤겠지요.

독서의 목적을 명확히 하기

우리는 아이에게 솔직해질 필요가 있습니다. 사실 학습만화만 읽는다고 해서 아이에게 나쁜 영향이 가지는 않습니다. 그 속에서도 뭔가 배울 것이 있기 마련이니까요. 또 컴퓨터 게임이나 휴대폰을 가지고 노는 시간보다는 학습만화 책을 가까이하는 것이 더 좋은 것도 사실이고요. 그러니 아이가 저학년일 때는 독서를 편식하더라도 일단은 책과 가까이하는 습관을 기른다는 점에서 그냥 두시는 것도 나쁘지 않습니다. 하지만 5, 6학년이 되어서도 이런 습관이 계속된다면 조금

제재를 가하실 필요가 있지요.

"책을 읽는 것은 좋은 습관이지만 이제는 다양한 책을 골고루 읽는 습관도 기를 때가 되었어. 그리고 네가 책을 통해 다양한 지식을 쌓았으면 하는 것이 엄마의 바람이야. 그러니까 이제부터는 엄마가 제시해주는 책도 읽도록 하자."

이렇게 말하고 아이가 읽기 적당한 도서목록을 먼저 제시합니다. '책은 아이가 좋아하는 것을 고르도록 해준다'는 가치관과 상충할 수도 있지만 이미 오랜 시간 아이에게 선택권을 주었고, 그게 올바른 방향으로 가지 않는다고 판단되었다면 적당한 제재를 가할 필요도 있지요. 아이의 독서 교육을 어떤 방향으로 잡고 나갈지 부모로서 철학을 확고하게 세우고 접근하는 자세가 중요합니다.

한 줄 상담소

학습만화만 읽는 아이는 여러 분야의 책을 다양하게 읽는 것보다는 아쉽지만, 반대로 휴대폰 게임만 하는 것보다는 낫습니다. 이런 긍정적인 시선을 갖고 어느 정도는 허용해주되, 고학년이 되면 조금씩 도서 편식 습관을 잡아주어야 합니다. 아이가 좋아하는 분야의 도서부터 조금씩 시작하는 것도 좋지요. 만약 아이의 반대가 강하다면 학습만화의 수준을 조금 높여주는 것도 방법입니다. 요즘은 좋은 학습만화도 많으니까요.

68

독서록을 쓸 때 자기 생각을 잘 표현하지 못하는데 어떡하죠?

독후 활동으로 독서록 쓰기를 하고 있는데 늘 줄거리가 대부분을 차지합니다. 책을 읽고 느낀 점이나 자기 생각을 표현해보라고 말하는데 잘되지 않는 것 같습니다. 아이가 언어 능력이 부족한 걸까요? 아니면 문과보다는 이과 쪽에 더 소질이 있는 걸까요?

읽고 이해하는 것과 표현하는 것의 차이

책을 가까이하고 좋아하게 하는 것도 쉬운 일이 아닌데 여기에 독후 활동까지 시키다 보면 독서는 어렵고 힘든 일이라는 인식을 갖기 쉽습니다. 물론 독후 활동을 통해 책의 내용을 자신의 생각으로 다시 표현하고 정리하는 일은 매우 중요합니다. 문제는 활동의 수준이 아이들의 발달과 상관없이 무작위로 제시된다는 것에 있습니다. 저학년이라면 표지 그림이나 주인공의 모습을 그려보는 정도의 활동이 적당합니다. 독서 기록장을 쓰는 것은 매우 높은 수준의 능력을 요구하지요. 아무리 책을 꼼꼼히 읽고 깊은 감동을 받았다고 해도 감정이나 생각을 글로 표현하는 일은 다른 차원의 이야기입니다. 어른들에게도 쉬운 작업은 아니지요. 그런데 아직 어린아이에게 독서록까지 완성해야 책을 읽은 것으로 인정해준다고 하니 살짝 짜증이 나는 것은 당연한 일이지요. 이미 책을 읽는 데 에너지를 다 소진했으니까요.

여기서 아이들은 두 가지 중 하나를 선택합니다. 독서록을 대충 쓰거나, 책을 대충 읽는 거지요. 사실 똑똑한 아이들은 후자를 선택합니다. 어차피 책을 얼마나 잘 읽었는지에 대한 평가는 독서록을 통해 이루어지니 책을 읽는 에너지를 아껴서 독서록을 쓰는 데 투자하는 겁니다. 사실 고학년쯤 된 아이들은 책을 읽지 않고 독서록을 쓰는 다양한 방법들을 알고 있습니다. 책의 앞이나 뒤에 나와 있는 작품 평을 인용하거나, 블로그 서평을 베끼기도 합니다. 줄거리쯤은 책을 읽지 않고도 얼마든지 알 수 있지요. 그러니 아이가 독서록을 잘 쓰지 못했다면 어쩌면 이런 편법을 쓰지 않고 책을 끝까지 읽느라 에너지를 다 소진했기 때문일 수도 있습니다.

아이 눈높이에 맞춘 독서록 쓰기

독서록 쓰기는 아이의 눈높이에 맞추어 조금씩 시작하는 것이 좋습니다. 처음에는 가장 와닿은 책 속 문장을 옮겨 적게 하는 것도 좋습니다. 잘 모르는 단어를 쓰게 하는 것도 좋지요. 주인공에게 편지 쓰기, 등장인물과 인터뷰하기 등도 있는데 이 과정은 처음에 디딤돌이 좀 필요합니다. 부모가 먼저 주인공 아이에게 쓴 편지를 상상으로 적어 보내주고 아이에게 답장을 쓰게 하는 방법으로 디딤돌을 제시할 수도 있고, 인터뷰 질문을 먼저 주고 예상 답변을 아이가 쓰게 하는 방법도 있습니다. 중요한 것은 이 과정에서 생각을 표현하는 방법을 아이가 간접적으로 배우게 된다는 점이지요. 이런 훈련이 충분히 이뤄진 후에 독서록을 쓰게 하는 것이 맞습니다. 디딤돌 하나 없이 어려운 과정을 주고 그것을 소화하지 못한다고 해서 문과적 능력이 부족하다고 생각하는 것은 시기적으로도 이르고 너무 섣부른 판단이 될 수 있습니다.

한 줄 상담소

독서록 쓰기는 개인적으로 선호하지 않는 교육법입니다. 아이들의 책 읽는 즐거움을 반감시킬 요소가 있을 뿐 아니라, 글로 표현하는 일이 어려운 초등 아이들의 발달 과정에 잘 맞지 않기 때문이지요. 글을 읽고 이해하는 것과 자신의 느낌을 표현하는 일은 전혀 다른 능력입니다. 독서록을 쓰기 어려워한다면 아이가 좋아하는 방법으로 독후 활동을 바꿔보는 것도 좋습니다. 책을 읽은 후의 느낌을 꼭 글로 표현해야 하는 것은 아니니까요.

69

아이와의 대화가 즐겁지만은 않습니다

남들은 사춘기가 되면 부모와 말을 안 한다는데 우리 아이는 거꾸로 말을 너무 많이 합니다. 대화를 자주 하는 것이 좋다고 해서 노력은 하고 있지만, 했던 말을 계속하고 맥락도 잘 맞지 않는 말들을 들어주기가 곤혹스러울 때가 많습니다. 요즘은 영혼 없이 대답한다고 제대로 듣고 있는 거냐고 아이가 불만스러워할 때도 많습니다. 아이와의 대화를 어떻게 이끌어가면 좋을까요?

아이에 따라 다른 정서의 폭

많은 분들은 아이와 대화하는 것을 좋은 모습으로 생각하지만, 실제 아이와 끊임없이 대화를 이어나가는 것은 굉장한 인내력이 필요합니다. 또 억지로 대화하는 것이 꼭 좋은 결과를 가져오지도 않습니다. 영혼이 없다며 불만스러워하는 아이의 반응이 그 반증이지요. 이에 대해서 부모 스스로 자책할 필요는 없습니다. 어찌 보면 아이와의 대화가 즐거울 거라고 생각하는 자체가 잘못일 수 있습니다. 나이도 다르고 관심사도 다른데 친구처럼 대화가 오래 이루어지기는 어렵지요.

그럼에도 불구하고 아이와의 대화는 중요합니다. 이 책의 여러 부분에서 고민 해결의 방법으로 저도 아이와의 대화를 추천해드리고 있으니까요. 따라서 어느 정도 수준을 맞춰 대화를 하는 방법을 살펴보도록 하겠습니다.

먼저 아이와의 대화가 힘든 이유에 대해서 생각해볼 필요가 있습니다. 아이와의 대화가 즐겁지 않은 이유를 크게 세 가지로 나눌 수 있습니다.

첫째, 아이와 정서 수준이 맞지 않은 경우입니다. 대화는 서로 주고받는 것이지요. 그 과정을 통해 상대와의 정서 수준도 맞추어져야 합니다. 한쪽에서 슬픈 감정을 갖고 말하는데 반대쪽에서 즐거운 감정을 갖고 말할 수는 없으니까요. 문제는 아이들의 감정과 정서는 어른보다 설정값이 높다는 데 있습니다. 항상 방방 떠 있거나, 목소리 톤도 높고, 말하는 속도나 상대에게 반응하는 정도도 빠를 수 있지요. 무엇을 물어보고 나서 엄마가 답하기도 전에 벌써 다음 질문을 하기도 하고, 엄마한테 혼이 나고도 금방 다른 주제에 정신이 팔려 까르르 웃어버리기도 합니다. 또 속사포처럼 말을 쏟아내어 무슨 소리인지 하나도 못 알아들었는데, 왜 답이 없냐고 채근하기도 하지요. 반대로 "음……" "그러니까……" "어, 저기……"가 대화 내내 수시로 들어가서 너무 느려 복장이 터지는 경우도 있지요.

둘째, 대화 내용에 대한 관심사가 다른 경우입니다. 아이는 매우 흥미 있어 하며 이야기를 해도 어른의 눈에는 별것도 아닌 것이 많습니다. 다 아는 내용이거나 이야기의 결말을 뻔히 알고 있는데도 처음 듣는 이야기인 듯 반응해주어야 합니다. 그것도 하루 이틀이지 매번 대화가 이런 식이라면 힘들고 지칠 수 있지요.

셋째, 대화를 원하는 때가 서로 맞지 않을 경우입니다. 식사 준비나 밀린 집안일로 바쁘거나 급하게 처리해야 할 일들이 있을 때 아이가 대화를 걸어오면 대충 대답하게 됩니다. 지금은 바쁘니까 나중에 이야기하자고 하면 삐져서 절대 말 안 하겠다고 나오는 아이도 있고, 다음에 물었을 때는 아까 하려던 말을 전혀 기억하지 못하는 아이도 있습니다.

아이와 즐겁게 대화하는 법

고민 해결을 위해서는 먼저 위의 세 가지 중 어디에 해당하는지 자가 진단이 필요합니다. 반드시 원인이 한 가지인 것은 아닙니다. 두세 가지가 합쳐진 경우도 있고, 다른 이유가 존재할 수도 있습니다. 중요한 것은 가장 많이 반복되는 이유를 알아보는 것이지요.

먼저 정서 수준이 맞지 않는 경우는 아이의 기질과 부모의 기질이 본능적으로 달라서일 수 있습니다. 에너지가 넘치고 활발한 기질의 아이일수록 부모와의 대화도 좋아하지요. 이런 경우엔 상대해주는 사람의 수를 늘려주는 것이 좋습니다. 엄마 아빠가 돌아가면서 들어주거나, 형제자매나 조부모를 활용할 수 있습니다. 또는 기질이 맞는 친구를 집에 초대해 함께 노는 시간을 늘려주는 것도 좋습니다. 아무튼 사람을 통해 아이가 필요로 하는 정서 수준이 어느 정도 충족되어야 부모에게 의존하는 시간이 줄어들 수 있습니다.

만약 이렇게 유도했는데도 한 사람하고의 대화만 고집한다면 이건 좀 다른 문제로 보는 것이 맞습니다. 즉, 타고난 기질의 문제가 아니라 관계의 문제지요. 예를 들어 엄마하고만 이야기하고 싶어 한다면 엄마와의 관계에 부족함을 느끼고 있다는 증거입니다. 평소 혹은 성장 과정 중 어느 한 시점에서 엄마의 부재를 많이 느꼈고 그것을 충족하기 위한 행동인 것이지요. 이럴 때는 아이가 충족될 때까지 힘들더라도 대화를 받아주시는 것이 맞습니다. 반대로 엄마가 지나치게 아이의 대화를 맞춰주고 있는 경우도 이런 패턴을 보일 수 있습니다. 엄마가 아이와의 모든 대화에 맞장구를 쳐주고 맞춰주다 보면 다른 사람과의 대화에서 괴리감을 크게 느낍니다. 당연히 자신에게 맞춰주는 엄마와의 대화를 자꾸 고집하게 되지요. 이런 경우엔 대화법을 바꿔서 힘들고 바쁠 때는 나중에 이야기하자고 냉정하게 밀어내시는 것이 좋습니다.

둘째, 대화의 관심사가 다른 경우라면 솔직하게 인정하고 말하는 것이 좋습니다. 어느 정도 들어주다가 힘들어지면 부모가 원하는 대화 주제로 살짝 넘어가도록 유도해야 합니다.

"응 그래, 그런데 엄마는 그 이야기 좀 재미없다. 대신 지난번 싸웠던 친구랑 어떻게 됐는지 말해줘봐."

셋째, 너무 바쁘거나 쉬고 싶을 때도 솔직하게 아이에게 말하는 것이 좋습니다. 아이가 삐진다고 해서 너무 신경 쓰실 필요는 없습니다. 그건 아이가 극복하고 배워야 할 대화 예절이니까요. 아이가 먼저 말을 걸 때까지 평온한 감정으로 기다려주는 것이 좋습니다.

중요한 것은 아이와의 대화가 부모도 즐거워야 한다는 점입니다. 그래야 오래 좋은 관계를 유지할 수 있지요. 그러기 위해서는 부모도 솔직해질 필요가 있습니다.

한 줄 상담소

아이와의 대화가 마냥 즐겁지만은 않을 수 있습니다. 정서 수준이 맞지 않고 대화 내용에 대한 흥미도 다르고, 서로 대화를 하고 싶은 시간 때가 다르기 때문이지요. 어느 정도는 아이에게 맞춰주는 것이 좋지만, 부모가 너무 바쁘거나 힘들 때는 솔직하게 말하고 양해를 구하는 것도 필요합니다. 이런 과정을 통해 아이에게 상대를 이해하는 힘을 길러줄 수 있습니다. 다만, 지나치게 한 사람과의 대화만을 고집한다면 관계의 문제일 수 있으므로 다른 각도로 살펴볼 필요가 있습니다.

70

아이의 미래를 위해 대안학교를 보내는 게 나을까요?

4차 산업혁명이 시작된 세상에서 지식 위주의 학교 공부는 시대에 뒤떨어진 방법이라고 생각합니다. 노는 아이가 성공한다는 말에도 어느 정도 공감하고요. 차라리 마음껏 뛰어놀 수 있게 대안학교를 보내는 것은 어떨까 고민스럽기까지 합니다. 아이에게 어떤 교육을 시키는 것이 좋을까요?

성공의 20퍼센트 법칙

성공의 20퍼센트 법칙은 창의적인 아이디어로 크게 성공한 기업인 구글의 성공 비결로 널리 알려진 말입니다. 에릭 슈미트 회장은 인터뷰에서 "구글의 모든 직원은 업무 시간의 20퍼센트를 자신의 창의적인 프로젝트에 쏟도록 하고 있다"며 "구글의 핵심 경쟁력은 여기서 비롯된다"고 말했지요. 즉, 근무시간의 20퍼센트를 완전히 자유롭게 쓸 수 있게 해준 겁니다. 수영장을 가든, 영화를 보든, 연극을 보든, 오페라를 보든 마음껏 할 수 있고 심지어 직장에 있어야만 하는 것도 아니었습니다. 그런데도 근무시간에 다 포함되고 심지어 회사에서 비용까지 지불해준 것입니다. 에릭 슈미트 회장은 구글의 핵심적이고 창의적인 서비스의 대부분이 바로 이 시간을 통해 쏟아져 나왔다고 합니다. 즉 자유롭게 놀 수 있는 시간에 창의성이 극대화되었다는 것이지요. 사실 이건 구글 사례가 아니더라도 우리도 어느 정도 인지하고 있는 일입니다. 문제는 과연 이것을 어떻게 아이들의 교육에 적용시킬 수 있는가이지요.

결론부터 말씀드리면 이 사례에서 우리가 한 가지 간과하고 있는 점이 있습니다. 성공적인 창의성을 이끌어낸 사람들이 바로 구글의 직원이었다는 점이지요. 그들이 구글에 입사하기까지 쌓아놓은 것들을 간과해서는 안 된다는 뜻입니다. 그들이 모두 4차 산업혁명 시대에 잘 맞춰진 특별한 교육을 받은 것은 아닐 겁니다. 어떤 이들은 우리처럼 진부한 암기 위주의 교육을 받았을 수도 있습니다.

중요한 것은 어떤 교육을 받았느냐보다는 교육을 통해 어떤 능력을 갖추었느냐입니다. 암기 위주의 교육으로 암기한 내용들은 불필요할지 몰라도, 암기를 하기 위해 사용된 자기 조절력, 인내력이나 뇌 신경세포 사용량으로 인한 사고력의 향상 등은 아이의 능력으로 남게 됩니다. 더구나 이런 능력은 성장 과정에서 꾸준히 향상시켜야 되는 것들이지요. 하루아침에 길러질 수 없는 것들입니다. 구글에 입사하기 위해 인내심을 가지고 공부하며 남들보다 이런 능력들이 더 향상되었던 사람들에게 20퍼센트의 자율성을 보장하며 놀게 하였더니 매우 혁신적인 창의성이 발휘되었던 겁니다. 그 창의성 또한 엉뚱하게 떠오른 생각에 그치는 것이 아니라, 회사에 이익을 낼 수 있는 서비스로 정착시키기 위해 디테일한 프로젝트로 다듬기까지 하면서요.

학교에서 아이들을 가르치다 보면 당장의 성적보다는 앞으로의 미래가 더 기대되는 아이들이 있습니다. 친구들과 갈등이 생겼을 때 얼마나 잘 해결하는지, 배우지 않은 내용이나 정답이 없는 문제에 직면했을 때 어떻게 순발력을 발휘하여 사고하고 그 생각들을 잘 정리하여 표현하는지 등을 보면 알 수 있지요. 학교에서도 단순 암기 위주의 평가가 아닌 아이들의 이런 능력까지 평가하려고 노력하는 분위기입니다. 그 과정이 '대입수시전형'이기도 합니다. 물론 아직은 시작 단계라 보완할 점이 많은 것도 사실입니다. 그 취약한 부분을 공략해 부정부패를 저지르는 사안들이 연일 뉴스에 보도되기도 하지요. 하지만 그렇다고 해서 한 번의 지필 시험으로 능력을 평가하는 정시전형으로 되돌아가는 것 또한 현명한 대처는 아니라고 생각됩니다. 오히려 시행착오들을 거쳐 수시전형을 보완해나가는 것이 시대에 뒤처진 교육을 변화시킬 수 있는 길이지 않을까 생각합니다.

대안학교 선택 시 주의할 점

물론 그렇다고 해서 대안학교의 교육과정이 아이들의 이런 능력을 기르는 데 취약하다는 뜻은 아닙니다. 훌륭한 방법으로 공립학교보다 좋은 성과를 내고 있는 학교들도 많습니다. 가장 부러운 것은 학교에서 근무하는 선생님들의 열정이지요. 거대한 조직의 틀 속에서 움직여야 해서 변화의 폭이 좁은 공립학교와 달리 구성원들의 생각과 판단이 바로바로 교육과정에 반영되는 대안학교의 시스템이 개인적으로 가장 부럽습니다. 교사가 자신의 생각을 자유롭게 반영하여 교육할 수 있다 보니 저절로 열정을 끌어올릴 수밖에 없는 구조이지요. 사실 교육에서 가장 중요한 것은 방법이 아니라 열정입니다. 아무리 좋은 교육과정이나 일타 강사의 강의도 가르치고자 하는 사람과 배우고자 하는 사람의 열정에는 따라가지 못합니다.

문제는 대안학교라고 해서 모두 다 이런 상황은 아니라는 점입니다. 제도권 안에 있어 관리 감독이 되지 못하다 보니 교육과정의 운영에도 차이가 많이 납니다. 또 한 가지는 대안학교를 선택하는 이유입니다. 특정 대안학교의 커리큘럼이 좋고 부모 나름의 교육철학이 있어서 선택하는 것이라면 괜찮습니다. 하지만 고민처럼 공교육의 문제를 비판하는 결과로 선택하는 것은 문제가 있습니다. 아이가 아무리 대안학교에서 교육을 잘 받고 훌륭하게 성장한다고 해도 그것은 오직 대안학교를 선택했기 때문이라는 결과에 한정될 수밖에 없습니다. 바꾸어 말하면 대안학교를 선택한 만족도가 높으면 높을수록 졸업하고 다시 사회로 돌아왔을 때의 불안감이나 불만족이 높아질 수밖에 없다는 뜻이지요. 더구나 사회에는 공교육 교육을 받은 사람들이 다수로 존재할 테고, 결국엔 그 다수가 사회의 분위기를 좌지우지할 테니까요. 다수가 좌지우지하는 사회 분위기가 옳은지에 대한 논의와는 별개로, 아이가 접하게 되는 사회가 그렇다는 것입니다. 결국엔 아이도 또 하나의 큰 산을 넘어야 하는 것이지요.

또 다른 문제는 문제투성이인 공교육보다 더 좋은 학교에 아이를 보냈다는 생각에서 발생됩니다. 이런 생각들은 자연스럽게 아이에게 어떤 특권의식을 갖게 할 수 있습니다. '나는 공교육과는 비교도 안 되는 좋은 학교를 나왔으니까'에서 시작되는 생각들은 오히려 사회에 나왔을 때 적응에 발목을 잡을 수도 있지요. 옳고 그른 문제를 떠나서 결국 아이가 살아가야 할 다수 구성원의 보폭에 발을 맞추게 하는 것도 교육에서는 중요해 보입니다.

문제투성이 공교육에서 지혜롭게 아이 키우는 법

아이에 따라서는 대안학교를 선택하는 것도 좋은 방법일 수 있습니다. 언급한 몇 가지 문제들만 주의한다면 그 선택을 더 지혜롭게 만들 수 있을 겁니다. 하지만 대안학교만이 유일한 선택이 아닐 수 있다는 점도 강조하고 싶습니다. 현재의 공교육 시스템 안에서도 얼마든지 역량 있는 아이로 키울 수 있습니다. 문제투성이인 공교육이지만 부모가 중심을 잡고 있으면 가능하지요. 당장의 시험 성적에 흔들리는 모습을 보이지 않고 보다 넓은 안목으로 아이를 키워나가는 겁니다. 그 과정에서 아이가 반드시 배워야 할 핵심 능력에 집중해보는 겁니다. 시험 성적이 잘 나왔더라도 열심히 공부하지 않았는데 운이 좋아서 나온 결과라면 큰 의미를 두지 않는 것도 중요합니다. 반대로 시험은 망쳤더라도 아이가 최선을 다했다면 "넌 성공한 거야. 엄마 눈엔 100점 맞은 것과 다를 것 없어"라고 말해줄 수 있어야 합니다.

아이가 학교 폭력에 휘말렸을 때도 '내가 아이를 잘못 키웠나 보다' '아이가 어쩌다 이렇게 변했을까?' 하고 자책하기보다는 '내가 놓친 것이 뭐지?' 하고 생각해볼 기회로 삼아야 합니다. 다른 사람의 감정이 어땠을지 공감하는 능력이 뒤처져 있었던 건지, 아무 생각이 없어서 친구들이 하자는 대로 휘둘려 다닌 것이 문제인지, 힘들고 억울한 일을 당했는데도 표현을 하지 않은 것이 문제인지 아이를 잘 살펴보는 것이 필요합니다.

시험문제가 잘못되었다, 선생님이 제대로 안 가르쳐주어서 틀렸다, 시험 볼 때 배가 아파서 못 풀었다 등 결과에 대해 상황 탓을 하는 아이에게는 '그럼에도 불구하고 중요한 순간에는 자신을 조절하는 능력이 필요하다'는 것을 말해줄 수 있어야 합니다. 자기 조절력을 키우는 것은 세상을 살아가는 데 있어 중요한 힘이라고, 세상은 언제나 공평한 것만은 아니라고요. 물론 어른들이 공평한 세상을 만들기 위해 노력하고 있고, 과거에 비해선 사회가 많이 좋아진 것도 사실이지만, 그렇다고 세상이 항상 네가 선택하고자 하는 순간에 공평한 조건만 제시하지는 않을 거라고 말이죠.

"어떤 순간에도 네가 가진 능력을 최대한 발휘할 수 있도록 연습하는 게 필요해. 그 연습을 하기 가장 좋은 순간이 바로 학교에서 힘든 시험을 치를 때이고. 네가 받은 시험 성적은 당장의 너의 모습을 평가하는 것이 아니라, 이번엔 그 연습을 얼마나 잘했는지를 보여줄 뿐이란 걸 잊지 마."

세상의 많은 부모들이 이렇게 바뀐다면 공교육이 가진 문제들도 해결될 수 있을 겁니다. 교육을 바꾸는 것은 결국은 사회 구성원 모두가 함께해야 할 일입니다.

한 줄 상담소

노는 아이는 높은 창의성을 지닐 수 있어 성공할 확률이 높습니다. 하지만 성공을 위해서는 자신의 창의성을 사회 시스템 안에서 가치 창출이 가능한 결과물로 내놓을 줄 아는 힘도 필요합니다. 공교육을 잘 활용한다면 대안학교보다 이런 힘들을 길러내는 데 더 유리할 수 있습니다. 사회 구성원 대다수가 공교육 시스템을 통해 교육받고 있는 것이 현실이니까요. 대안학교를 가는 것도 좋은 방법이겠지만, 부모가 중심을 잘 잡아준다면 공교육 안에서도 건강한 아이로 키우는 방법은 얼마든지 있습니다.

71

유튜버가 꿈인 아이, 지지해줘도 괜찮을까요?

아이가 유튜버가 되는 것이 꿈이라고 합니다. 물론 요즘 유튜버가 새로운 대세로 떠오르고 잘만 하면 돈도 많이 번다고 알고 있지만, 유튜버가 꿈이라면서 공부나 다른 것들은 등한시할까 봐 걱정입니다. 그렇다고 아이의 꿈을 무시할 수도 없는 노릇이라 고민이 되네요.

아이의 꿈과 현실의 상관관계

아이들의 꿈도 유행을 타는 경향이 있습니다. 예전 X세대들은 연예인이 꿈인 친구들이 많았다면 요즘은 유튜버가 아이들의 새로운 꿈으로 많이 나타나지요. 문제는 유튜버가 꿈인 아이들의 진짜 속내에는 다른 면도 숨어 있다는 점입니다.

첫째, 유튜버는 기존의 기성세대가 만들어준 판에 굳이 자신을 끼워 맞추지 않아도 되는 직업이라는 점입니다. 의사, 변호사, 교사, 회사원, 엔지니어, 과학자, 교수, 사업가 등 대부분의 직업은 기존의 세상에 이미 짜여진 판이 있습니다. 그 판에 진입하려면 어느 정도의 수준이 요구되지요. 대학 졸업장, 외국어 능력, 자격증 등 나름대로 노력을 해야 진입할 수 있는 직업입니다. 그런데 문제는 너무 경쟁이 치열해서 그 직업으로의 진입까지 감내해야 할 험난한 일들이 너무도 많다는 거지요. 그렇다고 진입만 하면 성공하느냐? 그것도 다 옛말입니다. 이런 답답한 상황에서 유튜버는 너무도 신선하지요. 특별히 필요한 자격증이나 졸업장도 없습니다. 누구나 아이디어만 있으면 가능하지요. 심지어 잘되면 돈도 아주 많이 법니다. 현실에 지친 아이들이 혹할 수밖에 없지요.

둘째, 유튜버가 되는 길은 재미를 동반합니다. 유튜브 영상을 보는 일도 영상을 만드는 일도 모두 재미있습니다. 유튜버가 되는 데는 머리 아픈 수학이나 과학 등의 공부는 필요 없다고 은근슬쩍 강조도 할 수 있으니 그 또한 나쁘지 않습니다.

셋째, 자신의 존재와 실력을 당장 실현시킬 수 있습니다. 다른 직업들은 특정 나이가 될 때까지 진입이 불가능하지만 유튜버는 지금 당장 실현할 수 있습니다. 심지어 학교에 들어가지 않은 어린아이들이 이미 유튜버로 대성공한 사례도 심심치 않게 볼 수 있으니까요.

진로를 정하는 건 나에게 맞는 직업을 찾는 일?

많은 사람들은 아이의 진로를 정하는 일이 직업을 찾아주는 일이라고 생각합니다. 하지만 아직 배울 것도 많고 성장하며 달라질 수 있는 변수도 많은 아이에게 특정 직업을 찾아주는 일이 과연 가능한지 먼저 생각해봐야 합니다. 시간이 지나면 아이뿐 아니라 세상도 변하게 될 텐데 말이죠. 더구나 과거의 세상을 살아온 부모 세대가 미래의 세상을 살아갈 아이의 직업을 찾아준다는 것 자체가 위험한 일일 수 있습니다. 부모의 안목이 미래 세대보다 뒤처질 확률이 높기 때문이지요.

진로를 정하는 것을 직업을 정하는 것으로 생각하는 것은 과거 산업사회에서나 가능했던 일입니다. 사회가 예측 가능한 경로로 발전해나가는 경우엔 직업을 예상하는 것도 가능했지요. 하지만 4차 산업혁명으로 사회의 기본적인 지주부터 뒤바뀌고 있는 요즘엔 직업의 판도도 크게 달라질 확률이 높습니다. 심지어 이제는 직업을 만들어 가야 하는 시대라는 말까지 나옵니다. 이런 말을 들으면 수긍은 가면서도 한편으로 답답한 마음을 금할 수 없지요. 그렇다면 도대체 아이에게 무엇을 해줘야 한단 말인가요? 마냥 손을 놓고 믿음으로 기다려주기엔 현실이 그렇게 녹록지만은 않습니다. 그게 교육이라는 생각도 들지 않고요.

맞습니다. 제가 강조하고 싶은 것은 그렇기에 더욱 아이의 진로를 찾아주는 방법을 바꾸어야 한다는 점이지요. 유튜버가 되고 싶은 아이의 꿈은 얼마든지 인정해줄 수 있습니다. 유튜브에 영상을 올리고 싫어 한다면 가능한 선에서 도와줄 수도 있습니다. 부모가 나서서 구독자가 되어주며 지지해주는 것도 좋지요. 중요한 것은 아이에 대한 유동성을 열어두는 겁니다. 끝까지 계속 갈 거라 믿는 것도, 중간에 포기하거나 꿈이 바뀐다고 해서 의지가 부족하다고 생각할 필요도 없다는 뜻입니다. 그 꿈이 무엇이 되었든 공들여 가꾸어나가는 과정에는 꼭 필요한 힘들이 있습니다. 지금은 그 힘들을 길러주는 데 집중해야 할 시기이지요.

유튜버를 예로 들어보겠습니다. 성공하기 위해서는 인내를 가지고 꾸준히 콘텐츠를 개발하여 올리는 것이 중요합니다. 처음엔 조회수가 낮을 수도 있지만 숫자의 변화에 흔들리지 말고 자신의 소신을 계속 밀고 나가는 것도 중요하지요. 또 창의성도 필요합니다. 반드시 남들이 안 한 새로운 소재여야 할 필요는 없습니다. 남들이 이미 한 콘텐츠라고 해도 자신만의 시각으로 방법을 달리하면 또 다른 재미와 가치를 만들어나갈 수도 있습니다. 또한 무엇보다 구독자들의 심리를 잘 이해하고 있어야겠지요. 어떤 콘텐츠를 사람들이 좋아하는지 요즘 사람들의 관심은 무엇인지 꾸준히 시장을 조사하고 분석하는 능력도 필요합니다. 물론 초등학생에게 정말로 이런 것들을 요구하라는 말은 아닙니다. 다만 유튜버가 되는 일이 재미있기만 한 것이 아니라 이런 전문성도 길러나가야 한다는 시선을 갖게 해주는 것이 필요하다는 것이지요. 또 시선은 그냥 말로 했을 때보다 직접 경험하며 몸으로 부딪쳤을 때 살아 있는 지식이 됩니다. 그런 의미에서 아이가 당장 하고 싶은 일이 있다는 것은 축복인 셈입니다. 아주 좋은 진로 교육의 기회가 왔다고 생각하고 얼마든지 지지해주되, 중간중간 아이가 힘들어하거나 포기하고 싶어 할 때를 포착해 중요한 교육의 기회로 잡고 이끌어나가시길 바랍니다.

한 줄 상담소

아이들의 꿈은 커가면서 얼마든지 바뀔 수 있습니다. 지금은 유튜버를 하겠다고 하지만 나중에 어떻게 될지는 모르는 일이지요. 중요한 것은 직접 도전해보면서 배우는 것입니다. 채널을 만들고 영상 콘텐츠를 만들어 올리는 과정에서 힘든 점과 자신에게 부족한 점을 배울 수 있습니다. 그 과정을 통해 배우는 것이 진짜 진로 교육인 셈이지요. 꿈이 없는 아이보다는 하고 싶은 것이 있는 아이가 훨씬 더 건강합니다. 아이의 꿈을 어른들의 시선으로 판단하기보다는 과정을 통해 배울 수 있도록 도와주는 것이 중요합니다.

72

뭐든 다 알아서 하는 애어른 같은 아이, 그냥 둬도 괜찮은 걸까요?

항상 괜찮다고만 하고 어른처럼 혼자 다 알아서 하는 아이가 걱정입니다. 다른 집 아이들은 사달라고 조르기도 하고 말썽도 부린다는데 저희 아이는 오히려 저를 챙기는 경우가 더 많습니다. 엄마가 몸이 아프니까 자신이 다 알아서 해야 한다고 생각하는 것 같은데, 그러지 말라고, 하고 싶은 것 있으면 말하라고 해도 표현을 하지 않네요.

너무 일찍 책임감을 배우는 아이

부모가 아프거나 일찍 사망하는 등 특별한 가정사가 있는 경우, 아이들이 보이는 반응은 크게 두 가지로 나뉩니다. 오히려 더 아기같이 굴며 말썽을 부리고 막무가내로 행동하는 경우와 반대로 훌쩍 커버려 어른처럼 행동하며 부모까지 챙기는 경우입니다. 아이의 반응은 아이의 기질과 부모의 양육 태도 두 가지가 혼합되어 만들어집니다. 전자는 기질적으로 아이가 공감 능력이 다소 부족한 경우입니다.

그런 아이에게 부모가 안쓰러운 마음으로 대할 때 행동이 강화되지요. '엄마가 아파서 다른 아이들처럼 잘 챙겨주지 못해서 미안한 마음' '아빠가 외국 출장이 너무 많아 함께해주지 못해 미안한 마음' 등이 강한 경우에 아이도 그에 상응하는 반응을 보이게 됩니다.

물론 가정사에 아이가 영향을 받는 것은 당연합니다. 그런데 많은 아이들을 만나면서 알게 된 것은 똑같은 가정사라고 해도 주변 반응에 의해 아이의 감정이 주로 결정된다는 것입니다. 안쓰러운 마음으로 대한 아이는 자신이 안쓰러운 존재라고 인식하게 됩니다. 다들 안쓰럽다고 잘 대해주니 사소한 것들은 마음대로 하게 되지요. 처음엔 사소한 것들이었지만 시간이 지날수록 더 많은 것들을 마음대로 하게 됩니다. 이런 변화들이 쌓이다 보면 결국 철부지 소리를 듣게 되지요.

하지만 똑같이 부모가 안쓰러운 반응을 보여도 공감 능력을 타고난 아이들은 다른 반응을 보입니다. 부모의 슬픈 감정에 더 공감하는 거지요. '아, 엄마가 지금 많이 슬프구나. 그럼 나라도 엄마를 슬프게 하지 말아야겠다'라는 생각을 하게 됩니다. 그래서 사소한 일부터 직접 해내고 엄마도 챙기려고 마음을 쓰지요. 처음엔 사소한 것들이었지만 시간이 지날수록 이런 능력들이 더 쌓이게 되어 결국 일찍 철들었다는 소리를 듣게 되는 것입니다.

공감 능력이 강한 아이에게 부모가 다른 양육 태도를 보일 때도 있습니다. '엄마가 아파서 너무 힘드니 네 일이라도 알아서 해줘야 엄마가 덜 힘들지' 하는 마음을 갖는 경우입니다. 이럴 경우 아이는 그야말로 슈퍼맨이 되지요. 공부도 알아서 하고, 동생까지 챙기며, 집안일까지 하기도 합니다. 하지만 어린 나이에 이 모든 것을 챙기는 아이들을 보면 마음이 아픕니다. 남들은 모범생이다 착하다 칭찬을 하지만, 정작 아이에게는 다른 아이들처럼 해맑게 웃는 모습이나 천진스럽게 장난치는 모습을 전혀 볼 수 없지요. 보살핌을 받아야 할 나이에 그 과정을 껑충 건너뛰게 되면 결국 인생의 어느 마디에선가 충족되지 못한 과거의 파도들이 밀려오게 되어 있습니다.

공감 능력이 강한 기질의 아이에게는 부모가 안쓰러운 마음을 보이는 궁합이 더 잘 맞습니다. 반대로 기질적으로 공감 능력이 부족한 아이에게는 '엄마가 아프니 네 할 일은 좀 알아서 하라'는 태도를 보이는 궁합이 맞겠고요.

감정의 파도 타듯 아이와 대화하기

아이의 기질과 부모의 양육 태도의 조합으로 볼 때, 이 같은 고민을 하는 분의 가정은 아마도 아이가 공감 능력이 강한 편인 것 같습니다. 그리고 의도하지는 않았지만 부모도 자신의 힘든 상황이 감당이 안 되어 아이를 제대로 돌보지 못했거나 아이 앞에서 감정을 강하게 드러낸 시간들이 있었을 테지요. 어느 부모라도 아이에게 일부러 혹독하게 하려는 마음은 없습니다. 다만 자신의 힘듦 때문에 아이를 돌아보지 못한 시간이 있을 뿐이지요. 중요한 것은 미처 돌아보지 못한 시간 속에서도 아이들은 무엇인가를 배운다는 점입니다. 아이가 이미 애어른처럼 행동하고 있다면 부모와 스스로에 대해 강한 책임감을 느끼고 있는 것입니다.

아이의 균형 잡힌 인생을 위해서라도 이제는 조금 반대쪽으로 끌어내려야 할 때입니다. 아이다움의 시간을 갖도록 해주는 거지요. 이건 말로 한다고 되는 것은 아닙니다. "이제는 엄마 걱정 안 해도 돼. 엄마 다 나았다. 남들처럼 응석도 부리고 떼를 부려도 돼"라고 말해줄 수도 있겠지만, 그런다고 해서 하루아침에 아이가 바뀌지는 않습니다. 말보다는 행동으로 바꿔보는 것이 효과적입니다.

예를 들면 아이와 대화할 때 내용에 집중하기보다는(이건 어른들의 대화법이니까요) 아이의 감정에 반응을 보여주세요. 아이의 대화 톤이 높다면 부모도 높은 톤으로 대답하고, 아이가 "응" "어" 하는 말을 넣었다면 부모도 똑같이 따라 해보는 겁니다. 아이의 감정에 반응하는 가장 좋은 방법이지요. 부모의 이런 반응은 아이에게 자신의 감정이 잘 수용되고 있다는 느낌을 받게 합니다. 부모의 감정에 맞추려고 노력해온 아이에게 역으로 자신의 감정이 맞춰지고 있다는 느낌은 매우 중요한 경험이지요. 이 단계부터 시작해야 진짜 아이다움의 순간들을 끄집어낼 수 있습니다.

부모들 중에는 아이에게 정서적으로 의지하는 분들이 꽤 있습니다. 물론 당사자들은 그렇게 생각하지 않지만, 대화를 하거나 생활할 때 아이보다 부모의 감정이 더 우선시되는 선택을 많이 하고 있다면, 그건 아이에게 정서적으로 의지하고 있는 것입니다. 왜냐하면 상대적으로 아이가 스스로의 감정보다는 부모의 감정을 따랐다는 의미이기도 하니까요.

"너 없으면 어떡하니?"

"너라도 착해야 엄마가 살지"

이런 말들 속에도 그런 모습이 담겨 있습니다. 물론 아이에게 의지해야 하는 순간도 필요하지만, 그 의지가 너무 아이에게 치우쳐져 있지는 않은지 살펴보는 것도 필요하겠습니다.

한 줄 상담소

아이가 기질적으로 공감 능력이 강하고, 부모가 정서적으로 아이에게 더 의지할 때 애어른과 같은 성향이 나타납니다. 아픈 엄마를 보고 '나라도 엄마 속을 썩이지 말아야겠다'고 생각해 스스로 알아서 하게 된 것이지요. 기특하고 대견한 모습이지만 아직 어린 나이에 아이다운 모습이 없는 것은 인생을 살아가면서 다른 문제로 나타날 수 있습니다. 대화할 때 아이의 말을 더 많이 들어주고 아이의 감정에 맞춰주는 시간을 늘린다면, 아이의 성장 균형을 맞추는 데 도움이 될 수 있습니다.

73

이혼 가정에서 자라도 괜찮을까요?

배우자와 이혼을 생각하고 있습니다. 제일 걸리는 것은 아이입니다. 부모가 다 있는 가정과 비교했을 때 아이의 성장 환경에 아무래도 영향을 미칠 것 같은 생각이 듭니다. 이혼 가정에서 자란 아이들에게 주로 어떤 문제들이 있는지 궁금합니다.

이혼 가정이라 문제가 생긴 경우

학교에서 근무하면 다양한 가정환경의 아이들을 만나볼 수 있습니다. 요즘은 이혼 가정이 많다 보니 자연스럽게 이들의 성장 과정도 함께할 기회가 많습니다. 제가 느낀 것은 이혼 가정이라고 해서 특별히 문제가 있는 것은 아니라는 것입니다. 오히려 이혼 가정보다 부모의 갈등에 지속적으로 노출되어 있는 아이들이 문제인 경우가 더 많습니다. 이혼은 어찌 보면 갈등의 종착점과 같습니다. 항상 미워하고 싸우며 부정적인 정서로 지내는 것을 끝낸 시점인 것이지요.

문제의 원인이 되는 지점은 '이혼' 그 자체가 아니라, 이혼까지 부모가 보였던 많은 갈등의 시간들이라 생각합니다. 아이는 가장 소중한 두 사람이 서로 미워하고 갈등하는 것을 지켜보는 과정에서, 자기 존재에 대한 부정적인 시각을 가질 수밖에 없지요. 그러니 어찌 보면 이혼은 아이의 갈등과 혼란에도 종착점을 찍었다고 볼 수 있습니다.

이혼 후 부모의 삶은 아이에게 매우 중요하게 작용합니다. 고통만 받던 엄마가 이혼 후, 새로운 삶을 시작하며 더 활기찬 모습으로 일하고 자신을 돌보며 살아간다면, 아이도 밝아진 정서와 함께하게 됩니다. 하지만 이혼을 인생의 실패로 생각하고 더 어두운 삶을 산다면 아이도 같은 정서를 느끼게 되지요.

문제가 생기는 경우는 후자입니다. 더불어 너무 오래 갈등을 겪다가 끝낸 가정에서 발생합니다. 부모 스스로 이혼이 문제라고 생각하고 실패한 인생이라고 느낀다면, 아이도 누군가 앞에서 떳떳하지 못하고 뭔가 부족하다고 느끼게 됩니다. 부족한 마음을 다른 것으로 채우려다 보니 문제로 번지기도 합니다.

사실 아이가 건강하게 성장하기 위해서는 정서적인 애착 관계가 끈끈한 단 한 명의 양육자로 충분합니다. 물론 엄마 아빠라는 롤모델도 필요하지만, 그것은 가족 구조 밖에서 얼마든지 대체가 가능합니다. 아이를 사랑해주고 언제든지 믿고 의지할 수 있는 존재가 되어주는 건 부모 중 한 명이면 되지요. 둘 다라면 좋겠지만, 자칫 사랑이 지나쳐 문제가 되는 경우도 많습니다. 이혼을 했든 안 했든 든든한 정서적 지원군만 존재한다면 문제 있는 아이로는 절대 성장하지 않습니다.

이혼 가정이라 더 건강하게 자란 경우

요즘은 이혼을 바라보는 사회의 시선도 점점 바뀌어가는 것을 느낍니다. 그러다 보니 이혼 가정에서 자란 아이가 사랑을 더 듬뿍 받는 경우도 많습니다. 이혼은 했지만 부모 모두 아이에게만은 지극정성으로 대하는 것이지요. 미안한 마음에 더 각별히 애정을 쏟습니다. 이런 경우 아이는 당당하게 부모의 이혼 사실을 말합니다. 아니, 가끔은 슬쩍 자랑을 하려는 거 같기도 합니다.

"선생님, 저 오늘은 엄마 집에 가요."

"주말에는 아빠 집에 가서 놀았어요. 사실 우리 아빠가 엄마보다 요리를 더 잘하거든요. 아빠가 다음에 오면 중국 요리도 해주신다고 했어요."

'엄마 집' '아빠 집'이라는 말을 입에 달고 살아서 같은 반 친구들도 이혼한 것을 알 정도입니다. 아이들은 그걸 아주 자연스럽게 받아들입니다. 어른처럼 어떤 편견이나 부정적인 시선도 없습니다. 저학년 중에는 그런 아이를 부러워하는 경우도 있습니다.

"야, 좋겠다. 그럼 엄마 아빠한테 용돈도 따로따로 받겠네?"

물론 그렇다고 해서 아이에게 상실감이 전혀 없는 것은 아닙니다. 하지만 아이만 건강하다면 그런 상실감을 통해 삶을 더 튼튼하게 일

쥐갈 수 있습니다.

기억에 남는 아이가 있습니다. 이혼을 하고 엄마가 홀로 키우던 아이였는데, 아이의 엄마도 넉넉한 살림은 아니었어도 아이를 반듯하게 키우려고 노력하는 분이었습니다. 엄마와 단둘이라 다소 비어진 정서를 아이는 학교 생활을 통해 충족시켜나가고 있었습니다. 고학년 남자아이였는데 워낙 운동신경이 뛰어나서 축구든 배구든 못하는 것이 없다 보니 주변에 친구들이 끊이지 않았습니다. 친구들 사이에서도 리더 역할을 하고 있었지요. 친구들이 선생님 말은 안 들어도 아이의 말은 다 들을 정도였으니까요. 보통 또래 관계에서 이 정도 힘을 갖게 되면 선생님을 살짝 무시하면서 자기 존재를 증명해 보이고 싶어 하는 경우가 많은데, 아이는 선생님들에게도 깍듯했습니다. 엄마의 가정교육 덕분이었지요. 장애인 친구나 왕따를 당하는 친구들을 챙기는 일에도 주저 없이 나서곤 했습니다. 외로움은 친구 관계로, 누군가에게 인정받고 싶은 마음은 선생님과의 관계로 메워나가는 듯했습니다. 점점 주변으로부터 긍정적인 피드백이 쌓이면서 자존감이 아이 내면으로 스며들었지요. 뭐든 마음만 먹으면 해내는 모습도 보였습니다. 공부도 일단 마음을 먹고 달려들더니 무서운 속도로 치고 올라갔으니까요. 아이의 성장을 보면서 어느 정도의 상실감은 인생의 큰 동기가 될 수 있음을 느꼈습니다. 그 빈 곳을 무엇으로 어떻게 메꿔나가느냐에 따라 달라지는 것이지요.

이제는 이혼을 바라보는 사회의 시선이 바뀌어야 할 때라고 생각합니다. 이혼 가정에서 자라는 우리 아이들이 너무나 많으니까요. 또 이혼보다는 참고 살면서 생기는 부모의 갈등이 아이들의 성장에 더 독이 되기도 합니다. 사회가 수용하는 가정의 폭이 넓을수록 우리 아이들이 자유롭게 생각하고, 살아가는 세상의 폭도 넓어지리라 생각합니다.

한 줄 상담소

이혼 가정에서 자라는 아이니까 뭔가 다를 거라는 생각 자체가 편견일 수 있습니다. 제가 직접 만난 이혼 가정의 아이들은 일반 가정의 아이들 못지않게 다양했습니다. 물론 부모가 이혼 과정에서 겪는 갈등을 자녀 앞에 그대로 노출하는 것은 문제가 될 수 있습니다. 하지만 부모의 이혼과 별개로 '엄마, 아빠는 너를 충분히 사랑하고 있다'는 마음을 받은 아이들은 아무 문제 없이 건강하게 잘 자랍니다. 아이가 아무렇지 않으면 친구들도 그런가 보다 하고 받아들입니다. 오히려 어른들의 조금 다른 시선이 역으로 아이들에게 편견을 갖게 하는 건 아닐지 생각해봅니다.

74

부모의 이혼을 어떻게 말해줘야 할까요?

이혼을 앞두고 있는데 이 사실을 아이에게 어떻게 설명해줘야 할지 고민이네요. 아직 어리니 숨기는 편이 나을까요? 아니면 솔직하게 말하는 것이 나을까요? 아이가 너무 많은 상처를 받게 되지 않을까 고민스럽습니다.

부모의 이혼을 숨기는 경우

사실 아이들은 어른들이 생각하는 것보다 더 명민합니다. 저는 솔직히 이혼 사실을 숨기는 것이 불가능하다고 생각합니다. 물론 처음에야 속을 수 있겠지만 조금만 시간이 지나면 아이도 어떤 식으로든 눈치채게 됩니다. 물론 아이가 표현을 하지는 않겠지요. 아이의 눈치 속에는 주변 사람들이 그것을 숨기려 하고 있고, 그것에 대해 말하는 것 자체를 꺼린다는 것까지 포함되어 있습니다. 당연히 아이도 모르는 척 넘어가게 되지요. 그러니 '아이가 아직 부모의 이혼을 모른다'고 생각하는 것은 어쩌면 부모만의 착각일 수 있습니다. 그게 꼭 '우리 엄마 아빠는 이혼했는데 나한테는 숨기고 있어'라고 명확히 인지하는 것이 아니더라도 어렴풋이 뭔가 '지금 엄마가 내게 아빠에 대해 말하는 것을 어려워하고 있구나. 그렇다면 저 말이 사실이 아닐 수도 있겠구나' 정도로 인지하는 것입니다.

그럼 아이 입장에서 생각해봅시다. 뭔가 꺼림칙하긴 한데 그걸 대놓고 물어볼 수는 없으니 얼마나 답답할까요. 더 중요한 것은 그것이 자신의 존재와 관련된 사실이라는 점입니다. 자신의 존재와 관련된 어떤 문제가 함구되거나 비밀스럽게 또는 정직하지 않게 대해지고 있다는 느낌은 아이의 존재감에도 큰 영향을 미칩니다. 아이의 나이와는 상관없습니다. 아무리 어린 나이라도, 아니 어리면 어릴수록 아이에게 큰 영향을 미칠 수 있기 때문입니다.

모 TV 프로그램에서 한 외국인이 이와 관련해 어렸을 적 기억을 떠올리는 걸 본 적이 있습니다. 프랑스 여성이었는데 자신의 부모가 자신에 대한 책임감 때문에 결혼 생활을 유지하고 있었다며 이혼하겠다고 말했을 때 속으로 "휴~ 다행이다"라는 생각을 했다고 하더군요. 그게 아홉 살 때라고 대답했던 것이 아직 충격으로 남아 있습니다. 아이는 이미 훨씬 어렸을 때부터 그 사실을 알고 있었고, 부모가 이혼을 하겠다고 하니 그제야 마음이 편해졌던 것입니다. 사랑 없는 부모가 자신 때문에 참고 살아간다는 사실에 마음의 짐을 느꼈던 거지요. 다른 패널들도 부모의 이혼이 아이에게 상처가 된다는 말에 반박을 했습니다. 아무리 어려도 다 알 수 있다, 사랑 없는 결혼을 이어가는 것이 아이에게 더 상처가 될 수 있다고요.

그러니 이혼을 앞둔 부모라면 '아이에게 숨기는 편이 나을까? 말하는 편이 나을까?'를 고민하기보다는 '어떻게 하면 아이의 눈높이에 맞게, 아이의 마음에 상처가 덜 남게 이 사실을 말할까?'를 고민하는 것이 더 맞다고 생각합니다.

이혼 사실을 아이에게 밝히는 경우

이혼 사실을 아이에게 밝히는 경우에 몇 가지 주의할 점이 있습니다. 이혼이 부정적인 감정과 갈등의 결과로 생기다 보니 아이에게 배우자에 대한 부정적인 감정이 표현되기가 쉽습니다. 하지만 아무리 배우자가 미워도 아이에게는 부정할 수 없는 존재입니다. 자기 존재의 근원이 되는 사람을 부정적으로 대하게 된다면 이는 아이 자신에 대한 부정으로까지 이어질 수 있습니다. 결국 아이의 건강한 성장에는 걸림돌이 되겠지요.

물론 아름답게 이혼할 수도 있겠지만, 그게 어렵다면 아이에게라도 감정을 걸러서 표출할 필요가 있습니다. 예를 들면 이런 식이지요.

"엄마와 아빠는 사랑해서 결혼하고 또 사랑하는 마음으로 너를 낳았지만, 지금은 좀 마음이 바뀌었어. 너도 친하게 지내던 친구와 싸우기도 하지? 그것과 비슷한 거야. 물론 어른들의 일이라 좀 더 복잡하지만 네가 그렇게 이해해주면 좋겠어. 그래서 엄마와 아빠는 이제 좀 떨어져서 살려고 해. 너는 엄마와(또는 아빠와 또는 양쪽 집을 번갈

아 가며) 살게 될 거야. 하지만 걱정하지 마. 엄마와 아빠가 사이가 안 좋다고 해서 너를 사랑하는 마음까지 변하는 건 아니니까. 너를 사랑하는 마음은 변함이 없어. 또 함께 살지 않는다고 해서 너에게 엄마(또는 아빠)가 없어지는 것도 아니야. 너에게는 변함없이 너를 사랑하는 엄마와 아빠가 있단다. 다만 함께 살지 못하고 매일 만나지는 못해. 그건 좀 많이 속상하겠지? 엄마 아빠도 미안하게 생각해. 네가 많이 속상하지 않게 엄마 아빠가 노력할게. 너도 지내면서 힘들거나 바꿔주었으면 하는 일들이 생기면 언제든지 말해주면 좋겠어. 네가 표현을 해주어야 엄마 아빠도 더 잘 도와줄 수 있으니까. 지금까지와는 다른 방식으로 살게 된 거지만 그렇다고 변화가 다 나쁜 것만은 아니야. 이 변화가 우리 가족 모두에게 골고루 좋은 결과가 될 수 있게 함께 노력해보자."

사실 부모의 이혼이 아이의 행복과 크게 상관이 없을 수도 있다는 것은 프랑스의 변화된 가정생활에서 이미 증명이 되었습니다. 그들은 반드시 법적 혼인 관계에 있지 않아도 아이 양육에 필요한 모든 법적 지위를 동등하게 인정해줍니다. 의료보험, 양육 수당 등을 똑같이 지급하지요. 이런 사회체제의 변화는 출산율을 높이는 데도 크게 기여했습니다. 예를 들면 하룻밤 원나이트로 아이가 생겼을 때도 아이를 낳아 기르는 쪽을 선택하는 일이 많아졌습니다. 물론 아이가 생겼다고 해서 결혼까지 하지는 않습니다. 대신 아이 양육의 책임은 양쪽이 똑같이 집니다. 아이는 부모의 합의에 따라 아빠 집과 엄마 집을 오가며 생활합니다. 그런 생활을 이상하다거나 문제가 있다고 생각하지도 않지요. 결혼 생활과 아이의 양육을 별개의 문제로 떨어뜨리자 출산율이 올라가는 현상이 발생한 것입니다.

물론 이런 삶과 사회적 시스템에도 부작용이 많고, 아직은 우리 사회의 고유한 정서에도 맞지 않는다는 것을 알고 있습니다. 다만 이혼 가정에서 고통받는 아이들을 많이 만나다 보니 자연스럽게 '어떻게 하면 이 아이들을 건강하게 성장시킬 수 있을까?' 하는 고민을 하게 되었고, 그 대안으로 다른 나라의 사례가 답이 될 수도 있겠다는 생각이 들었습니다. 사회적 시스템 변화에 대해서는 논외로 하더라도, 부모의 이혼에도 심리적으로 건강한 아이로 키우기 위한 방법 정도는 얼마든지 배울 수 있는 사례라고 생각합니다.

한 줄 상담소

부모의 이혼을 말하지 않는다고 해도 시간이 지나면 아이들은 눈치로 알게 됩니다. 다만 그 사실을 어른들에게 말하지 않을 뿐이지요. 이혼 사실을 아이에게 말할지 말지 고민하기보다는 어떻게 하면 '아이가 마음의 상처 없이 받아들일 수 있게 말할까?'를 고민하는 것이 더 중요합니다. 이 부분에 초점을 맞춰 고민하다 보면 자연스럽게 이혼 이후의 아이 교육에 대한 것까지 생각하게 됩니다. 부모가 이혼을 했더라도 아이에게 엄마 아빠를 만날 기회는 충분히 주는 것이 필요합니다. 이런 과정은 자신이 버림받았다거나 같이 살지 않는 가족과 영영 이별을 했다는 생각이 들지 않게 해줍니다. 제가 만난 아이들 대부분은 이 두 가지 마음 때문에 상처를 받는 경우가 많았습니다.

75

아이에게 절약하는 습관을 길러주고 싶어요

요즘 아이들은 돈이나 물건을 너무 귀하지 않게 생각하는 경향이 있습니다. 물건을 잃어버려도 속상해하지 않고 또 사면 된다는 식이네요. 돈에 대한 개념이 저 어렸을 때와는 많이 달라진 것 같습니다. 어렸을 때부터 절약하는 습관을 길러주는 것이 중요할 것 같은데 어떤 방법이 좋을지 고민입니다.

물건 잃어버리는 습관을 고치는 방법

돈에 대해서는 부모님마다 가치관의 차이가 많은 것 같습니다. 어떤 분들은 절약을 중요하게 생각하는가 하면 또 어떤 분들은 돈 때문에 기죽지 말았으면 하는 마음에 아이들에게 더 후하게 용돈을 주기도 합니다. 부모님들의 생각이 어떻건 부모 세대와는 달리 풍족한 환경에서 자란 요즘 아이들이 전반적으로 돈에 대해 쉽게 생각하는 경향이 있는 건 사실입니다. 비가 오는 날이면 학교에 주인 잃은 우산이 넘쳐납니다. 아침에 쓰고 왔다가 오후에 비가 개면 그냥 잊어버리고 가기 일쑤이지요. 문제는 잃어버린 물건을 다시 찾지 않는다는 것입니다. 학교의 분실물센터에는 겉옷, 실내화, 줄넘기, 우산, 리코더 등 주인 잃은 물건들이 즐비합니다. 아무리 찾아가라고 해도 그중 주인을 찾는 물건은 30퍼센트도 안 됩니다.

따라서 아이가 물건을 자주 잃어버린다면 이름을 써주는 것이 좋습니다. 보통 학용품에는 이름을 잘 쓰지만 휴대폰, 겉옷 등에는 이름을 잘 쓰지 않습니다. 휴대폰은 잠금장치가 되어 있어 주웠을 때 이름이 없으면 주인을 찾아주기 어려울 때가 많습니다. 휴대폰 한쪽에 이름 스티커를 붙여주면 좋지요. 일교차가 큰 계절엔 벗어두었던 외투를 잃어버리는 경우가 많습니다. 옷은 안쪽 라벨에 네임펜으로 이름을 써두면 다시 찾기 쉽습니다.

둘째, 물건을 잃어버렸을 때는 페널티가 있어야 합니다. 보통은 학교 가서 잘 찾아보라고만 하다가 그 물건이 다시 필요해지면 급하게 사주게 됩니다. 아이 입장에서는 물건이 없어 불편함을 느낄 시간이 없는 셈이지요. 그렇다고 우산이나 겉옷 없이 보낼 수도 없는 노릇이라고요? 이럴 때는 용돈을 차감하는 방식이 좋습니다. 용돈을 주지 않을 경우엔 자주 잃어버리는 물건 목록을 마련하여 잘 가져오는 날에 스티커를 주는 방식으로 활용합니다. 스티커가 일정 개수 이상이 되면 게임 시간을 주거나, 원하는 간식을 사 먹을 수 있게 하는 거지요. 단, 스티커 보상으로 지정한 간식은 평소에 절대 사주지 않아야 효과가 있습니다. 예를 들어 아이가 치킨을 좋아한다면 짜장면, 피자 등은 사줘도 치킨은 반드시 스티커를 모아야만 먹을 수 있게 하는 거지요. 보통은 물건을 잃어버렸을 때 벌점 제도를 운영하는 분들이 많은데, 효과는 있겠지만 개인적으로는 추천해드리지 않습니다. 벌점 제도는 부정적인 정서를 더 많이 동반(억울함이나 분노, 형제자매와의 비교에 의한 시기, 질투 등)하기 때문입니다. 사실 잘했을 때 스티커를 주는 방법이 더 귀찮고 손이 많이 가긴 하지만, 긍정적으로 좋은 행동 습관을 강화하고 오래 그 행동을 유지하는 데 더 효과가 있습니다.

가치를 통해 절약을 실천하기

물건을 잃어버리지 않는 것도 중요하지만, 전기를 아끼고 에너지를 절약하고 자원을 재활용하는 것도 중요하지요. 그런데 생각해보면 한 달 내내 아껴봤자 절약되는 돈은 몇 푼 안 됩니다. 단순히 돈을 아끼는 목적으로 수고로운 일들을 매일 실천한다는 것이 적절해 보이지 않습니다. 물론 티끌 모아 태산이라는 말도 있지만 적어도 풍족하게 자란 아이들 세대에서는 통하지 않는 말입니다. 절약도 아이들이 납득할 만한 목적이 있어야 합니다.

가장 좋은 방법은 아이들과 가치를 공유하는 것입니다. 전기와 에너지를 절약하는 것, 쓰레기를 재활용하는 것은 환경보전과 밀접한 관련이 있습니다. 지구의 환경을 보호하는 것은 부모 세대보다 살아갈 날이 더 많은 우리 아이들 세대에게 더 시급한 문제이지요. 그런 차원에서 우리 집의 이산화탄소 배출량을 줄이는 '탄소 발자국'을 활용하거나, 여러 환경 단체들에서 운영하는 캠페인에 아이와 함께 참여하는 것도 좋습니다. 옷, 학용품 등 아이들이 사용하는 물건들을 살펴보면 얼마나 많은 이산화탄소와 지구의 소중한 자원들이 사용되었는지를 확인할 수 있습니다.

이제는 무조건 아껴야 잘 사는 시대는 지났습니다. 요즘은 소비를 통해서도 타인을 도울 수 있는 시대입니다. 코로나19로 그런 경험 또한 우리 공동체의 마음속에 깊이 자리매김하게 되었지요. 시대가 달라진 만큼 교육 방법도 달라져야 합니다. '무조건 아껴야 잘 산다' '땅을 파봐라. 돈 한 푼 나오나?'라는 말은 이제 우리 아이들 세대에게는 통용되지 않습니다. 만약 어떤 유튜버가 정말 땅을 파면 돈이 나오는지 실험해보겠다며 여기저기 땅을 파보는 활동을 찍어서 영상으로 올렸다고 칩시다. 재미있고 재치 있는 입담이 추가된다면 순식간에 조회 수가 폭발할 수도 있습니다. 영상을 본 아이들은 말하겠지요. 땅을 파면 진짜 돈이 나온다고요.

이 글을 쓰고 나서 혹시나 하는 마음에 검색해봤더니 이미 많은 유튜버들이 땅을 파는 영상이 있습니다! 역시나 이젠 모든 가치를 새롭게 받아들이고 해석해야 할 세상이 된 것 같습니다.

한 줄 상담소

절약하는 습관을 길러주는 것도 시대에 맞게 변화할 필요가 있습니다. 부족한 것 없이 풍족하게 자란 세대에게 무조건 아끼고 절약하라는 말은 잘 와닿지 않을 수 있습니다. 대신 절약을 사회적 가치와 연결해 교육하면 효과적입니다. 전

등을 끄고 양칫물을 절약하는 것을 돈으로 환산하면 얼마 안 되지만 지구온난화를 위한 작은 실천이라고 이야기해준다면 기꺼운 마음으로 참여할 수 있습니다. 또 자주 잃어버리는 물건(휴대폰, 우산, 겉옷 등)에는 반드시 이름을 써주고, 잃어버렸을 때 야단을 치기보다는 잘 챙겨왔을 때 보상을 해주는 방식으로 습관을 길러주면 좋습니다.

76

아이의 용돈은 얼마가 적당할까요?

필요한 물건이나 간식을 다 사주고 있는데도 아이가 용돈을 달라고 합니다. 막상 용돈을 주려고 하니 고민이 됩니다. 친척들이 가끔씩 주는 돈을 아이 용돈으로 쓰게 하자니 금액이 큰 경우도 있고요. 또 큰아이 용돈을 주기 시작하면 작은아이도 달라고 할 것 같은데 둘이 똑같이 줘야 하는 건지 형평성 문제도 고민됩니다.

용돈을 주는 시기

아무리 필요한 물건을 다 사줘도 아이들은 용돈을 갖고 싶어 하는 경우가 있습니다. 용돈은 아이의 주도적인 기질과 관련이 있는 것 같습니다. 고학년쯤 되어 돈을 관리하는 법을 가르치려고 용돈을 주겠다고 해도 괜찮다고 하는 아이가 있는가 하면, 저학년 때부터 용돈을 달라고 하는 아이도 있습니다. 아무 생각이 없다가도 친구들이 용돈을 받아 쓰는 모습을 보고 달라고 하기도 하고, 게임 아이템을 구매하고 싶어 용돈을 요구하기도 합니다. 따라서 용돈을 어떤 용도로 사용할 것인지에 대한 대화가 먼저 필요합니다. 용돈의 액수와 주기는 사용처에 따라 정할 수 있지요.

먼저 용돈은 아이가 원할 때 시작하는 것이 좋습니다. 다만 고학년이 될 때까지 요구가 없다면 부모가 먼저 제안해야 합니다. 용돈은 아이의 생활 습관과도 밀접하게 연관되기 때문에 조금씩이라도 돈을 관리하는 습관은 필요합니다. 용돈을 요구하지 않는 것은, 사실 이미 부모가 충분히 충족시켜주고 있기 때문입니다. 그러니 품목 중 하나만 떼어서 아이의 용돈 관리 체제로 바꾸면 됩니다.

예를 들어 간식 중 아이가 좋아하는 품목(대부분 몸에 좋지 않은 종류겠지요. 탄산음료, 치킨, 피자 등)을 정해 앞으로는 용돈으로만 사 먹을 수 있게 하는 겁니다. 탄산음료를 지나치게 많이 먹는 것이 걱정이었다면 이 품목을 용돈 체제로 전환합니다. 용돈 품목 간식은 절대 냉장고에 들어 있지 않아야 합니다. 아이가 먹고 싶으면 직접 용돈으로 사와야 하는 것이지요. 어차피 줄이고 싶은 간식이었다면 이렇게 장애물을 배치하는 것도 잔소리 없이 줄이는 방법입니다.

게임 아이템도 같은 방법으로 통제할 수 있습니다. 아이템은 무조건 용돈으로만 구입할 수 있게 하고, 용돈의 액수와 주기를 조절하면 자연스럽게 게임의 영역도 통제할 수 있습니다. 여자아이들은 고학년이 되면서 화장품이나 옷 등 멋내기용 물품을 구입하게 되는데 이 또한 용돈으로 통제할 수 있지요. 아이돌 덕질을 하는 데도 많은 돈이 들어갑니다. 쓸데없는 데 돈 쓰지 말라는 잔소리 대신 용돈 영역으로 관리하면 효과적으로 통제할 수 있습니다.

저학년인데 용돈을 달라고 하는 경우

저학년인 경우에는 용돈을 어디에 쓸 것인지 물어봐야 합니다. 단순히 돈을 갖고 싶어서 그런 경우도 있고 사고 싶은 물건이 생겨서 그럴 수도 있습니다. 돈을 갖고 싶어 하는 경우엔 아이 이름으로 통장을 마련해주고 용돈을 저금할 수 있게 해주면 좋습니다. 자기 계좌에 돈이 쌓이는 것을 보는 것만으로도 좋아할 테니까요. 대신 조건이 있습니다. 통장의 돈을 꺼내 쓸 때는 엄마 아빠와 상의를 해야 한다고 미리 말해두는 것입니다. 통장에 쌓인 돈이 모두 자신의 돈이라 생각해서 한꺼번에 겁 없이 사용하겠다고 우길 수도 있습니다. "통장에 든 돈은 네 것이 맞아. 하지만 아직은 네가 너무 어리기 때문에 큰돈을 쓰는 방법을 잘 모를 수 있어. 엄마 아빠는 너를 도와주려고 하는 거야"라고 미리 말해둡니다.

만약 어떤 물건을 사고 싶어서 용돈을 달라는 경우에는 고학년같이 용돈으로 구입할 품목을 한정하는 것이 필요합니다. 이것저것 다 사고 싶다고 말할 때는 "그럼 아이스크림은 네 용돈으로 사고, 나머지는 엄마가 준비해줄게"라고 영역을 정해주는 것도 필요합니다.

용돈을 통제하는 일이 꽤 번거롭고 귀찮을 수 있습니다. 하지만 이 과정에서 아이의 생활 습관과 친구 관계를 알 수 있는 부수입이 생깁니다. 나쁜 친구들을 만나 PC방이나 안 좋은 장소를 다닐까 봐 걱정되는 마음도 어느 정도 줄일 수 있습니다. 누구를 만나든 어디를 가든 반드시 돈이 필요하니까요. 용돈 사용처를 알고 있으면 아이가 어디서 무엇을 했는지도 금방 알 수 있고, 용돈이 더 필요하다고 할 때도 어디에 쓰려고 하는지 물으면서 자연스럽게 통제를 할 수도 있습니다. 아이의 용돈은 부모의 잔소리를 품격 있는 통제로 전환할 수 있는 방법이기도 합니다.

용돈 사용처의 한도 정하기

위에서 잠깐 언급했지만 용돈 사용처의 한도를 정하는 과정에도 나름의 노하우가 필요합니다. 먼저, 용돈의 액수를 부모가 정하면 안 됩니다. 대충 생각해서 '1주일에 5000원이면 되겠지?' 하는 방식은 곤란합니다. 만약 아이가 게임 아이템에 돈이 필요하다고 하면, 먼저 지금까지 아이가 구입한 게임 아이템이 얼마인지를 살펴봅니다. 더불어 한 달에 얼마 정도를 구매했는지도 계산하고요. 만약 한 번도 산 적이 없다면 친구들에게 어느 정도 게임 아이템이 필요한지 물어보라고 시킵니다. 용돈 액수를 정하기 위해 필요한 과정이라고 하면서요. 이 과정을 통해 아이는 자연스럽게 게임에 어느 정도 돈이 지출되는지를 알 수 있습니다. 이런 안목을 길러주는 것은 게임을 스스로 통제할 수 있는 힘을 기르는 데 매우 중요하지요. 그렇게 통계를 낸 금액으로 용돈의 액수와 주기를 정하는 겁니다. 물론 아이가 원하는 대로 다 주는 것은 곤란합니다. 용돈의 액수는 아이가 부족하다고 느끼는 정도가 좋습니다. 더불어 게임 아이템을 한 달에 몇만 원씩 구매하는 것도 적절하지 않지요. 조사한 통계를 보고 부모가 적정선을 정하여 용돈의 액수를 제시해야 합니다.

둘째, 아이의 욕구에 어느 정도 부합되는 액수여야 합니다. 아이가 필요로 하는 금액보다 너무 많은 것도 문제이지만, 너무 적은 것도 문제입니다. 부모가 터무니없이 적은 금액을 요구하면 아이는 의지를 상실하게 됩니다. '그까짓 용돈 안 받고 만다' 하는 마음이 드는 거지요. 그러면 아이는 다른 경로로 원하는 것을 충족시키려 할 겁니다. 거짓말을 할 수도 있고, 친척들이 주고 간 용돈을 숨길 수도 있지요. 혹은 그게 범죄인지도 모르고 인터넷상에서 떠도는 그럴듯한 제안들에 빠져들 수도 있습니다. 사이버 세상에는 우리가 생각지도 못하는 신종 범죄들이 생겨나기 때문에 아이를 보호하기 위해서라도 어느 정도 용돈을 주어 부모가 통제를 하는 것이 훨씬 안전할 수도 있습니다.

셋째, 용돈으로 정해진 품목은 반드시 용돈으로만 구입할 수 있어야 합니다. 가족 모두에게 공지를 하고 앞으로 이 품목에 대한 구입은 서로 제한하도록 해야 하지요. 아이스크림을 용돈으로만 사 먹기로 했다면 이제는 아이스크림을 냉장고에 넣어두면 안 됩니다. 퇴근길에 사 오는 아이스크림 케이크도 빠져야 하지요. 왜냐하면 아이 입장에서는 용돈이 더 생긴 것과 같은 효과가 되니까요. 받기로 한 용돈보다 자꾸만 더 생긴다면, 아이는 부모와 정한 규칙을 지킬 필요가 없다고 느낄 수 있습니다. 또 형제가 있는 경우 형평성에도 문제가 생길 수 있지요.

친척들이 주는 돈에 대하여

이렇게 꼼꼼하게 용돈에 대한 대책을 마련했다고 해도 문제가 생기는 구멍이 있습니다. 바로 친척들이 주는 용돈과 명절에 받는 세뱃돈이죠. 한 달 용돈이 총 2만 원인 아이에게 10만 원의 세뱃돈이 생겼다면, 지금까지 정한 규칙이 다 물거품이 되고 맙니다. 용돈을 통해 부모가 길러주고자 했던 습관들까지 물거품이 되고 말지요. 따라서 추가로 생긴 부수입에 대해서도 규칙을 미리 정하는 것이 좋습니다.

"친척들이 주고 간 용돈이나 명절에 받는 세뱃돈에는 사실 엄마 아빠의 지분도 들어 있어. 고모가 네게 용돈을 주신 것은 그전에 엄마 아빠가 사촌들에게 용돈을 주었기 때문이야. 세뱃돈도 마찬가지고. 네가 받는 만큼 엄마 아빠도 세뱃돈으로 나가는 돈이 생기는 거고. 그러니 과외로 생기는 부수입을 용돈으로 사용하려면 엄마와 상의를 하는 것이 맞아. 물론 그 돈을 엄마가 갖겠다는 것은 아니야. 그건 네 돈이지. 대신 무조건 다 쓰지는 말고 네 통장에 저축도 해두도록 하자."

세뱃돈의 10퍼센트는 아이가 쓰게 하고, 나머지 90퍼센트는 통장에 저축하는 방식으로 규칙을 정하면 됩니다. 100퍼센트를 다 저축한다면 용돈을 받는 기쁨이 줄어들 수 있으니, 어느 정도 아이가 쓸 수 있는 영역도 확보해주는 것이 좋습니다.

형제간의 용돈 형평성에 대하여

용돈을 처음 주는 시기, 용돈의 액수와 주기, 또 친척들이 주는 용돈 관리법까지 모두 알아보았는데도 문제는 생길 수 있습니다. 바로 형제 사이의 형평성 문제지요. 용돈 하나 관리하는 데 이렇게 많은 것들을 고려해야 하나 피곤할 수 있지만, 바꾸어 생각해보면 용돈 하나만 관리하면 여러 가지 생활 습관의 문제들이 해결된다는 장점도 있습니다. 심지어 매번 잔소리하는 것보다 효과적이고 아이의 반응도 달라지니 그만큼 에너지를 쓸 가치가 있는 영역이라고 생각됩니다. 큰아이 용돈을 주면 작은아이가 자신도 달라고 하기 시작합니다. 사실 필요한 용돈의 액수는 나이에 따라 다릅니다. 저학년 때는 편의점에서 사 먹는 간식이 전부였다면, 고학년이 되면 조별 과제 활동하러 햄버거집에 갈 수도 있습니다. 활동 범위가 넓어지니 필요한 돈도 많아지는 법이지요. 따라서 형제 사이의 용돈 액수는 나이에 따른 차등 지급이 맞습니다. 왜 나는 형보다 적게 주냐는 동생의 불만에도 이런 대응이 필요합니다.

"고학년이 되면 친구 관계도 달라지고 조별 과제도 해야 하기 때문에 용돈이 더 필요한 경우가 많아. 너도 형 나이가 되면 형과 같은 액수의 용돈을 받게 될 거야."

그래도 공평하지 않다고 투덜댄다면 다른 논리를 하나 더 제시합니다.

"형도 크다는 이유로 동생인 너를 돌보고 양보하라 한 적이 많았잖아. 무거운 물건도 형이 더 많이 들고. 그럼 앞으로는 똑같이 무거운 물건 들게 하고, 형이라고 양보해줄 필요도 없다고 할까?"

형제 사이의 분쟁은 오히려 똑같이 공평하게 대해주려는 부모에게서 더 자주 일어납니다. 형과 동생은 어차피 똑같이 공평할 수 없습니다. 부모가 아무리 아니라고 해도 이미 생활 속 여러 상황들에서 형이라서, 동생이라서 어쩔 수 없이 받아들여야 했던 것들이 있습니다. 공평이라는 것이 무조건 똑같아야 하는 게 아닙니다. 나이, 힘의 세기, 키와 몸무게, 성별 등 상황에 따라 달라지는 조건을 반영해주는 것이 공평한 것이지요. 힘이 약한 사람과 센 사람에게 똑같이 무거운 짐을 들게 하는 것은 공평한 것이 아닙니다. 용돈도 같은 맥락에서 접근하는 것이 맞습니다. 무조건 똑같이 해주는 것보다 부모가 힘 있게 기준을 세워 지켜나가는 것이 아이들에게도 공평한 대우를 받고 있다는 느낌을 채워줄 수 있습니다.

한 줄 상담소

아이의 용돈을 잘 활용하면 여러 생활 습관을 바로잡을 수 있습니다. 통제가 안 되는 게임 아이템 구매, 화장품과 옷 구매 등을 용돈으로 사게 한다면 아이 스스로 돈을 쓰기 전에 한 번 더 생각해볼 수 있게 됩니다. 다만 그러기 위해서는 용돈의 액수가 적정해야 합니다. 너무 많거나 적지 않게 조금 부족함을 느낄 정도로 줘야 합니다. 금액은 나이에 따라 정하는 것이 아니라 용돈으로 구입할 품목에 대해 평균 어느 정도 쓰느냐에 따라 결정해야 합니다. 더불어 친척들에게 받은 용돈도 어느 정도 저축을 하도록 미리 규칙을 정하는 것이 필요합니다.

77

아이의 경제교육은 어떻게 시작해야 할까요?

"이거 하면 얼마 줄 건데?" "아줌마네 아파트는 몇 평이에요?" "삼촌, 연봉이 얼마야?" 아이가 사람들을 만날 때마다 자주 하는 말입니다. 주변에서는 귀엽다고 웃고 넘기지만, 평소 돈에 대해서 가르치지도 않았는데, 벌써 돈만 밝히는 것은 아닌지 걱정됩니다.

나이에 따라 달라지는 해석

돈에 대한 아이의 관심은 어찌 보면 지극히 당연합니다. 어른들이 제일 관심 있게 나누는 대화가 돈에 대한 것이기 때문이지요. 그러면서도 이상하게 돈에 관한 대화만큼은 자신들을 제외시킵니다. 다른 대화를 할 때는 "그게 뭔데요?" "왜 그런 건데요?"라고 물으면 당장 아이의 눈높이에 맞게 설명해주려고 노력하는 것과는 너무 대조적입니다. 그러니 당연히 더 관심이 갈 수밖에 없습니다. 특히 영특하고 호기심이 많은 아이들이 더 자주 이런 모습을 보입니다. 아이가 하는 질문은 사실 어른들의 대화에서 쉽게 얻을 수 있는 내용이었습니다.

다른 질문을 했을 때와는 달리 돈과 관련된 질문에는 어른들이 감정의 변화를 더 많이 보입니다. 깜짝 놀란다거나, 귀여워한다거나, 답하기 주저하거나, 살짝 불편한 심기를 보이다가 민망해하기도 하는 이런 변화들이 아이에게는 신선하게 다가옵니다. 정작 그런 질문이 무엇을 의미하는지 제대로 알지는 못하지만, 그에 대한 반응이 평범하지 않다는 것을 느끼다 보니 자꾸만 선을 넘게 되는 것이지요.

만약 아이가 취학 전이거나 저학년에 해당한다면 돈만 밝히는 아이라고 생각하기엔 다소 무리가 있습니다. 아직 돈이 무엇인지 제대로 알지 못한 상황에서 주변 반응으로 시작된 언어 습관일 수 있습니다. 이럴 때는 아이에게 훈육을 해주시는 것이 맞습니다. "상대방에게 돈에 관련된 질문을 하는 것은 실례가 되는 일이야"라고 해도 "왜 그런데요? 엄마도 전에 그렇게 물었잖아요?" 하고 반문할 수 있습니다. 이미 짚어드렸듯이 아이가 이런 질문을 한다는 것은 매우 영특하다는 방증입니다.

"그건 어른들의 대화에서만 가능한 거야. 서로에 대한 신뢰나 함께한 시간이 있기 때문에 가능한 거지. 엄마도 처음 만난 사람에게 그런 질문을 하지는 않아. 너는 그런 것을 구별하기엔 아직 어리지만, 어떤 경우든 어린 사람이 어른에게 할 수 있는 질문은 아니야."

이렇게 대화 예절에 근거하여 훈육을 하는 것이 필요합니다.

만약 아이가 고학년에 해당한다면 정말 돈에 대한 개념을 알고 궁금해서 던지는 질문일 수 있습니다. 어느 정도 세상 돌아가는 이치를 이해하고 보니 어른들은 모두 돈돈돈 합니다. 그리고 몇 평에 사는지가 부의 척도가 된다는 것도 어렴풋이 알게 되지요. 그런데 진짜 이상합니다. 우리 부모님은 맞벌이를 하며 두 분이 버시는데도 친구네보다 집이 작습니다. 심지어 친구네 엄마는 전업주부인데 말이죠. 당연히 어른들의 연봉이 궁금할 수밖에 없습니다. 방문한 친척 집의 평수가 궁금하기도 하지요. 이미 아이가 경제 관념에 눈을 뜨기 시작했다면 제대로 된 경제교육을 시작할 때가 된 것입니다.

학교에서 등한시하는 경제교육

유교 문화가 지배했던 우리나라에서는 돈에 대해서 이중적인 마음을 지니고 있습니다. 돈이 중요하다고 하면서도, 그 마음을 드러내놓는 것은 천박하거나 돈밖에 모르는 사람이라고 경시하기 일쑤입니다. 특히 교육에서는 이런 관점들이 더 두드러지지요. 아이들에게 대놓고 돈에 대해 교육하는 것을 어려워합니다. 그러다 보니 정작 학교에서도 제대로 된 경제교육은 이루어지지 않습니다. 경제교육이라고 해봤자 용돈 기입장을 관리하는 것과 절약하고 아끼라는 내용이 대부분입니다. 시대에 한참 뒤떨어진 내용이지요. 그렇다고 펀드, 주식, 가상화폐, 부동산, 게임 산업 등 실제 세상에서 돈과 가장 밀접한 것들을 교과서에서 가르친다고 해봅시다. 당장 여러 단체에서 항의가 빛발칠지 모를 일입니다. 정작 이런 부분들이 아이들이 어른이 되어 살아갈 세상에서는 중요한 문제인데도 말이죠.

아무래도 제도권 교육에 대한 인식이 바뀌려면 시간이 좀 걸릴 것 같으니, 가정에서라도 경제교육에 대한 부분을 강하게 할 필요가 있습니다. 금융투자 전문가 존 리는 우리나라를 금융 문맹국이라고 말합니다. 사람들이 돈에 대해 관심은 많으면서도 제대로 된 교육을 받지 못했기 때문에 더욱 일확천금이나 한탕주의를 노린다는 것이지요. 그러다 보니 주식 투자를 투기나 도박과 비슷한 것으로 인식한다고요. 하지만 실제 자본주의사회에서는 주식시장만큼 중요한 것도 없다며 사교육비를 줄여서 자녀의 이름으로 주식을 사주라고 권고하지요.

주식의 종목은 아이가 관심 있는 영역부터 시작하는 것이 좋습니다. 자주 사 먹는 과자나 간식이 있으면 그 기업의 주식을, 좋아하는 게임을 만든 회사의 주식을, 아이가 열광하는 아이돌의 소속사 주식을 사주는 것입니다. 주식이라고 해서 많은 돈이 필요한 것은 아닙니다. 아이의 생일 선물이나 어린이날 선물로 한 주씩 사는 것으로 시작해도 됩니다. 중요한 것은 주식을 소유한 아이의 마음이 달라지는 데 있지요. 주주총회, 배당금 등 자연스럽게 기업이 돌아가는 이치를 배우게 되고, 자신이 소비한 돈이 어떻게 굴러가는지도 이해할 수 있게 됩니다. 말이 아닌 몸으로 체험하며 배울 수 있는 살아 있는 경제교육이지요.

더불어 존 리 대표는 유대인의 경제교육도 소개합니다. 유대인들은 아이의 13세 생일에 친척들이 돈을 모아서 준다고 합니다. 아이에게 투자할 수 있는 목돈을 마련해주는 것이지요. 그렇게 불린 돈은 아이가 성인이 되어 하고 싶은 일이 생겼을 때 스스로 독립할 수 있는 종잣돈이 된다고 했습니다. 우리에게도 세뱃돈이 있지요. 통장에 저축하는 것도 좋지만 주식에도 조금씩 투자하거나 우량주를 관리하는 펀드에 가입한다면 그 돈이 복리가 되어 아이가 성인이 되었을 때 종잣돈의 역할을 할 수 있을 겁니다. 어쩌면 이런 것들이 부모가 해줄 수 있는 가장 현명하고 실질적인 경제교육이 아닐까 생각합니다.

한 줄 상담소

돈만 밝히는 아이는 어쩌면 매우 똑똑한 아이일 수 있습니다. 세상이 돌아가는 중요한 원리 중 하나를 깨달은 것일 수 있으니까요. 그렇다고 해도 저학년 때는 대화 예절을 가르치는 것이 좋습니다. 직접적으로 돈과 관련된 것을 묻는 것은 실례라고요. 고학년이 되었다면 이런 대화 예절과 더불어 아이의 호기심도 충족시켜줄 필요가 있습니다. 아이의 생일 선물이나 용돈의 일부로 주식을 사주는 것도 좋습니다. 아이가 좋아하는 과자 회사, 게임 회사, 아이돌 소속사 주식이라면 더 좋겠지요. 아무래도 아직 학교에서는 경제교육을 등한시하는 부분이 있으므로 부모가 더 적극적으로 해줄 필요가 있습니다.

78

휴대폰은 언제 사주는 게 좋을까요?

사실 초등생 아이에게 휴대폰이 반드시 필요하다가는 생각하지 않지만, 주변 친구들이 다 가지고 다니니 안 사줄 수도 없어 고민스럽습니다. 너무 어린 나이에 휴대폰이 주어지면 게임에 중독되거나 SNS 등을 통해 여러 부작용이 생기진 않을까 걱정이 되는데, 휴대폰을 사주는 시기로는 언제가 적당한지 궁금합니다.

아이들의 삶 속으로 들어온 휴대폰

요즘은 1학년 아이들까지 모두 휴대폰을 가지고 다니는 추세입니다. 더구나 온라인 개학 등으로 원격수업이 이루어지는 상황에서 이제 휴대폰은 거의 필수가 되고 있지요. 문제는 아이들이 휴대폰을 통해 접속할 수 있는 세상이 무궁무진하다는 점에 있습니다. 아직 판단이 미숙한 아이들에게 부모의 통제를 벗어난 세상과의 만남은 많은 위험이 따를 수밖에 없지요. 그렇다고 내 아이만 휴대폰을 안 사주자니 주변 친구들과의 의사소통에서 제외되거나 그들만의 이야깃거리에 동참하지 못해 소외될까 봐 걱정도 됩니다.

사실 휴대폰은 아이들에게 필요악과 같은 존재입니다. 많은 부작용이 있지만 그래도 없어서는 안 될 물건이지요. 초등 저학년까지는 휴대폰이 없다고 친구 관계까지 문제가 생기지는 않습니다. 휴대폰이 있다고 해도 주로 부모하고만 연락하거나 게임하는 데 이용하는 게 전부이지요. 문제는 고학년이 되면 대부분의 아이들이 SNS를 통해 의사소통을 한다는 데 있습니다. 고학년인데도 휴대폰이 없다면 친구 관계에서 이미 많은 부분 소외되고 있다는 걸 의미하지요. 정보에도 늦고 단톡방에서 오간 이야기에 대해서도 혼자 모르고 있을 확률이 높습니다. 문제는 이런 상황을 아이가 어떻게 받아들이느냐에 있지요. 소외되어도 괜찮다, 공부를 더 우선시하겠다고 의지를 갖고 무시하는 아이들도 있습니다. 하지만 그럴 때 문제는 휴대폰은 노는 아이들이 가지고 다니는 쓸데없는 물건이라는 보수적인 인식까지 함께 갖게 된다는 점이지요.

더 이상 휴대폰은 불필요한 물건이 아닙니다. 이미 아이들의 삶 속 깊숙이 들어와 있지요. 심지어 태어나면서부터 휴대폰을 접한 아이들을 지금까지와는 다른 인류로 보는 학계의 시각도 있습니다. 이들이 휴대폰으로 어떤 세상을 창조해낼지 기성세대로서는 예측이 불가한 면도 있고요. 이런 세상의 변화 앞에 우리 아이만 휴대폰에 대해 보수적인 입장을 유지하는 것은 득보다는 실이 될 확률이 높습니다. 세상의 큰 흐름을 역행하는 것에 대한 불이익도 고스란히 우리 아이의 몫이 되겠지요. 그것이 어떤 형태로 아이의 삶에 영향을 미칠지는 아직 알 수 없는 일입니다.

휴대폰을 보수적으로 접근하는 방법

그럼에도 불구하고 휴대폰이 여전히 보수적으로 접근해야 할 물건이라는 점에는 저도 동감합니다. 아직 통제력과 판단력이 약한 아이들에게 너무 많은 권한이 주어지는 물건이기도 하고 실제로도 휴대폰 때문에 벌어지는 미성년자들의 범죄 행위가 나날이 신문 기사를 장식하고 있으니까요. 뿐만 아니라 게임 중독도 큰 걱정거리 중 하나입니다. 최대한 보수적으로 접근하면서도 아이가 휴대폰을 유용하게 통제할 힘을 기르도록 하는 방법들을 제시하겠습니다.

첫째, 휴대폰은 같은 학급의 아이들이 80퍼센트 이상 소지하였을 때 사줍니다. 너무 빨리 손에 쥐여주면 오히려 다른 친구들의 타깃이 될 수 있습니다. 너도나도 한번 써보자면서 멋대로 게임 앱을 깔아놓기도 하고 미처 몰랐던 사이버 세상으로의 접근을 친구를 통해 배우기도 합니다. 따라서 휴대폰은 친구들이 어떤 활동을 하는지 충분히 지켜보고 아이 스스로 판단할 수 있는 시점에 손에 쥐여주는 것이 좋습니다.

둘째, 데이터 사용량으로 아이의 휴대폰을 통제합니다. 요즘은 부모가 앱을 깔아 아이의 휴대폰 사용을 모니터링할 수 있습니다. 하지만 방심할 수 없는 것이 아이들 사이에서는 모니터링 앱을 따돌리는 기술도 금방 공유되곤 합니다. 인터넷 세상에서의 정보는 아이들 세대가 훨씬 더 빠르기 때문에 사실 부모만 모르고 있을 수도 있습니다. 내 아이는 절대 부모를 속일 아이가 아니라고 다들 생각합니다. 네 맞습니다. 하지만 또 한편으로는 틀렸습니다. 그런 기술을 공유하는 아이들이 모두 부모를 속일 마음으로 시작하는 것은 아닙니다. 어쩌다 보니, 이번 한 번만 하곤 안 해야지, 친구들에게 부모 말만 듣는 호구로 보이기 싫어서 등의 다양한 이유로 빠져들게 되는 것이 사이버 세상의 마력이니까요. 따라서 가장 확실하게 통제하는 방법은 가장 적은 양의 데이터 요금제를 가입하는 것입니다. 다행히 학교에서는 와이파이가 되지 않습니다. 데이터양만 차단하면 할 수 없는 경우가 많지요. 물론 친구들과 카톡이나 영상을 주고받으려면(학교 과제 때문에 필요한 경우도 종종 있습니다) 데이터가 필요할 때도 있으니 집에는 와이파이 환경을 마련해둡니다. 집에서는 아이가 무엇을 하는지 확인이 가능하고 또 필요하다면 비밀번호를 바꾸거나 공유기를 이용해 와이파이를 통제할 수 있으니 부모의 통제 안에서 휴대폰 환경을 마련할 수 있지요.

휴대폰을 통제하는 가장 확실한 방법은 데이터양을 차단하는 방법밖에는 없습니다. 만약 특별한 일로 밖에서 데이터를 쓸 일이 생긴다면 한시적으로 일정 양의 데이터를 넣어주면 됩니다. 번거로운 일이지만 그 과정에서 아이가 무엇 때문에 데이터가 필요한지 알 수 있게 되는 좋은 면도 생깁니다. 편리한 방법이 마냥 좋을 수만은 없습니다. 휴대폰에 중독되지 않고 제대로 사용할 수 있는 힘을 아이에게 길러주기 위해서는 다소 불편하지만 현명한 방법으로 접근하는 자세가 필요하겠습니다.

한 줄 상담소

휴대폰은 뜨거운 감자와 같습니다. 친구들과의 소통이나 학급 알림을 위해서는 필요하지만 문제점이 많은 것도 사실입니다. 어릴수록 휴대폰에 대한 통제력을 잃기 쉽기 때문에 되도록 주변 아이들이 80퍼센트 정도 소지했을 때 사주는 것을 권장합니다. 휴대폰을 쥐여준 후에는 해야 할 일이 더 많습니다. 데이터가 최대한 적은 요금제를 선택하고 부족할 때마다 채우면서 관리하는 것이 필요합니다. 휴대폰 사용 시간 때문에 실랑이하는 것보다 데이터 등 물리적인 방법으로 통제하는 것을 추천해드립니다.

79

아이의 휴대폰 사용을 효과적으로 통제하는 방법은 없을까요?

아이가 휴대폰을 하는 시간이 너무 길어서 걱정입니다. 한번 시작하면 하루 종일 손에서 놓지 않습니다. 휴대폰을 아예 못 하게 하기보다는 적당히 게임도 하고 친구들과 SNS로 소통도 하며 주도적으로 활용하도록 하고 싶은데, 스스로 할 수 있게 믿고 맡기기에는 너무 빠른 걸까요? 매번 휴대폰 때문에 아이와 갈등을 겪는 것도 너무 지치고 힘듭니다.

사용 시간으로 통제하기

아이에게 휴대폰은 뜨거운 감자입니다. 손에서 놓게 할 수도 없고 그렇다고 계속 들고 있게 할 수도 없지요. 너무 지나쳐 중독되지 않도록 적절하게 활용하는 힘을 길러주는 것이 중요합니다. 부모의 개입이 어느 정도 필요한데, 갈등 없이 조정하기 위해서는 전략이 필요합니다.

1단계

아이들에게 우선 맡겨봅니다. 아마 이 단계는 이미 다들 하고 있지 않을까 생각됩니다. 아이들에게 자율권을 줘보면 개인차가 많이 생기는 것을 볼 수 있습니다. 어떤 아이들은 부모가 잔소리하기 전에 휴대폰을 오래 사용하는 것은 나쁘다는 것을 알고 스스로 통제하기도 합니다. 휴대폰을 손에 쥐기 전부터 다양한 경로를 통해 간접적인 교육을 받은 것이지요. 학교에서 휴대폰 게임 중독에 대해 교육을 받은 경우, 형이 게임을 너무 많이 해서 혼나는 것을 본 경우, 휴대폰에 대한 걱정을 하는 부모를 본 경우 등이 모두 여기에 해당합니다. 물론 모든 아이들이 이런 경우를 통해 스스로 통제하는 아이로 거듭나는 것은 아니지만 아이의 성향에 따라 '휴대폰을 긍정적으로 잘 사용하는 어린이로 칭찬받고 싶다'거나 '휴대폰 때문에 혼나고 싶지 않은 마음'이 동기로 작용하면 가능해집니다. 이렇게 스스로 알아서 하는 아이에게는 굳이 부모가 따로 통제할 필요는 없습니다. 오히려 아이의 그 힘을 더 부추겨주는 것이 좋지요.

"다른 집은 휴대폰 사용 때문에 부모들이 힘들다던데, 우리 아들 딸은 스스로 알아서 하니 엄마가 얼마나 좋은지 몰라."

이렇게 말이지요. 아마 1단계에서 이런 모습을 보이는 아이는 소수일 겁니다. 대부분은 자율권을 준 순간 밤늦게까지 손에서 놓지 않을 확률이 크지요. 이럴 때는 다음 단계로 넘어갑니다.

2단계

휴대폰 때문에 아이가 놓친 일들을 제시합니다. 무조건 "휴대폰 그만해"라고 말하는 것은 아이에게 잔소리로만 들립니다. 하지만 아이가 하지 못한 숙제, 아침에 늦게 일어나는 문제, 게임 아이템 사느라 용돈을 낭비하는 것 등 휴대폰으로 생긴 문제들을 제시합니다. 그리고 해결책을 물어보는 것이지요.

"앞으로 잘할게요. 다신 그런 일 없을 거예요."

해결책을 물으면 대부분의 아이들은 이렇게 모호하게 대답합니다. 괜찮습니다.

"알았어, 이번만 믿어볼게. 대신 다음에도 또 이런 문제가 발생하면 그때는 엄마가 휴대폰 사용 규칙을 정할 거야. 숙제를 못 한 것을 안 순간(게임 아이템을 얼마 이상 사용한 순간, 아침에 7시 30분까지 일어나지 못한 순간) 그날은 무조건 휴대폰 압수한다. 밤 10시 이후엔 사용을 금지한다. 이게 엄마가 생각하는 규칙이야. 미리 참고해둬."

3단계

이런 엄포에도 아이는 어느 순간 문제 행동을 다시 반복하게 됩니다. 바로 이때가 기회입니다.

"지난번에 약속했지? 숙제 못 하면 휴대폰 사용 규칙 정하기로. 자,

휴대폰 오늘은 그만이야. 이리 줘. 내일 아침에 다시 줄게. 그리고 앞으로는 밤 10시 이후에는 휴대폰 금지야."

그다음이 정말 중요합니다. 아이는 자신이 알고 있는 모든 능력을 발휘하여 휴대폰을 다시 가져가려고 할 겁니다. 이때 부모는 어떤 말에도 흔들리지 말고 규칙을 이어나가야 합니다.

"오늘은 안 돼. 선생님이 휴대폰으로 검색하는 숙제 내주셨단 말이야."
"알았어. 그럼 엄마 보는 앞에서 해. 시간은 30분만 준다."

30분 동안 아이가 정확하게 숙제만 할 수 있도록 옆에서 지켜본 후 다시 휴대폰을 걷습니다.

"오늘 10시 30분에 친구들이랑 단톡방에서 만나기로 했단 말이야. 내일 조별 모임 준비해야 해."
"초등학생이 왜 이렇게 늦은 시간에 만나?"
"OO가 학원 때문에 그때밖에 시간이 안 된대."
"알았어. 그럼 엄마 옆에서만 해. 그리고 다음부터는 친구들에게도 말해. 우리 집은 10시 이후에 휴대폰 못하니까 그 전에 약속 잡자고."

4단계

걷은 휴대폰의 관리 문제입니다. 아이는 부모가 자신의 휴대폰을 어디에 두는지 유심히 볼 겁니다. 심한 경우 부모가 잠든 후에 몰래 가져가기도 하지요. 규칙을 지키게 하기 위해서는 부모도 어느 정도 치밀하게 행동하는 것이 필요합니다. 아이에게 걷은 휴대폰은 부모 베개 밑이나 아이가 절대 가져갈 수 없는 장소에 둬서 처음부터 갈등의 소지를 없애는 것이 중요하지요.

물리적 환경으로 간접적으로 통제하기

데이터가 없거나 성능이 좋지 않으면 휴대폰을 활용하는 폭이 줄어듭니다. 이 점을 활용하여 간접적으로 통제하는 방법이 있습니다.

첫 번째 방법

휴대폰은 2년 약정으로 구입합니다. 이때 휴대폰 매장에 함께 가는 것도 좋습니다. 약정 기간 안에 분실하거나 고장이 났을 때 위약금이 어떻게 되는지 아이와 함께 설명을 듣습니다. 다른 방법으로 구입했다면 아이에게 직접 설명해줍니다.

"이렇게 위약금이 나오는데, 만약 휴대폰을 잃어버리거나, 물에 빠트리거나, 떨어뜨려 고장이 나면 어떡하지? 다시 새 휴대폰을 사주기는 어려운데……."

"고장 안 내고 잘 쓸 수 있어요."

"알지, 만약 그렇게 되더라도 약정 기간 안에 다시 휴대폰을 사주긴 어려워.”

이 과정은 아이에게 휴대폰을 소중하게 관리하는 동기를 마련해줍니다. 학교에서 보면 의외로 휴대폰을 잃어버리거나 떨어뜨려 고장 내는 아이들이 많습니다. 대부분 ‘아차!’ 하는 실수로 그렇게 되지요. 물건을 소중하게 챙기는 습관을 기르게 하기 위해서라도 약정 기간 안에는 다시 사주지 않는 것이 좋습니다. 약정 기간이 끝날 때까지 반강제적으로 휴대폰 사용을 금지하는 거지요. 급할 때는 부모의 휴대폰을 빌려주더라도 이 약속을 꼭 지키게 하는 것이 나중을 위해 필요합니다.

두 번째 방법

너무 성능이 좋은 휴대폰을 사주지 않습니다. 성능이 좋으면 게임에서 유리한 고지를 차지할 수 있기 때문에 오히려 아이에게 게임을 간접적으로 장려하는 효과가 있습니다. 주변에서 보면 아이가 휴대폰 게임에 중독되어 걱정이라면서 정작 아이에게 최신 기종의 폰을 사주는 경우를 종종 봅니다. 휴대폰 사양을 한 단계 낮은 것으로만 사줘도 게임을 하거나 동영상을 볼 때 살짝 불편함이 생겨 지나치게 몰입하는 것을 간접적으로 통제할 수 있습니다.

세 번째 방법

데이터 사용량으로 통제합니다. 앞에서도 잠깐 언급했지만, 무제한 데이터 요금제는 매우 위험합니다. 주변 아이들도 이걸 알고 핫스

팟을 열어달라거나 데이터를 충전해달라면서 소소한 갈등에 휘말리기도 합니다. 데이터는 1기가가 넘지 않게 최소 요금제를 선택하고 필요한 일이 생기면 그때그때 충전해주는 것이 좋습니다. 물론 1기가로는 할 수 있는 일이 많이 제약됩니다. 이것은 집에서 와이파이를 사용할 수 있게 함으로써 보충합니다. 이렇게 하면 아이가 밖에서(부모 눈 밖에서) 위험한 사이트에 접속하거나 게임을 많이 하는 것을 통제할 수 있지요. 또 집에서는 부모의 통제 안에 있으니 데이터가 충분해도 아이가 무엇을 하는지 자연스럽게 살펴볼 수 있습니다(예를 들면 와이파이를 거실에서만 터지도록 하고 아이 방에서는 접속이 잘 안 되는 위치에 두는 것도 방법입니다).

또 데이터 통제 방법으로 앞의 시간 통제 방법의 효과를 낼 수도 있습니다. 아이가 할 일을 못 했을 때에는 와이파이 전원을 끄는 거지요. 또 밤 10시 이후에도 와이파이 전원을 끕니다. 이때 와이파이 공유기는 안방 부모 침대 옆에 있어야 합니다. 또 와이파이 비밀번호를 바꾸는 방법으로도 손쉽게 아이의 휴대폰 사용을 통제할 수 있습니다. 이 밖에도 앱을 사용하여 아이의 휴대폰을 통제하는 방법도 있습니다. 조금만 알아보면 아이의 휴대폰을 통제할 수 있는 기술적인 방법들이 많이 있고, 점점 더 업그레이드 되고 있으니, 부모에게도 부지런히 기술의 변화를 따라가는 노력이 필요합니다.

한 줄 상담소

휴대폰 사용을 통제할 때는 아이와의 갈등을 최대한 줄이는 것이 좋습니다. 괜한 실랑이로 아이와의 관계까지 망가트릴 필요는 없으니까요. 그래서 시간이나 물리적인 방법으로 간접적인 제한을 두는 것입니다. 더불어 한번 약속한 규칙은 최대한 번복 없이 단호하게 밀고 나가는 것이 중요합니다. 예외의 상황이 발생하더라도 그때만 한시적으로 풀어주고, 상황이 종료되면 다시 예전의 규칙이 부활한다는 사실을 인지시키는 것이 중요하지요. 처음엔 이런저런 불만을 토로하겠지만, 단호하고 일관되게 규칙을 적용해야 아이도 더 빨리 적응하고 규칙을 받아들이게 됩니다.

80

사이버 세상으로부터 아이를 지키는 방법엔 뭐가 있을까요?

얼마 전 초등생이 자신이 좋아하는 BJ에게 후원금으로 1억이 넘는 돈을 보냈다는 기사를 접했습니다. 부모가 집 전세금으로 마련했던 돈이라고 하던데 사이버 세상의 일이 도를 넘어 이제는 아이들에게까지 문제가 될 수 있다는 생각에 더욱 걱정되는 마음입니다. 기사 속의 아이도 충격을 받아 방에서 나오지 않는다고 하던데, 어떻게 하면 아이를 사이버 세상으로부터 보호할 수 있을까요?

아이들의 순수함과 무지함 사이

이런 기사를 접하면 크게 두 가지 마음이 엇갈립니다. '우리 아이에게도 일어날 수 있는 일이겠구나' 하는 불안한 생각과 너무 어처구니가 없어 우리 집과는 전혀 상관없는 일이라는 생각입니다. 저도 이 기사를 처음 접했을 때 꽤 큰 충격을 받았습니다. 일단 BJ를 후원했다는 사이트 이름이 낯설어서 아이들은 잘 모르겠지 싶었는데, 웬걸 물어보니 절반 이상의 아이가 이 사이트를 접해본 적이 있었습니다.

아이들 사이에서 사이버 세상의 정보는 순식간에 퍼져나가기 때문에 아무리 노력한다고 해도 제대로 따라잡기 어렵습니다. 어쩌면 아이들의 모든 사이버 노출을 통제하고 있다는 생각 자체가 위험할 수도 있겠다 싶었지요. 아무리 노력한다고 해도 아이들을 따라잡을 수는 없으니, 항상 정보를 수집하고 살펴보는 일을 게을리하면 안 되겠구나 하는 생각이 들었습니다.

그래서 아이들과 함께 직접 문제의 사이트에 접속을 해보았습니다. 그곳에서 BJ를 응원하기 위한 가장 많은 후원금은 29만 원 정도였습니다. 1억이 넘으려면 도대체 '최대 금액으로 얼마나 많은 후원금을 보내야 하는 거지? 정말 말이 안 된다' 싶다가 문득 아이들의 특징이 떠올랐지요. '하루만 지나도 쉽게 잊어버리는 점'과 '자신의 행동을 객관화시키기 어려운 점'이었습니다. 이 두 개의 특징이 결합된다면 우리 반 아이들 중에도 꽤 많은 아이들이 그랬을 수도 있겠다 싶었습니다. 구체적으로 말하면 아이들은 감정과 생각을 유지하는 시간이 어른보다 훨씬 짧습니다. 그래서 바로 어제 10번 후원금을 보냈어도 오늘 또 새로운 기분이 들어 다시 10번을 더 보내는 게 가능하다는 거지요. 또 누적 후원 횟수가 20번이 넘었다는 것도 제대로 카운트하지 못합니다. 그냥 '조금 많이 했던 것 같다' 정도의 느낌만 남지요. 그 과정에서 어른의 컨트롤이 전혀 들어가지 않고, BJ가 추임새로 심리적인 부분을 건드렸다면 어느 정도 가능하겠다는 생각이 들었습니다.

우리는 어제의 일을 쉽게 잊어버리고 금세 해맑아지는 아이들의 모습을 순수하다고 보기도 합니다. 하지만 냉혹한 사이버 세상에서는 이들의 순수함이 무지함으로 바뀌어버릴 수 있습니다. 그러니 오늘날을 살아가는 아이들에게는 마음이 아프지만 조금 빨리 순수함을 버려야 한다고 말할 필요도 있습니다.

"뉴스에 나온 아이도 너와 같은 또래야. 아주 평범한 아이였을 거야. 그러니까 BJ가 회장님 대우해주는 것이 기분 좋아 이렇게 후원금을 많이 보낸 거지. 자기보다 더 많이 보내는 사람이 있으면 왠지 지는 기분이 들어서 또 보내고 또 보내고 하다 보니 자기도 모르게 많은 돈을 쓰게 된 거지. 아마 누군가가 옆에서 네가 오늘까지 보낸 돈이 얼마야 하고 말해줬더라면 그러지는 않았겠지. 사람들이 나에게 좋은 말을 해준다면 다른 나쁜 마음이 있어서 그러는 것은 아닌지 한 번 더 생각해봐야 해."

무조건 아이의 손에서 휴대폰을 뺏는다고 해결될 일은 아닙니다. 오히려 그러면 부모 눈에는 내 아이가 순수해 보일지 몰라도, 다른 사람의 눈에는 오히려 무지해서 더 쉽게 꾈 수 있는 아이로 느껴질 수도 있습니다. 사실 순수함과 무지함 사이에는 명백한 차이가 존재합니다. 아이가 상대의 속마음까지 알아챈다고 해서 순수함이 떨어지는 것은 아닙니다. 아이들의 순수함은 자연스러운 감정 표현에 있습니다. 속상하면 속상하다고 울고, 기쁘면 방방 뛰면서 기뻐하지요. 그렇기 때문에 속상한 일이 있어도 어른들보다 더 빨리 회복이 가능합니다. 인터넷의 발달로 과거보다 훨씬 더 빨리 아이들에게 냉혹한 현실을 가르쳐야 하는 시기입니다. 그렇다고 해서 아이가 순수함을 잃을까 봐 걱정할 필요는 없습니다. 세상의 냉혹함과는 별개로 아이들은 항상 울고 웃고 떠들며 그들만의 세상을 순수하고 해맑게 잘 살아갈 수 있으니까요.

물리적 안전장치 채우기

아이에게 세상을 알려주는 것과는 별개로 어른들이 해야 할 일이 하나 더 있습니다. 바로 아이들이 접하는 사이버 세상에 최대한의 물리적 안전장치를 채워 보호해주는 것입니다. 그러기 위해서는 꾸준히 관련 정보들을 배워나가지 않으면 안 됩니다.

무엇보다 절대 부모의 휴대폰을 빌려주어선 안 됩니다. 갑자기 원격수업이 안 된다, 게임 사양이 높아져서 자기 휴대폰에서는 구동이 안 된다 등 다양한 이유로 아이 손에 부모의 휴대폰이 들려질 수 있습니다. 요즘은 휴대폰으로 인터넷뱅킹을 하다 보니 자칫하면 부모 계좌의 돈이 인출될 수 있지요. 뉴스 기사의 아이도 엄마 휴대폰으로 방송을 보면서 후원금을 보냈고, 부모 동의 없이 본인 인증을 하는 방법을 유튜브를 통해 알았다고 하더군요. 혹시 빌려주는 상황이 생기더라도 부모가 옆에서 확인을 하고 그 일이 끝나면 바로 회수하는 것이 중요합니다.

그 외에 아이의 휴대폰에 유해 사이트 차단 앱을 깔거나, 인터넷 와이파이를 차단하거나, 데이터를 무제한으로 사용하는 요금제 등을 가입해주지 않는 방법으로도 사이버 세상의 빗장을 걸 수 있습니다. 아이 혼자 힘으로 스스로를 통제하는 것은 어렵습니다. 그렇다고 항상 감시할 수도 없는 노릇이지요. 기본적인 물리적 장치를 걸어두는 것만으로도 위험에 노출되는 상황을 많이 줄일 수 있습니다.

한 줄 상담소

뉴스 기사와 같은 일은 언제라도 아이들에게 일어날 수 있습니다. 아이들은 쉽게 잊어버리는 점과 자신의 행동을 객관화시키기 어려운 특성이 있기 때문이지요. 오늘날을 살아가는 아이들에게는 좀 더 이른 시기에 세상의 냉혹함을 가르쳐야 할 필요가 있습니다. 아이의 순수함을 잃을까 봐 마음은 아프지만, 그렇다고 아이의 손에서 휴대폰을 뺏는 방법으로는 무지함만 길러줄 뿐입니다. 휴대폰에 최대한 할 수 있는 물리적 안전장치들을 채우고 최대한 안전한 상황에서 아이가 조금씩 세상을 배워나갈 수 있게 해주는 것이 필요합니다.

에필로그

아이들을 만나는 순간은 언제나 설레고, 호기심 가득한 여행의 시작과도 같습니다. 한 아이를 온전히 이해한다는 것은 우주의 신비를 알아내는 것과 비슷하게 느껴질 때도 있지요. 그렇게 긴 여정을 마치고 마침내 마주한 순수한 영혼은 정말 아름답고 독특한 빛깔을 띠고 있습니다. 하지만 대부분의 아이들은 그 빛깔을 숨기고 살아갑니다. 스스로도 어떤 빛을 지니고 있는지 알지 못하는 경우가 더 많지요. 때로 아이의 순수한 내면을 들여다볼 수 있는 문의 열쇠는 당혹스러운 순간들에 쥐어지곤 합니다.

아이들을 만나는 순간이 언제나 평온하고 아름답기만 한 것은 아닙니다. 처음엔 힘들게만 느껴지기도 하지요. 하지만 그 갈등의 순간들이 사실은 아이들의 마음의 문을 열 수 있는 시간이라는 것을 알게 되었습니다. 아이가 해맑게 웃고 있는 순간들보다는 울거나 입을 닫아버리거나 힘들다고 투정 부리고 말을 안 듣는 순간들이 사실 더 중요했습니다. 이 책이 저마다 다른 아이들의 마음의 문을 열 수 있는 힌트로 활용될 수 있으면 좋겠습니다. 그 너머에서 아름답고 영롱한 빛깔들을 만나는 가슴 벅찬 감동을 느껴보시길 바랍니다. 아이를 키우는 부모들을 위한 질문과 해결책을 담은 책으로 보이지만, 사실 이 책은 무엇보다 아이들을 위한 것입니다. 이제 독자 여러분도 어느 정도 눈치를 챘겠지만 말이죠. 세상에서 가장 특별한 작은 우주를 함께 탐험하는 대원들이 많아졌으면 하는 바람입니다. 그 여행길에서 이야기를 함께 나눌 수 있는 기회들이 좀 더 많아지는 세상이 되기를 기원해봅니다.

초등학교 생활의 모든 것

초판 발행 2021년 3월 5일

지은이 김지나
펴낸이 김정순
편집 신원제 허영수 김잔섭
디자인 김진영
일러스트 김지율
마케팅 양혜림 이지혜

펴낸곳 (주)북하우스 퍼블리셔스
출판등록 1997년 9월 23일 제406-2003-055호
주소 04043 서울시 마포구 양화로 12길 16-9(서교동 북앤빌딩)
전자우편 editor@bookhouse.co.kr
홈페이지 www.bookhouse.co.kr
전화번호 02-3144-3123
팩스 02-3144-3121

ISBN 979-11-6405-090-1 13590

* 표지에 실린 그림은 서울 신북초등학교 5학년 김지율 학생이 3학년 때 그린 그림입니다.